U0908296

生命科学之

生物化学代谢规律及合成机理探究

刘荣梅　李海涛　著

中国纺织出版社

内容提要

本书对生物化学代谢规律及合成机理进行了研究，主要内容包括生物体内糖类代谢规律、生物体内脂类代谢规律、生物体内氨基酸与核苷酸代谢规律、物质代谢调节与细胞信号转导、生物体内核酸生物合成机理、生物体内蛋白质生物合成机理等。本书结构合理，条理清晰，内容丰富新颖，是一本值得学习研究的著作，可供相关人员参考使用。

图书在版编目(CIP)数据

生命科学之生物化学代谢规律及合成机理探究 / 刘荣梅，李海涛著. --北京：中国纺织出版社，2018.7 (2025.5重印)

ISBN 978-7-5180-2894-8

Ⅰ. ①生… Ⅱ. ①刘… ②李… Ⅲ. ①生物化学—研究 Ⅳ. ①Q5

中国版本图书馆 CIP 数据核字(2016)第 205106 号

责任编辑：姚　君　　　　责任印制：储志伟

中国纺织出版社出版发行

地址：北京市朝阳区百子湾东里 A407 号楼　邮政编码：100124

销售电话：010－67004422　传真：010－87155801

http://www.c-textilep.com

E-mail:faxing@e-textilep.com

中国纺织出版社天猫旗舰店

官方微博 http://www.weibo.com/2119887771

河北晔盛亚印刷有限公司印刷　　各地新华书店经销

2018 年 7 月第 1 版　　2025 年 5 月第 6 次印刷

开本：710×1000　1/16　印张：17.5

字数：227 千字　定价：98.00 元

凡购本书，如有缺页、倒页、脱页，由本社图书营销中心调换

前　言

生物化学即“生命的化学”，从分子水平探讨生命现象的本质，是生命科学领域重要的领头学科之一。21 世纪是生物世纪，生命科学的发展已经逐步叩开了生命之门，一大批成果已经从实验室走向工厂、田间，生物产业作为 21 世纪支柱产业的曙光已经展现在世人眼前。

生物化学是生命科学发展的支柱。同时，生物化学又是一门边缘学科，学科之间的相互渗透和相互交叉非常突出，因而为展现出一个较为全面、系统的生物化学研究概况，反映学科的最新发展动态，特编撰了《生命科学之生物化学代谢规律及合成机理探究》一书。

本书从系统性、权威性和新颖性原则出发，按由浅入深、循序渐进的原则撰写，力求做到理论严谨、内容丰富、重点突出、层次清晰。全书共 7 章：第 1 章主要论述了生物化学的基本概念，从而对生物化学有一个较为初步的认识；第 2～4 章探讨了生物化学的代谢规律，分别为生物体内糖类代谢规律、生物体内脂类代谢规律和生物体内氨基酸与核苷酸代谢规律；第 5 章对物质代谢调节与细胞信号转导进行了研究；第 6、7 章探讨了生物化学的合成机理，分别为生物体内核酸生物合成机理和生物体内蛋白质生物合成机理。

本书在撰写过程中，参考了大量有价值的文献与资料，汲取了许多人的宝贵经验，在此向这些文献的作者表示敬意。此外，本书的撰写还得到了中国纺织出版社领导和编辑的鼎力支持和帮助，同时也得到了学校领导的支持和鼓励，在此一并表示感谢。

由于生物化学是一门迅速发展的学科，新知识、新方法、新技术不断涌现，加之作者自身水平有限，书中难免有错误和疏漏之处，敬请广大读者和专家给予批评指正。

编　者

2017 年 5 月

目　录

第1章　绪　论

生物化学是生命的化学，是研究生物体的化学组成和生命过程中的化学变化规律的一门科学。它是从分子水平来研究生物体内基本物质的化学组成、结构与生物学功能，阐明生物物质在生命活动中的化学变化规律及复杂生命现象本质的一门科学。

1.1　生物化学的发展史

近百年来，生物化学取得了一系列的辉煌成就，对多种学科的发展产生了重要影响。为更好地理解这些影响，我们一起回顾一下生物化学学科的建立、发展及其历史性贡献。

1.1.1　萌芽时期

早在史前，人类就已经在生产、生活和医疗等方面积累了许多与生化有关的实践经验。我们的祖先在公元前 22 世纪就用谷物酿酒；公元前 12 世纪就会制酱、制饴糖；公元 7 世纪，孙思邈就用车前子、杏仁等中草药治疗脚气病，用猪肝治疗夜盲症等。然而，人们对生命的化学本质的认识直到 18 世纪中后期才有所发现。

从 18 世纪中叶至 20 世纪初，一些化学家、生理化学家的主要工作是研究生物体的化学组成，客观描述组成生物体的物质含量、分布、结构、性质与功能。1828 年沃勒（Wohler）首次用无机物氰酸铵合成生物体内发现的有机物——尿素，彻底推翻了有机化合物只能在生物体内合成的错误观点。1877 年霍佩-赛勒(Hoppe-Seyler)首次提出“Biochemistry”这个名词,并创办了《生理化学》杂志。1897 年布克奈(Buchner)等证明了无细胞的酵母提取液也具有发酵作用,可以使糖转化成乙醇和二氧化碳,为近代酶学的发展奠定了基础。19 世纪末期,另一位著名的生物化学家是德国的 E. Fischer,他用化学方法确定了许多单糖和二糖的结构和构型,证明酶有专一性,于 1894 年提出了用于揭示底物与酶关系的“锁-钥”假说,完成了氨基酸之间的缩合反应,提出了蛋白质肽键理论。由于他对生物化学的杰出贡献,被公认为“生物化学之父”,并于 1902 年获得诺贝尔化学奖。

1.1.2 蓬勃发展时期

20 世纪 30 年代以来,生物化学进入了快速发展的历史时期。脂肪酸氧化降解途径、糖酵解途径、三羧酸循环途径的基本化学过程都是在 20 世纪 30 年代提出来的。1926 年 Sumner 获得脲酶结晶,证明了酶的化学本质是蛋白质,1955 年 Sanger 首次完成了牛胰岛素分子的一级结构分析。由于放射性同位素标记追踪实验用于代谢研究,以及酶抑制剂的使用和微量分析技术的进步,在 20 世纪 50 年代,关于氨基酸、嘌呤、嘧啶、脂肪酸、萜类化合物等许多物质的生物合成和酶促降解途径也被阐明了。

1944 年 Avery 用肺炎球菌转化实验证明了核酸是遗传物质,1953 年 Watson 和 Crick 提出 DNA 双螺旋结构模型,奠定了分子遗传学的理论基础。1967 年 Weiss 发现了 T40 菌体 DNA 连接酶,R. Yuan 发现了 DNA 限制性内切酶。这些发现为研究核酸大分子结构和功能找到了自由切割和重组的工具。这些成果和方法,为基因工程奠定了坚实的基础。

20 世纪中叶,生物化学已成为一门独立的学科,而且它在代谢方面的深入研究催生了生物力能学诞生。生物力能学主要研究细胞如何将营养物质中的化学能转变成为生物可以利用的一种“通货”——ATP,并将碳水化合物、脂肪、氨基酸及核苷酸的代谢途径联系起来,使各代谢途径之间的内在联系和调控关系更加明确。

1.1.3 多个新兴学科共同发展时期

20 世纪中叶以后,由于各领域科学家跨学科的有效合作,以及许多研究技术的改进,如色谱技术、电泳技术、离心技术、荧光技术、同位素示踪技术、X 射线衍射技术等,生物化学得以迅猛发展。

这一时期的代表性成果如下所示。

(1)阐明了物质合成代谢途径

M. Calvin 等利用放射性同位素(^{14}C)研究植物光合作用的化学反应过程,提出了卡尔文循环,揭开了光合作用的奥秘,于 1961 年获得诺贝尔化学奖。

(2)蛋白质一级结构的精确测定

英国剑桥大学 F. Sanger 以标记蛋白 N 端氨基酸的 DNP 法为基础,结合电泳和层析技术,经过 15 年的努力,于 1952 年将胰岛素 A 链及 B 链中氨基酸的顺序准确无误地测定出来,证明蛋白质一级结构是由特定数量的氨基酸按特定的顺序排列而成的,由此获得 1958 年诺贝尔化学奖。之后,分子质量更大的核糖核酸酶也完成了氨基酸顺序测定。现在已有 10 万多种蛋白质序列被测定出来并储存在蛋白质数据库中。

(3)人工合成活性蛋白质

美国化学家 V. du Vigneaud 在实验室里最先人工合成的是由 8 个氨基酸组成的多肽——催产素,并于 1955 年获诺贝尔化学奖。在 F. Sanger 测定出牛胰岛素氨基酸顺序以后,许多实验室试图合成这种蛋白质,但都失败了。1959 年在国家科技委员会的组织下,由北京大学化学系、中国科学院生物化学研究所和上海有机化学研究所组织了一支研究队伍,经过多年合作研究,于

1965 年用人工合成方法得到结晶牛胰岛素。它的结构、生物活性、物理化学性质、结晶形状都和天然的牛胰岛素完全一样，这引起了世界科学界的极大关注，标志着中国科学家在蛋白质合成化学领域已经处于世界领先地位。

(4)蛋白质构象的解析

20 世纪 40 年代末美国化学家 L. Pauling 开始利用 X 射线衍射技术研究蛋白质的三维结构，推断广泛存在于毛发、指甲中的蛋白质纤维是以一种 α-螺旋的空间结构形式存在，这是人类认识到的第一个蛋白质空间结构，由此 Pauling 荣获 1954 年的诺贝尔化学奖。1958 年，英国剑桥大学的 J. C. Kendrew 和 M. F. Perutz 用 X 射线衍射技术解析出抹香鲸肌红蛋白和马血红蛋白的晶体结构，开创了蛋白质三级结构和四级结构的研究，二人共享了 1962 年诺贝尔化学奖。现在蛋白质晶体结构和功能的研究已成为生物化学的一门重要分支学科，称为结构生物学。蛋白质空间结构的阐明不但使我们对蛋白质结构的认识达到原子水平，而且为提示蛋白质功能和蛋白质互作机理提供了精确数据。

20 世纪 70 年代核酸序列的准确测定和限制性内切酶的发现，使 DNA 重组获得成功，由此开创了基因工程新时代，并促进了分子生物学、分子医学、分子农业的发展。人们可以利用生物反应器生产干扰素，利用 DNA 重组技术获得抗虫棉。生物信息学、量子生物学、结构生物学、分子发育学、分子生理学、分子免疫学等许多边缘性学科相继诞生。20 世纪 80 年代初，T. Cech 发现核酶，RNA 研究出现一个新高潮，“酶是蛋白质”等许多传统观点被打破，RNA 成为当今非常活跃的研究领域之一。

2000 年由美国、英国、日本、法国、德国和中国共同承担的人类基因组计划完成。我国继 2002 年宣布独立完成水稻基因组全部测序后，近几年又有多种作物基因组测序报道。目前最大的挑战就是揭示这些序列的功能，特别是非编码 DNA 的功能，这不仅有助于深刻理解生命本质，而且对许多疾病的诊断治疗以及提高农作物的产量、品质都具有重要指导意义。

目前，生命科学已经进入到后基因组时代，核酸序列的测定速度不断上升，可利用的数据库多达几百个，加上计算机的快速运算，方便了人们在整体水平上对基因组功能的研究，继而产生了功能基因组学、比较基因组学、蛋白质组学以及互作学等一系列新学科。可见，生物化学是分子生物学等许多新型学科的基础，而新兴学科的发展又为生物化学提供了新理论知识和现代研究技术。生物化学是一门现代科学、动态科学和交叉科学。生物化学对生命科学、农业和医学的发展具有深远的影响。

1.2　生物化学的研究内容

生物化学的研究内容虽然十分广泛，但可归纳为以下几个主要方面。

1.2.1　生物分子的结构与特点

对生物分子的研究，重点是研究生物大分子。所谓生物大分子是指由某些基本结构单位按一定顺序和方式连接而形成的多聚体，分子量一般大于 10^4。例如，由核苷酸作为基本组成单位，通过 3′，5′-磷酸二酯键连接形成的多核苷酸链——核酸；由氨基酸作为基本组成单位，通过肽键连接形成多肽链——蛋白质。聚糖也是由一定基本单位聚合而成。生物大分子的重要特征之一是具有信息功能，由此也称之为生物信息分子。

生物大分子种类繁多，结构复杂，功能各异。除了确定生物大分子的一级结构（基本组成单位的种类、排列顺序和方式）外，更重要的是研究其空间结构及其与功能的关系。结构是功能的基础，而功能则是结构的体现。生物大分子的功能通过分子之间的相互识别和相互作用来实现。例如，蛋白质与蛋白质、蛋白质与核酸、核酸与核酸的相互作用在基因表达调节中起着决定性作用。由此可见，分子结构、分子识别和分子的相互作用是生物信息分子执行功能的基本要素。这一领域的研究是当今生物化学的热点之一。

1.2.2 物质代谢及其调节

生物体的基本特征是新陈代谢，即机体与外环境的物质交换及维持其内环境的相对稳定。正常的物质代谢是生命过程的必要条件，推测人的一生中与外界环境进行交换的水约为60000kg、糖类10000kg、蛋白质1600kg、脂类1000kg，其总量约高达人体重量的1300余倍。除此之外，其他小分子物质和无机盐类也在不断交换之中，但其数量要少得多。这些物质进入机体后，一方面可作为机体生长、发育、修补、繁殖等需要的原料，进行合成代谢；另一方面又可作为机体生命活动所需的能源，进行分解代谢。

物质代谢中的绝大部分化学反应由酶来催化，酶结构和酶含量的变化对物质代谢的调节起着重要作用。体内各种物质代谢途径之间存在着密切而复杂的关系，为使各种物质代谢途径都能按照一定的规律有条不紊地进行，需要神经、激素等整体性精确的调节来完成。此外，细胞信息传递参与多种物质代谢的调节。细胞信息传递的机制及网络是近代生物化学研究的重要课题。

1.2.3 遗传信息传递及调控

生物体在繁衍个体的过程中，其遗传信息代代相传，这是生命现象的又一重要特征。遗传信息传递涉及遗传、变异、生长、分化等生命过程。现已确定，DNA是遗传的主要物质基础，基因即DNA分子的功能片段，作为基本遗传单位储存在DNA分子中。因此，基因信息的研究在生命科学中的作用愈显重要。如今，分子生物学除了进一步研究DNA的结构与功能外，更重要的是研究DNA复制、转录及蛋白质生物合成等基因信息传递过程的机制和基因表达调控的规律。随着人类基因组计划的最终完成，体内30000～40000个基因在染色体上的定位及其核苷酸序列将得以阐明。DNA重组、转基因、基因敲除、新基因克隆等研究方兴未艾，将大大推动这一领域的研究进程。

1.3　生物化学的发展趋势

进入新世纪以来，许多国家逐步开展大规模蛋白质工程计划，通过有控制的基因修饰和基因合成，对现有蛋白质加以改造，设计、构建并最终产生出性能比自然界现有的蛋白质更加优良、更加符合人类需要的新型蛋白质。

20世纪后半叶，在所有自然科学中，生物学的发展是最为迅速的。尤其生物化学与分子生物学的发展更是突飞猛进，使整个生命科学进入分子时代，开创了从分子水平阐明生命活动本质的新纪元。如果说19世纪中期细胞学说的建立从细胞水平证明了生物界的统一性，那么，在20世纪中期，生物化学与分子生物学则从分子水平上揭示了生命世界的基本结构和基础生命活动方面的高度一致性。21世纪上半叶，下面几方面仍是生物化学研究最活跃最重要的领域。

1.3.1　大分子结构与功能的关系

生命的基础物质（蛋白质和核酸，现在认为还包括糖）基本上都是大分子，这些大分子结构与功能的关系，仍然是生物化学研究的首要任务。蛋白质是生命活动的主要承担者，几乎一切生命活动都要依靠蛋白质来进行。蛋白质分子结构与功能的研究除了要继续阐明由氨基酸形成的一定顺序的肽链结构（一级结构）外，21世纪前30年将特别重视肽链折叠成的三维空间结构（高级结构），因为蛋白质的生物功能与它空间结构的关系更为密切。

核酸是遗传信息的携带者和传递者,研究核酸的结构与功能,特别是DNA及基因的结构,包括人体全套基因的结构,将会给整个生命科学、医学、农学研究带来崭新的面貌。糖类不仅可以作为能源,而且在细胞识别、免疫、信息接收与传递方面具有重要作用。因此,糖的结构与功能的研究也将受到重视。

1.3.2 生物膜的结构与功能

生物膜包括细胞的外周质膜和细胞内的具有各种特定功能的细胞器膜。构成生命活动本质的许多基本过程,如物质转运、能量交换、细胞识别、神经传导、免疫、激素和药物的作用等都离不开生物膜的作用。此外,新陈代谢的调节控制,甚至遗传变异、生长发育、细胞癌变等也与生物膜息息相关。因此,深入了解生物膜的结构和功能不仅对认识生命活动的本质具有重要的理论意义,而且在工业、农业、医学和国防工业等方面也有重大的应用价值。在21世纪,生物膜的结构、功能、人工模拟与人工合成将是重大的生物化学课题。

1.3.3 机体自身调控的分子机理

生物体内的新陈代谢是按高度协调、统一、自动化的方式进行的,一个正常机体其体内各种生命物质既不会缺乏,也不会过多积累,它们之间互相制约、彼此协调,这是由机体内一套高度发达、精密的调节控制机制来实现的,这一调节控制系统是任何非生物系统或现代机器所不能比拟的。现在世界上最先进的计算机与人相比,在计算速度方面人脑可能不如电脑,但在信息处理、加工变换方面电脑远远不如人脑。阐明生物体内新陈代谢调节的分子基础,揭示其自我调节的规律,不仅有助于揭开生命之谜,而且可以将其用于工业体系,实现高效率、自动化生产某些产品。目前,生物的反馈调节原理初步用于发酵工业生产抗生素、氨基酸和核苷酸等产品就是很好的例子。随着生物化学在这一领域的深入研究，其在工业上的应用将更大范围、更大规模地展现出更美好的前景。

1.3.4 生化技术的创新与发明

随着生命科学在分子水平研究的深入，不仅要求生物化学在理论上有所突破，而且要求生物化学技术要不断创新并有新的技术发明，才能真正使生物化学发挥基础和前沿的作用。现在生命科学的某些重要领域其发展受到技术的限制，例如，基因工程受到产品分离纯化技术的限制。有的基因工程技术实现了基因筛选、分离、转移，并使基因得以表达，但其产品得不到理想的分离纯化，因此并未达到目的。可见，在这些领域，21 世纪初的首要任务就是要求生物化学在产品的分离纯化技术上有新的突破。在 21 世纪上半叶的一段时间内，生物化学应在蛋白质等物质的分离纯化、微量及超微量生命物质的检测与分析、酶功能基团的修饰、酶的新型抑制剂的筛选、酶的分子改造与模拟酶、生物膜的分离与人工膜制造等技术方面有较大的发展才能适应科学发展的需要，也才能促使生物化学理论和技术在工农业上的应用有大的进步。

1.3.5 生物化学与现代新生物技术

随着人类基因组计划的实施和完成，带动和促进了一批新的生物科学的分支学科的诞生和发展，诸如基因细胞学及后基因组学、蛋白质组学、生物信息学和生物芯片技术等。生物化学不仅与这些新的领域紧密相关并在其中大显身手，而且反过来这些新学科的发展必将大大促进生物化学新的革命，并一定会使生物化学以前所未有的速度迅猛发展和进步，为生命科学谱写新的篇章。

第2章　生物体内糖类代谢规律

糖吸收进入血液后，经血液循环运送到全身各个组织细胞并分解供给能量。生物体内能量的70%来自于糖的分解，本章主要讨论糖在生物体内的代谢规律。

2.1　概　述

2.1.1　糖的定义

具有“多羟基的醛或多羟基的酮”这样结构特征的生化物质称为糖。生物体中的糖类物质结构多种多样，最为简单的一类是单糖。单糖不能被水解产生更小的糖类分子。通常人们拿葡萄糖和果糖作为开始认识或学习单糖的例子。

葡萄糖是人们生活中最为常见的一种单糖，从结构式可以看出，它有6个碳原子，第1碳是醛基，第2～6碳连着羟基，称为六碳醛糖，或己醛糖。果糖的第2碳是酮基，其余碳上连着羟基，称为己酮糖，如图2-1所示。

按照上述糖的定义，即糖类化合物的结构特征，最简单的单糖应为有3个碳原子的糖，或称丙糖。三碳糖亦有丙醛糖和丙酮糖之分，它们分别是D-甘油醛和二羟丙酮，如图2-2所示。

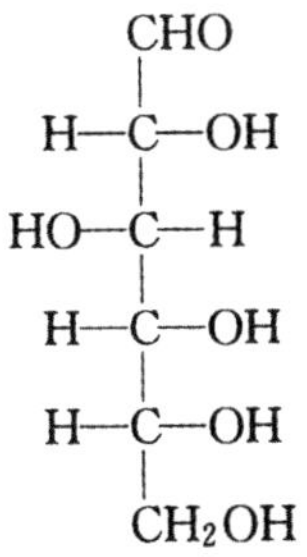

CHO
H—C—OH
HO—C—H
H—C—OH
H—C—OH
CH_2OH

D-葡萄糖

(Glucose, Glc)

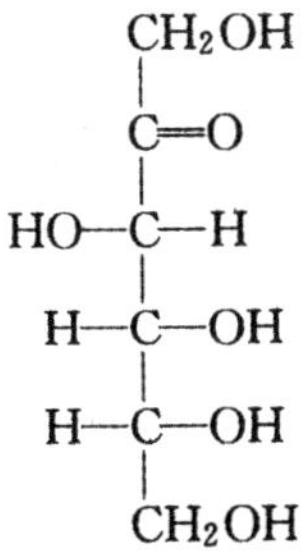

CH_2OH
C═O
HO—C—H
H—C—OH
H—C—OH
CH_2OH

D-果糖

(Fructose, Fru)

图 2-1　葡萄糖和果糖的直链式

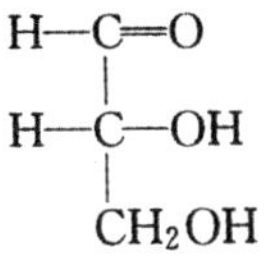

H—C═O
H—C—OH
CH_2OH

D-甘油醛

(glyceraldehyde)

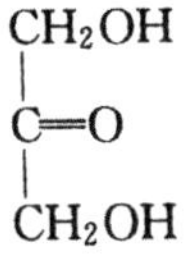

CH_2OH
C═O
CH_2OH

二羟丙酮

(dihydroxyacetone)

图 2-2　两种丙糖

2.1.2　糖的生理功能

2.1.2.1　氧化供能

人体所需能量的 50%～70%来自糖的氧化分解。1mol 葡萄糖彻底氧化可释放 2840kJ 的能量，这些能量一部分以热能形式散发，一部分用于完成机体的各种做功。

2.1.2.2　提供合成原料

糖分解代谢的中间产物可作为合成其他化合物的原料。如可转变为脂肪酸和甘油，进而合成脂肪；可转变为某些氨基酸以供机体合成蛋白质所需；可转变为葡萄糖醛酸，参与机体的生物转化反应等。

2.1.2.3 维持血糖水平

糖在体内可以糖原的形式进行储存，当机体需要时，糖原分解，释放入血，可有效地维持正常血糖浓度，保证重要生命器官的能量供应。

2.1.2.4 参与构造组织细胞

糖是细胞的重要成分，如核糖、脱氧核糖是核酸的组成成分；杂多糖和结合糖类是构造细胞膜、神经组织、结缔组织、细胞间质的主要成分；糖蛋白和糖脂不仅是生物膜的重要组成成分，而且其糖链部分还参与细胞间的识别、黏着以及信息传递等过程。

2.1.2.5 其他功能

糖能参与构成体内某些具有特殊功能的物质，如免疫球蛋白、血型物质、部分激素及大部分凝血因子等。

2.1.3 糖的消化

糖是人体摄取量仅次于水的营养物质。食物中的糖主要是淀粉(40%～60%)，此外，还有寡糖(蔗糖、乳糖等，占 30%～40%)、单糖(果糖、葡萄糖等，占 5%～10%)和少量糖原。糖的消化从口腔开始，在唾液淀粉酶作用下，淀粉被初步水解成寡糖，寡糖在小肠继续水解成葡萄糖后才能被吸收。由于食物在口腔停留时间较短，而胃酸又可使淀粉酶失去活性，所以小肠是糖消化的最主要场所。

口腔唾液淀粉酶和小肠胰淀粉酶都属于糖苷酶，可水解淀粉分子中的 α-1,4 和 α-1,6 糖苷键。消化道内的麦芽糖可在麦芽糖苷酶作用下水解成 2 分子葡萄糖；蔗糖则在蔗糖酶催化下水解为 1 分子葡萄糖和 1 分子果糖；乳糖在乳糖酶作用下水解成 1 分子葡萄糖和 1 分子半乳糖。食物中的纤维素是由葡萄糖以 β-糖苷键构成，而人类消化道内缺乏 β-糖苷酶，故不能分解利用纤维素，但消化道内的纤维素可刺激肠蠕动，是维持肠道功能所必需的。

2.1.4 糖的吸收

食物中的多糖必须消化成单糖后才能被吸收。大部分的消化产物是被小肠前半段的黏膜上皮细胞吸收，然后进入小肠毛细血管，经门静脉转运到肝脏，再经肝静脉进入血液循环，转运到全身各组织，供其利用。虽然各种单糖均可被吸收，但其吸收率不同。以葡萄糖为参照，几种主要单糖的相对吸收率是：D-半乳糖（110）、D-葡萄糖（100）、D-果糖（43）、D-甘露糖（19）。

单糖的吸收率不同是因为其吸收机制不同：葡萄糖和半乳糖是通过继发性主动转运机制吸收的，所以吸收率较高。果糖和甘露糖可能是通过单纯扩散机制吸收的，所以吸收率较低。葡萄糖的跨细胞膜转运有两种主要机制：

①继发性主动转运，又称为协同转运，肾近曲小管上皮细胞也通过该机制重吸收小管液中的葡萄糖。

②载体介导的易化扩散，是一般细胞（如红细胞）的转运机制。

2.1.5 糖的代谢

代谢主要在细胞内进行，由众多化学反应共同完成。这些化学反应相互联系，形成代谢网络（Metabolic Network）。一种物质可以通过代谢网络中的一组连续反应转化成其他物质，并产生生理效应，这样一组连续反应称为一个代谢途径（Metabolic Pathway）。例如，发生在生物氧化第 3 阶段的呼吸链电子传递、3-磷酸甘油穿梭、苹果酸-天冬氨酸穿梭等都是代谢途径。

糖代谢是代谢网络中的重要内容，可以分为分解代谢途径和合成代谢途径，如图 2-3 和表 2-1 所示。

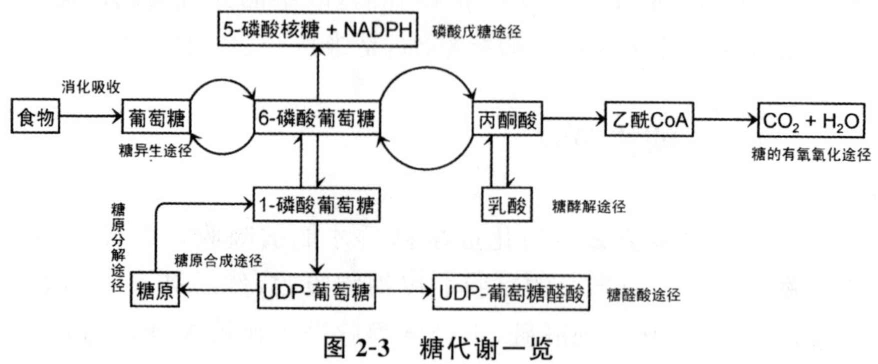

图 2-3　糖代谢一览

表 2-1　糖代谢一览

分类	代谢途径	反应物	产物	主要生理意义
消化吸收		食物糖	单糖	消化吸收
分解代谢	糖酵解途径	葡萄糖	乳酸、ATP	无氧供能，提供合成原料
	糖的有氧氧化途径	葡萄糖	CO_2、H_2O、ATP	有氧供能，提供合成原料
	磷酸戊糖途径	葡萄糖	5-磷酸核糖、NADPH	提供合成原料，生物转化
	糖醛酸途径	葡萄糖	UDP-葡萄糖醛酸	提供合成原料，生物转化
	糖原分解途径	糖原	葡萄糖	维持血糖，分解供能
合成代谢	糖原合成途径	葡萄糖	糖原	营养储存，维持血糖
	糖异生途径	乳酸等	葡萄糖	维持血糖，营养转化

由图 2-3 中可以看出：

①各糖代谢途径相互联系，有些中间产物是共同的，其中 6-磷酸葡萄糖是这些糖代谢途径共同的中间产物。

②有些反应是可逆反应(通常以双箭头表示),其正反应和逆反应在细胞内都会发生,实际反应方向取决于生理条件;有些反应是不可逆反应(通常以单箭头表示),其逆反应在细胞内不会发生。

2.2　糖的无氧分解

糖的无氧分解是指葡萄糖或糖原在无氧或缺氧条件下分解转变成乳酸并生成少量 ATP 的过程,由于这一过程与酵母中糖生醇发酵的过程相似,故又称为糖酵解。

2.2.1　糖酵解的反应过程

全身各组织细胞均可进行糖酵解,糖酵解的全部反应在胞液中进行,整个代谢过程可分为 3 个阶段:第 1 阶段由葡萄糖或糖原分解生成 2 分子磷酸丙糖;第 2 阶段由磷酸丙糖转变为丙酮酸;第 3 阶段由丙酮酸接受氢生成乳酸。

2.2.1.1　葡萄糖或糖原分解生成 2 分子磷酸丙糖

第 1 阶段磷酸丙糖的生成,该阶段一共包括 4 步反应。

第 1 步反应为葡萄糖磷酸化生成 6-磷酸葡萄糖。葡萄糖进入细胞后第 1 步反应是磷酸化,经磷酸化的葡萄糖不能自由通过细胞膜,可有效阻止葡萄糖逸出细胞。此反应由 ATP 提供磷酸基团和能量,在肝外的己糖激酶或肝内的葡萄糖激酶的催化下,生成 6-磷酸葡萄糖。反应消耗能量,需 Mg^{2+} 参与。此反应不可逆,催化反应的酶为限速酶。

$$\underset{(G)}{\text{葡萄糖}} \xrightarrow[\text{ATP} \quad \text{ADP}]{\text{己糖激酶(葡萄糖激酶)}} \underset{(G\text{-}6\text{-}P)}{\text{6-磷酸葡萄糖}}$$

第 2 步反应为 6-磷酸葡萄糖转变为 6-磷酸果糖，该反应是一个醛糖与酮糖的可逆异构反应，由磷酸己糖异构酶催化。

$$\underset{(G\text{-}6\text{-}P)}{6\text{-磷酸葡萄糖}} \xrightleftharpoons{\text{磷酸己糖异构酶}} \underset{(F\text{-}6\text{-}P)}{6\text{-磷酸果糖}}$$

第 3 步反应为 6-磷酸果糖磷酸化成 1,6-二磷酸果糖，是由磷酸果糖激酶-1 催化的不可逆反应。它是糖酵解中消耗 ATP 的第 2 个反应，需 ATP 提供磷酸基团和能量，并需 Mg^{2+}。

$$\underset{(F\text{-}6\text{-}P)}{6\text{-磷酸果糖}} \xrightarrow[\text{ATP} \quad \text{ADP}]{\text{磷酸果糖激酶-1}} \underset{(F\text{-}1,\ 6\text{-}BP)}{1,\ 6\text{-二磷酸果糖}}$$

第 4 步为 1,6-二磷酸果糖裂解成磷酸丙糖，此步反应生成 2 分子磷酸丙糖，即磷酸二羟丙酮和 3-磷酸甘油醛，是由醛缩酶催化的可逆反应。

$$1,6\text{-二磷酸果糖} \xrightleftharpoons{\text{醛缩酶}} \text{磷酸二羟丙酮} + 3\text{-磷酸甘油醛}$$

上述 4 步反应中两次磷酸化反应，消耗 2 分子 ATP，因此，糖酵解的第 1 阶段的反应是耗能的。

2.2.1.2 磷酸丙糖转变为丙酮酸

第 2 阶段的反应为丙酮酸的生成反应，此阶段的反应分 5 步进行。

第 1 步为 3-磷酸甘油醛氧化为 1,3-二磷酸甘油酸，是糖酵解途径中唯一的脱氢步骤，由 3-磷酸甘油醛脱氢酶催化，以 NAD^+ 为辅酶接受氢和电子，产生 $NADH+H^+$。此反应需无机磷酸参加，当底物的醛基氧化成羧基后即与磷酸形成混合酸酐，该酸酐是一种高能磷酸化合物，其水解后释放的自由能很高，可转移至 ADP 生成 ATP。

$$3\text{-磷酸甘油醛} + H_3PO_4 \xrightleftharpoons[NAD^+ \quad NADH + H^+]{3\text{-磷酸甘油醛脱氢酶}} 1,\ 3\text{-二磷酸甘油酸}$$

第 2 步为 1,3-二磷酸甘油酸转变成 3-磷酸甘油酸。3-磷酸甘油酸激酶催化 1,3-二磷酸甘油酸的高能磷酸基转移到 ADP 生成 ATP 和 3-磷酸甘油酸,反应需 Mg^{2+} 参加。这是糖酵解过程中第一个产生 ATP 的反应。这种与脱氢反应偶联,直接将高能磷酸化合物中的高能磷酸键转移给 ADP,而生成 ATP 的过程,称为底物水平磷酸化。

$$1,3\text{-二磷酸甘油酸} \xrightleftharpoons[Mg^{2+}]{\text{ADP} \searrow \text{3-磷酸甘油酸激酶} \nearrow \text{ATP}} \text{3-磷酸甘油酸}$$

第 3 步为 3-磷酸甘油酸转变为 2-磷酸甘油酸,此步反应为可逆的磷酸基转移过程。反应由磷酸甘油酸变位酶催化,需 Mg^{2+} 参加。

$$\text{3-磷酸甘油酸} \xrightleftharpoons{\text{磷酸甘油酸变位酶}} \text{2-磷酸甘油酸}$$

第 4 步为 2-磷酸甘油酸转变成磷酸烯醇式丙酮酸。烯醇化酶催化 2-磷酸甘油酸脱水生成磷酸烯醇式丙酮酸(PEP)。此反应引起分子内部的电子重排和能量的重新分布,形成一个含高能磷酸键的 PEP。

$$\text{2- 磷酸甘油} \xrightleftharpoons{\text{烯醇化酶}} \text{磷酸烯醇式丙酮酸} + H_2O$$

第 5 步反应为丙酮酸激酶催化 PEP 转变为烯醇式丙酮酸,同时将分子中的高能磷酸基转移给 ADP,生成 ATP。这是糖酵解途径中第 2 次底物水平磷酸化。不稳定的烯醇式丙酮酸进而自发转变为稳定的酮式丙酮酸。丙酮酸激酶为糖酵解途径的又一限速酶,催化的反应不可逆。

$$\text{磷酸烯醇式丙酮酸} \xrightarrow[\text{ADP} \curvearrowright \text{ATP}]{\text{丙酮酸激酶}} \text{丙酮酸}$$

2.2.1.3 丙酮酸接受氢生成乳酸

第 3 阶段为乳酸的生成。此阶段有一步反应,即丙酮酸还原为乳酸。乳酸脱氢酶(LDH)催化丙酮酸还原为乳酸,供氢体

NADH＋H^+来自第 2 阶段第 1 步反应中 3-磷酸甘油醛脱下的氢。此反应可逆。

现将糖酵解反应的全过程综合如图 2-4 所示。

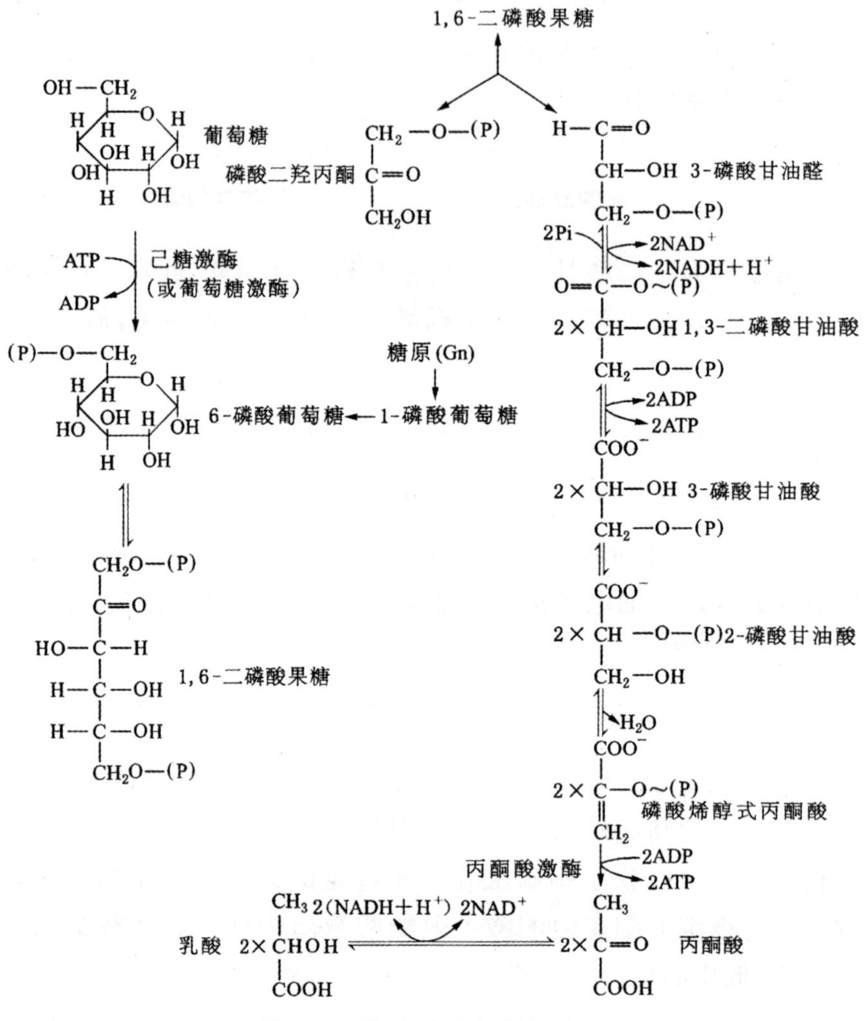

图 2-4　糖酵解反应的全过程

2.2.2　糖酵解的反应特点

糖酵解全过程没有氧的参与，反应在胞液中进行，反应中生成的 NADH＋H^+只能将 2H 交给丙酮酸，使之还原为乳酸。乳酸是糖酵解的必然产物。

葡萄糖经糖酵解途径未被彻底氧化,反应中能量释放较少,1 分子葡萄糖可氧化为 2 分子丙酮酸,经两次底物水平磷酸化,可产生 4 分子 ATP,减去葡萄糖活化时消耗的 2 分子 ATP,净生成 2 分子 ATP。如果从糖原开始,则净生成 3 分子 ATP。

糖酵解中有 3 步不可逆的单向反应,由己糖激酶(葡萄糖激酶)、磷酸果糖激酶-1 和丙酮酸激酶所催化,这 3 个酶是糖酵解过程中的关键酶,其中磷酸果糖激酶-1 的催化活性最低,是最重要的限速酶,对糖分解代谢的速度起着决定性的作用。

2.2.3　糖酵解的调节

前面已经提到,在糖酵解途径中,多数反应是可逆的,而己糖激酶(葡萄糖激酶)、6-磷酸果糖激酶-1、丙酮酸激酶催化的 3 个反应是不可逆的。构成了糖酵解途径的 3 个调节点,分别受别构调节剂和激素的双重调节。

2.2.3.1　己糖激酶(葡萄糖激酶)

己糖激酶可受反应产物 6-磷酸葡萄糖反馈抑制。饥饿时长链脂酰 CoA 对此酶变构抑制,减少肝组织摄取葡萄糖。葡萄糖激酶分子内部因不存在 6-磷酸葡萄糖的变构部位,因此,肝细胞中葡萄糖激酶不受产物 6-磷酸葡萄糖的影响。胰岛素可诱导葡萄糖激酶基因表达,促进酶的合成。

2.2.3.2　6-磷酸果糖激酶-1

目前认为,改变 6-磷酸果糖激酶-1(6-PFK-1)的活性是糖酵解途径最重要的控制步骤。该酶是四聚体的变构酶,受多种变构效应剂的影响。

ATP 和枸橼酸可变构抑制 6-PFK-1,ATP 作为底物可结合酶的活性中心。当 ATP 浓度较高时,ATP 与 6-PFK-1 的调节部位结合使酶活性丧失，糖酵解反应速度减慢。6-磷酸果糖激酶-1的变构激活剂有 AMP、ADP、F-1,6-BP 和 2,6-二磷酸果糖(F-2,6-BP)。AMP 增加时，糖酵解反应速度加快，ATP 的生成增多，使糖酵解对细胞的能量需求得以应答。

F-2,6-BP 是 6-PFK-1 最强的变构激活剂，可与 AMP 一起取消上述 ATP、枸橼酸对 6-PFK-1 的变构抑制作用。6-磷酸果糖在 6-磷酸果糖激酶-2 的催化下，磷酸化生成 F-2,6-BP；而后者由果糖二磷酸酶-2 水解，再转变成 6-磷酸果糖，如图 2-5 所示。

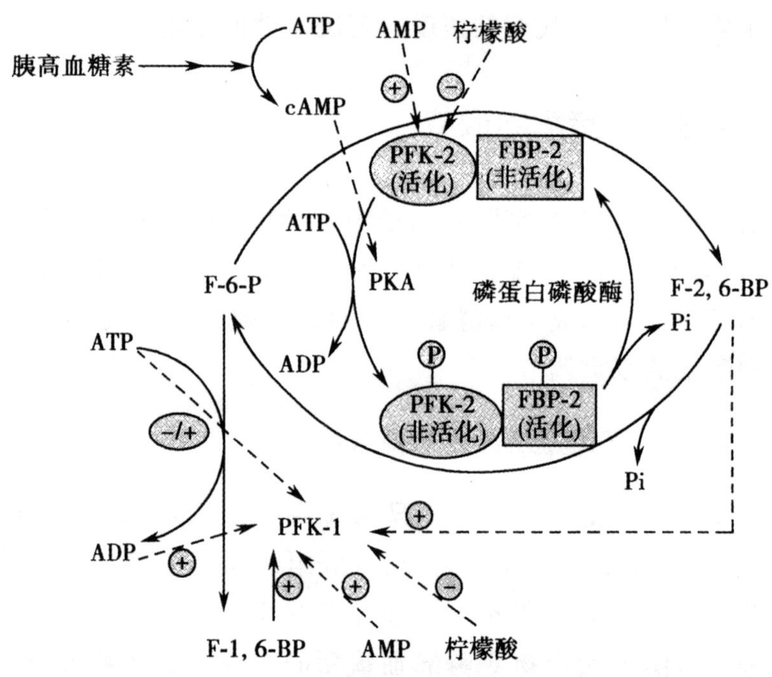

图 2-5　2,6-双磷酸果糖的合成与分解

研究发现：6-磷酸果糖激酶-2 和果糖二磷酸酶-2，两者的催化活性均在同一条多肽链上，是一个双功能酶。胰高血糖素通过 cAMP-蛋白激酶 A 级联过程，促进双功能酶 32 位丝氨酸残基磷酸化，使相应的激酶活性减弱而磷酸酶活性升高，降低 2,6-二磷酸果糖的水平并降低糖酵解的速度。磷蛋白磷酸酶催化其去磷酸后，则有相反的作用。H^+ 抑制 6-磷酸果糖激酶-1，当 pH 显著降低时，H^+ 离子浓度增高，糖酵解速度降低。由此可防止在缺氧

状态下，产生过量的乳酸而加重酸中毒。

2.2.3.3　丙酮酸激酶

丙酮酸激酶催化的不可逆步骤是另一个重要调节点。1,6-二磷酸果糖、ADP 是其变构激活剂；ATP 和丙氨酸为此酶的变构抑制剂。胰高血糖素可通过 cAMP-蛋白激酶 A 级联的共价修饰，使丙酮酸激酶磷酸化失去活性。

2.2.4　糖酵解的生理意义

糖酵解的生理意义主要表现在以下几个方面。

2.2.4.1　提供机体急需的能量

糖酵解释放的能量虽然不多，却是机体在缺氧情况下提供能量的重要方式，如剧烈运动、心脏疾患、呼吸受阻时。但如果机体缺氧时间较长，可导致糖酵解产物乳酸的堆积，可能引起代谢性酸中毒。

2.2.4.2　红细胞供能的主要方式

成熟红细胞没有线粒体，不能进行有氧氧化，糖酵解是其唯一供能途径。人体红细胞每天利用葡萄糖约 25g，其中 90%～95%进入糖酵解途径。

2.2.4.3　某些组织生理情况下的供能途径

少数组织即使在氧供应充足的情况下，仍主要靠糖酵解供能，如视网膜、睾丸、肾髓质、皮肤及肿瘤细胞等。

2.2.4.4　为其他糖代谢途径奠定基础

糖酵解第 1、第 2 阶段也是糖有氧氧化的准备阶段；糖酵解的逆反应为糖异生提供途径。

2.3 糖的有氧氧化

在有氧条件下，葡萄糖或糖原彻底氧化分解为 CO_2 和 H_2O，并产生大量 ATP 的过程称为糖的有氧氧化。

2.3.1 糖有氧氧化的反应过程

糖有氧氧化的过程可大致分为 3 个阶段：第 1 阶段为葡萄糖或糖原经糖酵解途径生成丙酮酸；第 2 阶段是丙酮酸氧化脱羧生成乙酰 CoA；第 3 阶段为乙酰 CoA 经三羧酸循环和氧化磷酸化彻底分解成 CO_2 和 H_2O，并产生 ATP。有氧氧化的全过程除第 1 阶段在细胞液中进行外，其余两个阶段都在线粒体内进行。

2.3.1.1 葡萄糖生成丙酮酸

葡萄糖生成丙酮酸的反应过程与糖酵解基本相同。不同的是在有氧氧化途径中，3-磷酸甘油醛脱下的氢进入线粒体进行氧化磷酸化，产生 H_2O 和 ATP；丙酮酸进入线粒体继续氧化分解成 CO_2。

2.3.1.2 丙酮酸氧化脱羧生成乙酰 CoA

在胞浆中生成的丙酮酸进入线粒体内，在丙酮酸氧化脱氢酶系催化下进行氧化脱羧，并与辅酶 A 结合成含有高能键的乙酰 CoA。此为不可逆反应，总反应如下：

$$\begin{array}{c}COOH\\|\\C{=}O\\|\\CH_3\end{array} + CoA\text{-}SH \xrightarrow[NAD^+ \quad NADH+H^+]{\text{丙酮酸氧化脱氢酶系}} \begin{array}{c}CH_3\\|\\CO{\sim}SCoA\end{array} + CO_2$$

丙酮酸氧化脱氢酶系为多酶复合体，由 3 种酶蛋白和 5 种辅酶（辅基）组成，如表 2-2 所示。

表 2-2 丙酮酸氧化脱氢酶系的组成

酶	辅酶(辅基)	所含维生素
丙酮酸脱氢酶(E_1)	TPP	维生素 B_1
二氢硫辛酸乙酰转移酶(E_2)	二氢硫辛酸、CoA	硫辛酸、泛酸
二氢硫辛酸脱氢酶(E_3)	FAD、NAD^+	维生素 B_2,维生素 PP

丙酮酸氧化脱氢酶系的催化作用包括以下 5 个连续进行的反应,其反应过程如图 2-6 所示。

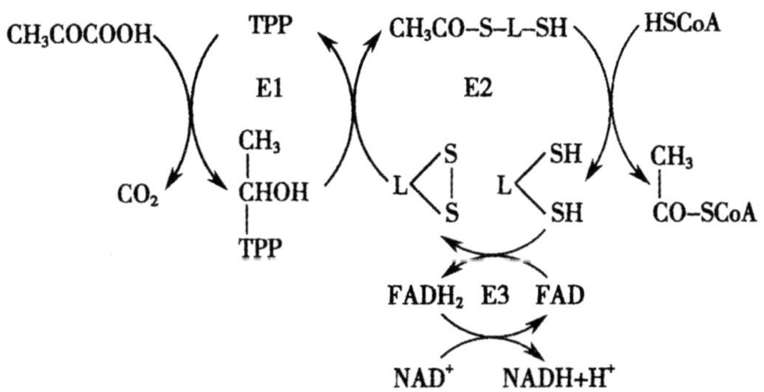

图 2-6 丙酮酸氧化脱氢酶系的作用机制

①丙酮酸脱氢酶催化丙酮酸脱羧,生成的羟乙基衍生物与 TPP 结合。

②羟乙基衍生物被氧化并与硫辛酸结合形成乙酰二氢硫辛酸。

③乙酰二氢硫辛酸的乙酰基转移给 CoA,生成乙酰 CoA。此二步反应由二氢硫辛酸乙酰转移酶催化。

④二氢硫辛酸脱氢氧化,脱下的 2H 由 FAD 接受,生成 $FADH_2$。

⑤NAD^+得到 $FADH_2$ 中的 2H,生成 $NADH+H^+$。此二步反应由二氢硫辛酸脱氢酶催化。

2.3.1.3 乙酰 CoA 彻底氧化分解(三羧酸循环)

乙酰 CoA 与草酰乙酸缩合生成柠檬酸,经历 4 次脱氢及 2 次脱羧反应，又生成草酰乙酸。反应中脱下的氢经呼吸链作用，与氧化合成为水。由于此过程是由含有 3 个羧基的柠檬酸作为起始物的循环反应，因而称之为三羧酸循环（TCA 循环）或柠檬酸循环。为纪念 Hans Krebs 在阐明三羧酸循环方面所做杰出贡献，此循环反应还可称为 Krebs 循环，反应过程如下所示。

（1）柠檬酸的生成

反应由柠檬酸合酶催化，使含两个碳原子的乙酰 CoA 的乙酰基与含 4 个碳原子的草酰乙酸缩合，形成含有 6 个碳原子（包括 3 个羧基）的柠檬酸。乙酰 CoA 中高能硫酯键的断裂为缩合反应提供能量，反应不可逆。柠檬酸合酶为三羧酸循环的第 1 个限速酶。

$$\underset{\text{乙酰CoA}}{CH_3\text{—}\overset{O}{\overset{\|}{C}}\sim SCoA} + \underset{\text{草酰乙酸}}{HOOC\text{—}CH_2\text{—}\overset{O}{\overset{\|}{C}}\text{—}COOH} \xrightarrow[H_2O]{\text{柠檬酸合酶}} \underset{\text{柠檬酸}}{HO\text{—}C(COOH)(CH_2\text{—}COOH)_2} + HSCoA$$

（2）柠檬酸异构为异柠檬酸

反应是顺乌头酸酶催化的两步可逆反应，经过中间产物顺乌头酸的生成，将柠檬酸 C_3 上的羟基转移到 C_2 上，生成异柠檬酸。

$$\underset{\text{柠檬酸}}{HO\text{—}C(COOH)(CH_2\text{—}COOH)_2} \underset{H_2O}{\overset{\text{顺乌头酸酶}}{\rightleftharpoons}} \underset{\text{顺乌头酸}}{CH(COOH)\text{=}C(COOH)\text{—}CH_2\text{—}COOH} \underset{H_2O}{\overset{\text{顺乌头酸酶}}{\rightleftharpoons}} \underset{\text{异柠檬酸}}{CH_2(COOH)\text{—}CH(COOH)\text{—}CH(OH)COOH}$$

（3）异柠檬酸氧化脱羧生成 α-酮戊二酸

异柠檬酸在异柠檬酸脱氢酶催化下脱氢氧化，脱下的氢交给 NAD^+ 生成 NADH，同时进行脱羧，转变为含 5 个碳原子的 α-酮戊二酸。此反应不可逆，是三羧酸循环的第 2 个限速反应，异柠檬酸脱氢酶也是三羧酸循环最重要的限速酶，许多因素通过调节其活性来控制三羧酸循环的速度。

$$\begin{array}{c}COOH\\ |\\ CH_2\\ |\\ CH-COOH\\ |\\ HO-CH\\ |\\ COOH\end{array} \xrightarrow[\text{NAD}^+ \curvearrowright \text{NADH+H}^+ \quad \searrow CO_2]{\text{异柠檬酸脱氢酶}\;Mg^{2+}} \begin{array}{c}COOH\\ |\\ C{=}O\\ |\\ CH_2\\ |\\ CH_2\\ |\\ COOH\end{array}$$

异柠檬酸　　　　　　　　　　　　α-酮戊二酸

(4)α-酮戊二酸氧化脱羧生成琥珀酰 CoA

α-酮戊二酸脱氢酶复合体催化含 5 个碳原子的 α-酮戊二酸脱氢、脱羧，生成琥珀酰 CoA，反应不可逆。产物琥珀酰 CoA 含有高能硫酯键。α-酮戊二酸脱氢酶复合体的组成和催化机制与丙酮酸脱氢酶复合体类似。α-酮戊二酸脱氢酶复合体是三羧酸循环的第 3 个限速酶。

$$\begin{array}{c}COOH\\ |\\ C{=}O\\ |\\ CH_2\\ |\\ CH_2\\ |\\ COOH\end{array} + HSCoA + NAD^+ \xrightarrow[\text{TPP硫辛酸FAD}]{\alpha\text{-酮戊二酸脱氢酶复合体}} \begin{array}{c}O\\ \|\\ C{\sim}SCoA\\ |\\ CH_2\\ |\\ CH_2\\ |\\ COOH\end{array} + NADH + H^+ + CO_2$$

α-酮戊二酸　　　　　　　　　　　　琥珀酰CoA

(5)琥珀酰 CoA 通过底物水平磷酸化生成琥珀酸

在琥珀酰 CoA 合成酶催化下，琥珀酰 CoA 高能硫酯键断裂，转变为琥珀酸，同时释放的能量使 GDP 磷酸化生成 GTP，此反应是三羧酸循环唯一底物水平磷酸化的反应。

$$\begin{array}{c}O\\ \|\\ C{\sim}SCoA\\ |\\ CH_2\\ |\\ CH_2\\ |\\ COOH\end{array} \underset{}{\overset{\text{GDP+Pi} \searrow \quad \nearrow \text{CTP}}{\underset{\text{琥珀酰CoA合成酶}}{\rightleftharpoons}}} \begin{array}{c}COOH\\ |\\ CH_2\\ |\\ CH_2\\ |\\ COOH\end{array} + HSCoA$$

琥珀酸CoA　　　　　　　　　　　　琥珀酸

(6)琥珀酸脱氢生成延胡索酸

反应由琥珀酸脱氢酶催化，其辅基 FAD 接受琥珀酸脱下的氢还原为 $FADH_2$，本反应是三羧酸循环中唯一以 FAD 作为受氢体的脱氢反应。

$$\underset{\text{琥珀酸}}{HOOC-CH_2-CH_2-COOH} \xrightleftharpoons[]{\text{FAD} \searrow \text{琥珀酸脱氢酶} \nearrow FADH_2} \underset{\text{延胡索酸}}{HOOC-CH=CH-COOH}$$

(7)延胡索酸加水生成苹果酸

延胡索酸酶催化此可逆反应。

$$\underset{\text{延胡索酸}}{HOOC-CH=CH-COOH} \xrightleftharpoons[H_2O]{\text{延胡索酸酶}} \underset{\text{苹果酸}}{HOOC-CH(OH)-CH_2-COOH}$$

(8)苹果酸脱氢生成草酰乙酸

由苹果酸脱氢酶催化再生的草酰乙酸可继续与乙酰 CoA 结合生成柠檬酸，参与下一个三羧酸循环。

$$\underset{\text{苹果酸}}{HOOC-CH(OH)-CH_2-COOH} \xrightleftharpoons[]{NAD^+ \searrow \text{苹果酸脱氢酶} \nearrow NADH+H^+} \underset{\text{草酰乙酸}}{HOOC-C(=O)-CH_2-COOH}$$

三羧酸循环归纳总结如图 2-7 所示。

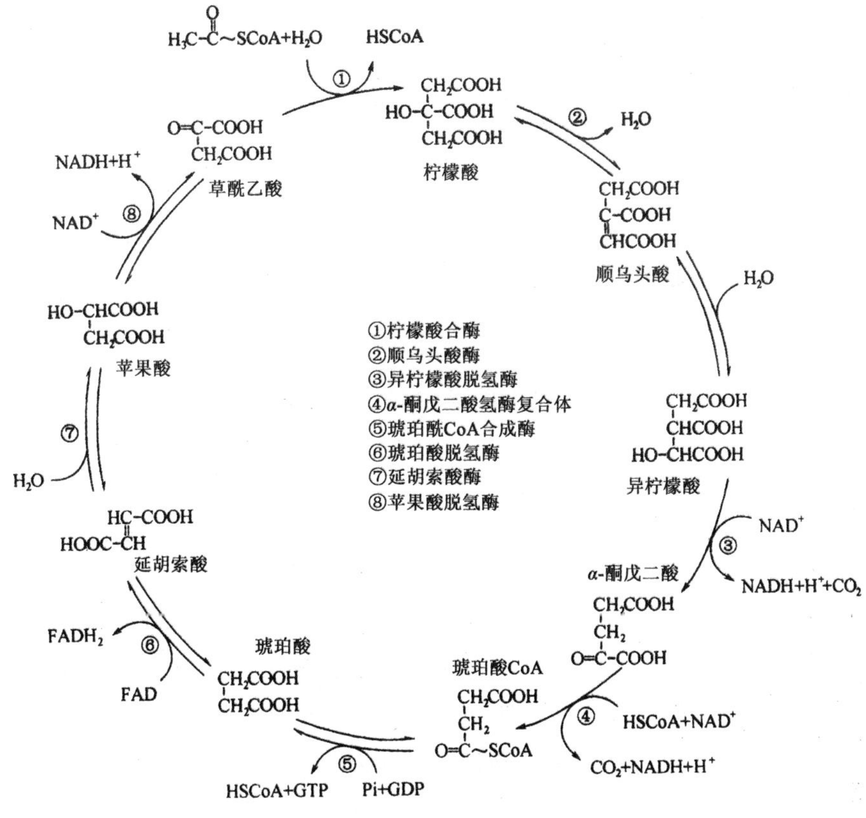

图 2-7　三羧酸循环反应的全过程

2.3.2　三羧酸循环反应的特点

每一循环氧化一个乙酰基，通过两次脱羧生成两个 CO_2，通过四次脱氢给出四对氢，其中三对氢以 NAD^+ 为受氢体，另一对氢以 FAD 为受氢体。三羧酸循环还通过底物水平磷酸化合成一个 ATP(GTP)，这样每氧化一个乙酰基共产生 12 个 ATP。

三羧酸循环有三种关键酶，即柠檬酸合酶、异柠檬酸脱氢酶和 α-酮戊二酸脱氢酶系，其中异柠檬酸脱氢酶是最重要的调节酶。它们所催化的反应在生理条件下是不可逆的，所以整个三羧酸循环是不可逆的。

三羧酸循环本身不会改变其中间产物的总量，即不会消耗中间产物。不过，其他代谢会消耗三羧酸循环的中间产物（如草酰乙酸和α-酮戊二酸分别用于合成天冬氨酸和谷氨酸），需要及时补充，三羧酸循环中间产物最基本的补充方式是由丙酮酸羧化生成草酰乙酸。

2.3.3 糖有氧氧化的调节

2.3.3.1 丙酮酸脱氢酶复合体的调节

丙酮酸脱氢酶复合体催化丙酮酸脱氢酶生成乙酰 CoA 的反应，可通过共价修饰和变构效应两种方式进行快速调节。

复合体的丙酮酸脱氢酶可被丙酮酸脱氢酶将其丝氨酸的羟基磷酸化，使酶蛋白变构而失去活性；经特异磷酸酶催化脱磷酸后此酶活性恢复。[ATP]/[ADP]、[乙酰 CoA]/[HSCoA]及[NADH]/[NAD^+]浓度比值增加，使丙酮酸脱氢酶激酶激活，抑制糖的有氧氧化，胰岛素可激活磷酸酶活性。丙酮酸脱氢酶复合体的反应产物乙酰 CoA、NADH＋H^+及 ATP 增加时对酶有反馈抑制作用。

2.3.3.2 三羧酸循环的调节

多种因素共同调控影响着三羧酸循环的速率和流量。在 3 个不可逆反应中，异柠檬酸脱氢酶和α-酮戊二酸脱氢酶复合体所催化的反应是三羧酸循环的主要调节点。当 NADH/NAD^+ 和 ATP/ADP 比值升高时，异柠檬酸脱氢酶、α-酮戊二酸脱氢酶复合体被反馈抑制，使三羧酸循环速率减慢。

如图 2-8 所示，线粒体中 Ca^{2+} 浓度增高，可结合并激活上述两种关键酶及丙酮酸脱氢酶复合体。推动有氧氧化和三羧酸循环的进行。氧化磷酸化的速率也对三羧酸循环有调节作用，三羧酸循环中 4 次脱氢生成的 NADH＋H^+ 和 $FADH_2$，分子中的氢和电子需通过电子传递链进行氧化及磷酸化生成 ATP，释放辅基 NAD^+ 和 FAD。如机体不能有效地进行氧化磷酸化，三羧酸循环中的脱氢反应就无法进行。

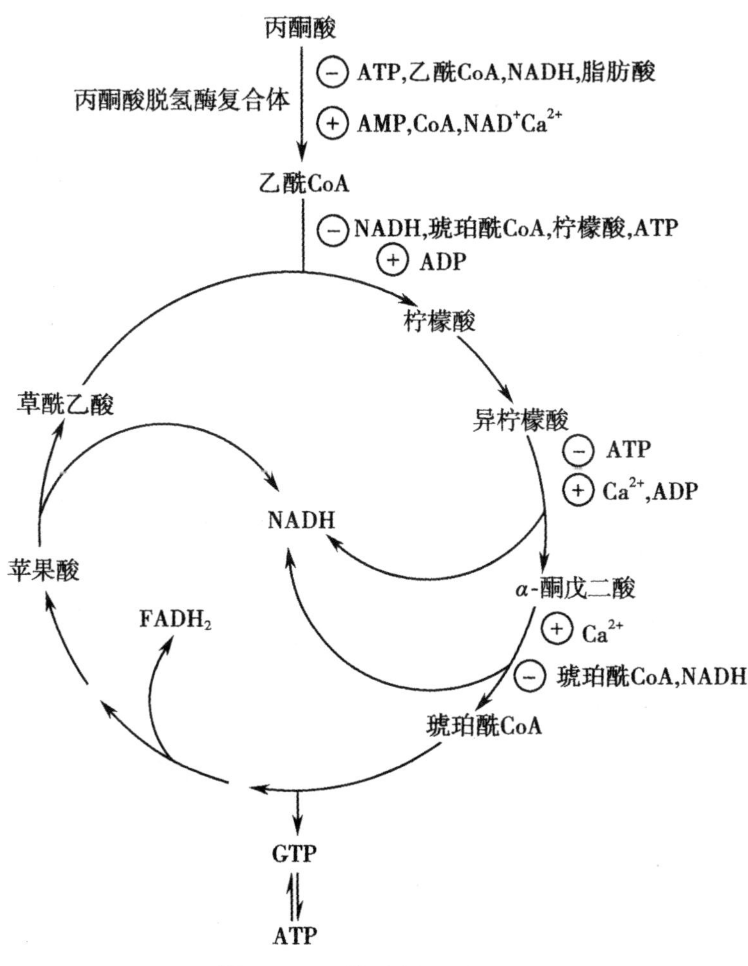

图 2-8　三羧酸循环的调节

2.3.4 糖有氧氧化的生理意义

糖有氧氧化的生理意义主要表现在以下几个方面。

2.3.4.1 三羧酸循环是糖类、脂类和蛋白质分解代谢的共同途径

糖分解成丙酮酸，然后氧化成乙酰 CoA 进入三羧酸循环；脂肪水解产生的甘油转化成磷酸二羟丙酮，进一步氧化成乙酰 CoA 进入三羧酸循环，脂肪酸经过氧化分解成乙酰 CoA 进入三羧酸循环；氨基酸经过脱氨基生成 α-酮酸，进一步氧化成乙酰 CoA，进入三羧酸循环。总之，糖类、脂类和蛋白质都可以通过三羧酸循环彻底氧化成 CO_2 和 H_2O，三羧酸循环是糖类、脂类和蛋白质分解代谢的共同途径。

2.3.4.2 三羧酸循环是糖类、脂类和蛋白质代谢联系的枢纽

糖分解成乙酰 CoA，通过三羧酸循环合成柠檬酸，转运到细胞液，用于合成脂肪酸，并进一步合成脂肪；糖和甘油经过代谢生成草酰乙酸等三羧酸循环的中间产物，可以用于合成非必需氨基酸；氨基酸分解生成草酰乙酸等三羧酸循环的中间产物，可以用于合成糖和甘油。因此，三羧酸循环是体内糖类、脂类和蛋白质代谢联系的枢纽。

2.3.4.3 三羧酸循环可提供生物合成的前体

三羧酸循环的某些成分可以合成其他物质，例如，琥珀酰 CoA 可用于血红素的合成。

2.4 磷酸戊糖途径

磷酸戊糖途径是糖分解代谢的一条主要途径，此代谢途径由 6-磷酸葡萄糖开始，生成 5-磷酸核糖和 NADPH 两个具有重要功能的中间产物。此反应途径主要发生在肝、脂肪组织、哺乳期的乳腺、肾上腺皮质、性腺、骨髓和红细胞内。

2.4.1　磷酸戊糖途径的反应过程

磷酸戊糖途径在胞浆中进行，全过程可分为两个阶段。第 1 阶段是不可逆的氧化反应阶段，生成磷酸戊糖、NADPH 和 CO_2；第 2 阶段是可逆的非氧化反应阶段，包括一系列基团转移反应，生成糖酵解途径的中间产物。

2.4.1.1　氧化反应阶段

6-磷酸葡萄糖首先脱氢生成 6-磷酸葡萄糖酸；再次脱氢、脱羧，生成 5-磷酸核酮糖；5-磷酸核酮糖在异构酶或差向异构酶的催化下，可互变为 5-磷酸核糖或 5-磷酸木酮糖。

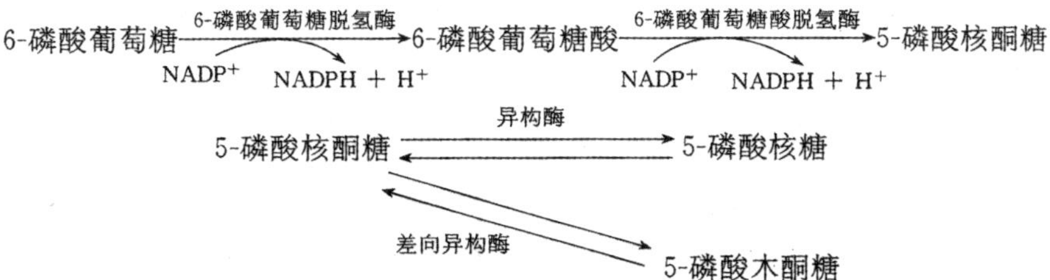

2.4.1.2　基团转移反应阶段

基团转移反应阶段是在各单糖之间进行的基团转移反应，最终生成 6-磷酸果糖和 3-磷酸甘油醛，再进入糖酵解途径进行代谢。

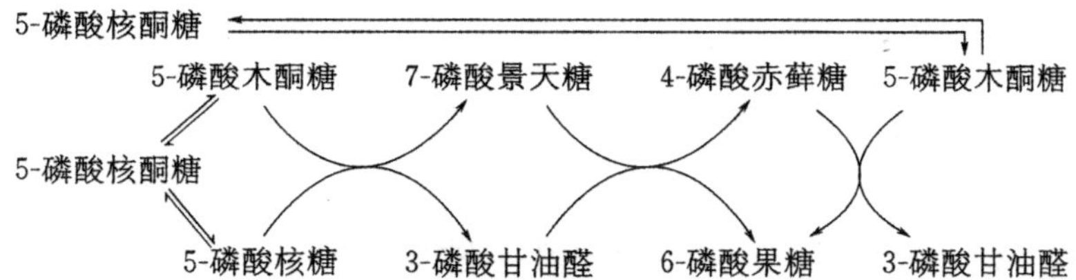

2.4.2　磷酸戊糖途径的调节

6-磷酸葡萄糖脱氢酶是磷酸戊糖途径的第一个酶，又是限速酶，其活性决定 6-磷酸葡萄糖进入此途径的量。因此磷酸戊糖途径的调节点主要是6-磷酸葡萄糖脱氢酶，该酶的快速调节主要受 $NADPH/NADP^+$ 比值的影响。

2.4.2.1 高糖饮食的影响

早已发现高糖饮食时，肝中6-磷酸葡萄糖脱氢酶含量明显增多(可增加10倍)，以提供脂酸合成所需的 $NADH+H^+$。

2.4.2.2 $NADH+H^+$ 的影响

$NADH+H^+$ 对6-磷酸葡萄糖脱氢酶有明显的抑制作用。当 $NADPH/NADP^+$ 比值大于10时，其抑制作用可达90%。相反，比例降低时激活。因此，磷酸戊糖途径中的6-磷酸葡萄糖的量取决于对 $NADH+H^+$ 的需求。

2.4.2.3 组织细胞对 $NADH+H^+$ 和5-磷酸核糖相对需要量的调节

若细胞对 $NADH+H^+$ 的需要量多于对5-磷酸核糖的需要量时，则过多的磷酸戊糖可经该途径的基团移换阶段变为磷酸己糖进行代谢；若5-磷酸核糖需要量增加时，6-磷酸果糖可以转变为5-磷酸核糖以供机体之需。

2.4.2.4 该途径的中间代谢物的影响

7-磷酸景天庚酮糖、4-磷酸赤藓糖和6-磷酸葡萄糖酸是磷酸葡萄糖异构酶的抑制剂，而1,6-二磷酸果糖又是6-磷酸葡萄糖脱氢酶的抑制剂，所以磷酸戊糖途径与糖有氧氧化和糖酵解途径之间存在着互相制约的关系。

2.4.3 磷酸戊糖途径的生理意义

磷酸戊糖途径的生理意义主要表现在以下几个方面。

2.4.3.1 NADPH为体内多种反应供氢

NADPH和NADH的作用并不一样，它主要作为供氢体，参与体内多种合成代谢和生物转化反应。

(1)参与体内羟化反应

体内的羟化反应主要体现在合成代谢和生物转化两方面,如胆固醇、胆汁酸、类固醇激素等物质生物合成,激素灭活,药物、毒物等生物转化过程均需要 NADPH 供氢。

(2)是体内多种合成代谢的供氢体

胆固醇、体内脂酸、类固醇激素等物质的生物合成需要大量的 NADPH,绝大多数由磷酸戊糖途径提供。

(3)维持还原型谷胱甘肽的正常含量

谷胱甘肽(GSH)是体内重要的抗氧化剂。氧化型谷胱甘肽(GSSG)在谷胱甘肽还原酶催化下转变为还原型谷胱甘肽(GSH)时需要 NADPH 供氢。还原型谷胱甘肽可保护体内含巯基蛋白质或酶免遭氧化,还可以保护红细胞膜上的脂类和蛋白质不被氧化,在保护红细胞膜完整性、防止溶血方面至关重要。在我国南方地区,部分人群体内红细胞先天性缺乏 6-磷酸葡萄糖脱氢酶,不能通过磷酸戊糖途径得到充足的 NADPH,GSH 的含量难以维持,导致红细胞,尤其是衰老的红细胞易于破裂,发生溶血。这些人常在食用蚕豆后发病,故得名“蚕豆病”。

2.4.3.2　为核酸的生物合成提供核糖

核糖是核酸和游离核苷酸的组成成分。体内的核糖并不依赖从食物中摄取,而是通过磷酸戊糖途径生成。人体多数组织中核糖可由 6-磷酸葡萄糖经脱氢、脱羧等反应产生;肌肉组织 6-磷酸葡萄糖脱氢酶活性较低,可利用糖酵解的中间产物 3-磷酸甘油醛、6-磷酸果糖经可逆的基团转移反应生成。

2.4.3.3　其他作用

磷酸戊糖途径还可以通过转酮醇基及转醛醇基反应使丙糖、丁糖、戊糖、己糖、庚糖在体内得以互变,为机体提供多种糖。

2.5 糖原的合成与分解

糖原是以葡萄糖残基为基本单位通过 α-1,4 糖苷键和 α-1,6 糖苷键连接聚合而成的高度分支的大分子多糖,是体内糖的储存形式。糖原分子有许多非还原性分支末端,是糖原合成和分解作用的位点。肝脏和肌肉组织是糖原的主要贮存器官。糖原的贮存量不多,但代谢极活跃,既可以迅速被动用以供急需,又不断及时合成储备。人体肝糖原总量约 70g,是血糖的重要来源,肌糖原总量为 120～400g,主要功能是分解提供肌收缩时所急需能量。

2.5.1 糖原的合成代谢

糖原合成的主要部位是肝和肌肉组织的细胞液。糖原合成发生在机体糖供给充足,即饱食时。

2.5.1.1 糖原合成代谢的过程

糖原合成的第 1 步反应是在己糖激酶的催化下,葡萄糖活化成 6-磷酸葡萄糖,反应与糖酵解的第 1 步反应相同,由 ATP 提供磷酸基团,反应不可逆。第 2 步反应是在磷酸葡萄糖变位酶催化下,6-磷酸葡萄糖分子第 6 位的磷酸基转移到第 1 位,生成 1-磷酸葡萄糖,此步为可逆的异构反应。第 3 步反应是在尿苷二磷酸葡萄糖焦磷酸化酶的催化下,1-磷酸葡萄糖与尿苷三磷酸(UTP)反应生成尿苷二磷酸葡萄糖(UDPG),并释放出焦磷酸(PPi)。焦磷酸能被焦磷酸酶水解,促进 UDPG 的形成。UDPG 是葡萄糖在体内的活性形式,充当葡萄糖的供体。此反应耗能,1mol 葡萄糖生成 UDPG 消耗 2 个高能键,可视为消耗了 2mol ATP。最后一步反应是在糖原合酶的催化下,UDPG 分子上的葡萄糖基通过 α-1,4 糖苷键连接到糖原引物(Gn)的非还原末端,形成糖原分子中直链。上述反应反复进行，使糖链不断延长。

$$G \xrightarrow[\text{ATP} \curvearrowright \text{ADP}]{\text{己糖激酶}} G\text{-}6\text{-}P \xrightleftharpoons{\text{磷酸葡萄糖变位酶}} G\text{-}1\text{-}P \xrightleftharpoons[\text{UTP} \curvearrowright \text{PPi}]{\text{UDPG焦磷酸化酶}} UDPG \xrightarrow[\text{Gn} \curvearrowright \text{UDP}]{\text{糖原合酶}} G_{n+1}$$

2.5.1.2　糖原合成代谢的特点

糖原合成代谢的特点如下所示。

①糖原合酶催化的糖原合成反应不能从头开始，必须有 1 个至少含有 4 个葡萄糖残基的多聚葡萄糖的引物，在其非还原端每次增加 1 个葡萄糖单位。

②糖原合酶只能催化糖原的延长，而不能形成分支，当糖链长度达 11 个葡萄糖残基时，分支酶就将 7 个葡萄糖残基的糖链转移到另一糖链上，以 α-1，6 糖苷键相连，形成糖原分支。

③糖原合酶是糖原合成的关键酶，其活性受胰岛素的调节。

④UDPG 是体内葡萄糖的供体，其中的葡萄糖是活性葡萄糖。糖原分子每增加 1 分子葡萄糖，需要消耗 2 个高能磷酸键。

2.5.2　糖原的分解代谢

肝糖原分解为葡萄糖以补充血糖的过程，称为糖原分解。肌糖原不能分解为葡糖糖补充血糖。

2.5.2.1　糖原分解代谢的过程

糖原分解的第 1 步反应是在糖原磷酸化酶的催化下，从糖原分子的非还原端加磷酸分解下一个葡萄糖基，产物是 1-磷酸葡萄糖和少一个葡萄糖基的糖原（G_{n-1}），该反应是糖原分解的关键不可逆反应。

$$Gn \xrightarrow[\text{Pi}]{\text{磷酸化酶}} G_{n-1} + G\text{-}1\text{-}P$$

糖原分解的第 2 步反应是在磷酸葡萄糖变位酶催化下，1-磷酸葡萄糖转变成6-磷酸葡萄糖。

$$\text{G-1-P} \xrightleftharpoons{\text{磷酸葡萄糖变位酶}} \text{G-6-P}$$

6-磷酸葡萄糖在肝细胞特有的葡萄糖-6-磷酸酶作用下,水解成游离葡萄糖,释放入血补充血糖。肌肉组织缺乏葡萄糖-6-磷酸酶,故肌糖原只能进行糖酵解和有氧氧化。

$$\text{G-6-P} \xrightarrow[\searrow \text{Pi}]{\text{葡萄糖-6-磷酸酶}} \text{G}$$

2.5.2.2 糖原分解代谢的特点

糖原分解代谢的特点如下所示。

①磷酸化酶催化糖原水解,只能作用于α-1,4糖苷键,而对α-1,6糖苷键无作用。当催化至距α-1,6糖苷键4个葡萄糖单位时就不再起作用,而是由脱支酶继续催化糖原的水解。

②脱支酶将3个葡萄糖基转移到邻近糖链的末端,仍以α-1,4糖苷键连接,剩下1个以α-1,6糖苷键连接的葡萄糖基被脱支酶水解成游离的葡萄糖。磷酸化酶与脱支酶交替作用,完成糖原的分解过程。

③磷酸化酶是糖原分解的限速酶。

④葡萄糖-6-磷酸酶只存在于肝和肾,肌肉组织中没有,因此肌糖原分解的单糖只能直接进行酵解或氧化,不能转变成葡萄糖。只有肝、肾组织中的糖原才能直接分解为葡萄糖,释放入血。

2.5.3 糖原合成与分解的调节

糖原的合成与分解不是简单的可逆反应,而是由不同的酶体系催化的反应过程。糖原合酶和糖原磷酸化酶分别是糖原合成与分解代谢中的限速酶,它们的活性强弱,直接影响着糖原代谢的方向与速度。糖原合酶与糖原磷酸化酶在体内均有活性型和无活性型两种形式,均受到共价修饰调节和变构调节双重调节作用。

2.5.3.1　共价修饰调节

糖原合酶与糖原磷酸化酶均受到磷酸化与去磷酸化的共价修饰调节。酶的两种不同存在形式使其活性发生根本的改变，发生磷酸化的糖原合酶 b 是无活性的，而发生磷酸化的糖原磷酸化酶 a 则是有活性的。

当机体受到某些影响，如血糖水平下降、剧烈运动、应激反应状态等时，肾上腺素、胰高血糖素分泌增加。二者与细胞膜上的特异性受体结合，使 cAMP 生成增加，进而激活蛋白激酶 A；活化的蛋白激酶 A 使糖原合酶和糖原磷酸化酶都发生磷酸化修饰作用，但却导致两种截然不同的结果。

糖原合酶 a 发生磷酸化后，由有活性变为无活性的糖原合酶 b，从而使糖原合成过程减弱。糖原磷酸化酶 b 发生磷酸化后，由原来的无活性变为有活性的糖原磷酸化酶 a，从而使糖原分解增强。这种双向调节的最终结果是抑制了糖原合成，促进了糖原分解（见图 2-9）。

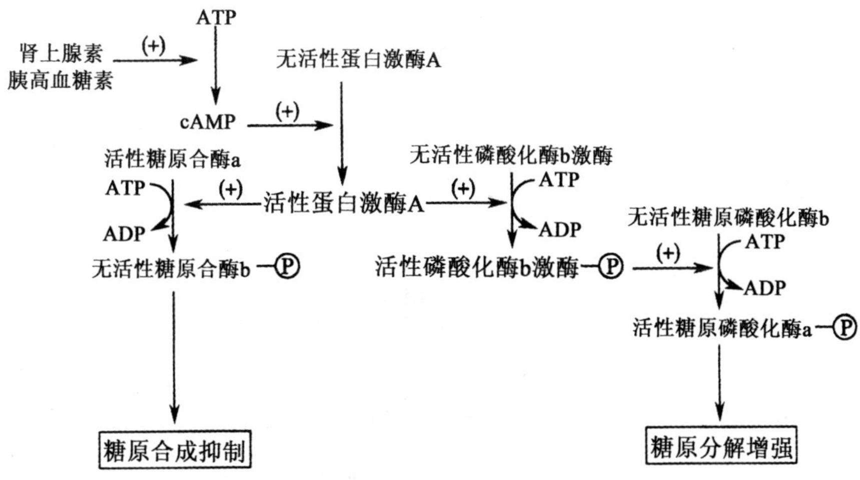

图 2-9　糖原代谢的共价修饰调节

2.5.3.2 变构调节

糖原合酶与糖原磷酸化酶都是变构酶，都可受到代谢物的变构调节。

6-磷酸葡萄糖是糖原合酶 b 的变构激活剂。当血糖浓度增高时，进入组织细胞的葡萄糖增多，6-磷酸葡萄糖生成增加，可激活糖原合酶 b，使之转变为有活性的糖原合酶 a，加速糖原合成。

AMP 是糖原磷酸化酶 b 的变构激活剂。当细胞内能量供应不足，AMP 浓度升高时，可使糖原磷酸化酶 b 发生变构而易受到糖原磷酸化酶 b 激酶的催化，进行磷酸化修饰，形成有活性的糖原磷酸化酶 a，加速糖原分解。反之，ATP 是糖原磷酸化酶 a 的变构抑制剂，使糖原分解减弱。

2.5.4 糖原合成与分解的生理意义

糖原合成与分解的主要生理意义在于当机体糖供应充足时，肝、肌肉等组织将多余的葡萄糖合成糖原储备起来；而空腹时将机体储存的糖原迅速分解，为组织细胞提供能源。由于酶组织分布的差异，肝糖原与肌糖原的生理意义各不相同。肝糖原的主要生理作用是空腹时能维持血糖浓度恒定。这对依赖葡萄糖作为能源的脑、红细胞等尤其重要。肌肉组织缺乏葡萄糖-6-磷酸酶，肌糖原的作用主要为肌肉收缩提供能量。

2.6 糖异生

由非糖物质转变为葡萄糖或者糖原的过程称为糖异生作用。糖异生主要在肝中进行，肾的糖异生能力为肝的十分之一，但是在长期饥饿时可以大大增强。

2.6.1 糖异生的途径

糖异生途径基本上是糖酵解的逆过程，但由葡萄糖激酶、6-磷酸果糖激酶-1 及丙酮酸激酶所催化的三个反应是不可逆反应，都有相当大的能量变化。这些反应的逆过程就需要吸收相当的能量，构成所谓“能障”。实现糖异生过程必须要有另外一组不同的酶来催化其逆反应，才能绕过这三个“能障”，这些酶即为糖异生的限速酶。

2.6.1.1 丙酮酸羧化支路

细胞液中的丙酮酸进入线粒体内，由以生物素为辅基的丙酮酸羧化酶催化羧化成草酰乙酸，该反应由 ATP 供能，是不可逆反应。生物素在反应中起羧基载体的作用。

草酰乙酸由苹果酸脱氢酶催化加氢生成苹果酸。苹果酸由苹果酸-α-酮戊二酸转运体转运到细胞液中，由苹果酸脱氢酶催化脱氢重新生成草酰乙酸。

草酰乙酸由磷酸烯醇式丙酮酸羧激酶催化生成磷酸烯醇式丙酮酸，该反应由 GTP 供能，是不可逆反应（见图 2-10）。

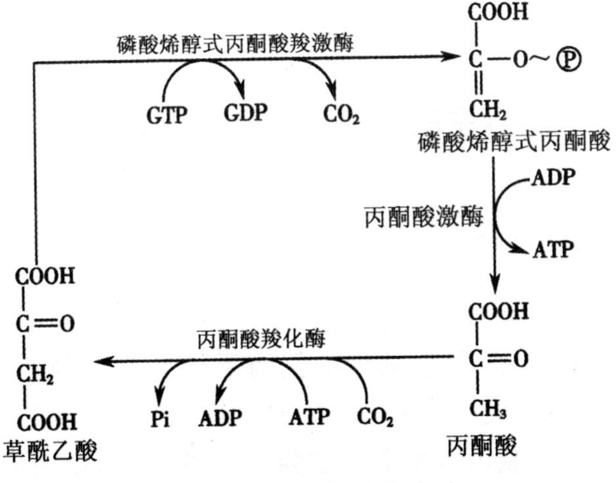

图 2-10　丙酮酸羧化支路

丙酮酸羧化支路以消耗两个高能化合物(ATP 和 GTP)的代价绕过了糖酵解途径的第三个能障,是丙酮酸及三羧酸循环中间产物合成葡萄糖的必由之路。

2.6.1.2 1,6-二磷酸果糖水解生成6-磷酸果糖

在果糖-1,6-二磷酸酶又名果糖二磷酸酶-1 的催化作用下,1,6-二磷酸果糖水解,脱去 C_1 上的磷酸,生成 6-磷酸果糖,完成糖酵解中磷酸果糖激酶-1 催化反应的逆过程。

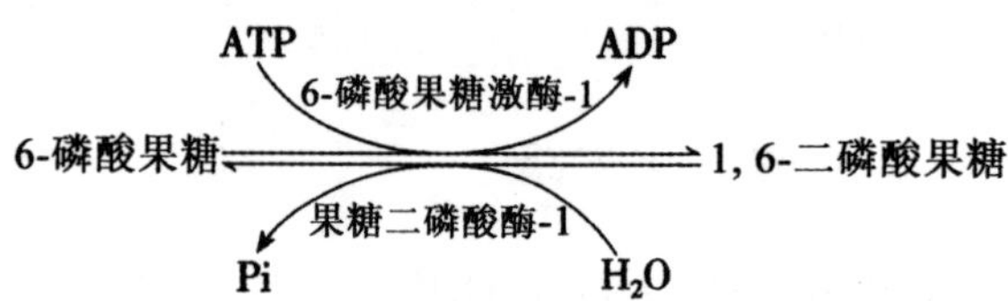

2.6.1.3 6-磷酸葡萄糖水解生成葡萄糖

在葡萄糖-6-磷酸酶的催化下,6-磷酸葡萄糖水解脱磷酸,生成葡萄糖,该反应不可逆。

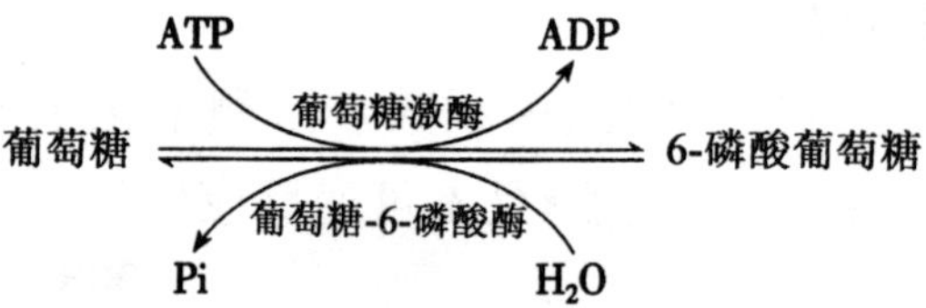

2.6.2 糖异生的调节

2.6.2.1 代谢物的调节作用

(1)乙酰 CoA 的调节作用

乙酰 CoA 是丙酮酸氧化脱氢酶系的变构抑制剂,又是丙酮酸羧化酶的激活剂。当脂肪酸大量氧化时产生过多的乙酰 CoA,它一方面反馈抑制丙酮酸氧化脱氢酶系的活性,使丙酮酸氧化受阻而大量堆积,为糖异生提供了丰富的原料;另一方面又可激活

丙酮酸羧化酶，加速丙酮酸生成草酰乙酸，进而促进糖异生作用（见图 2-11）。

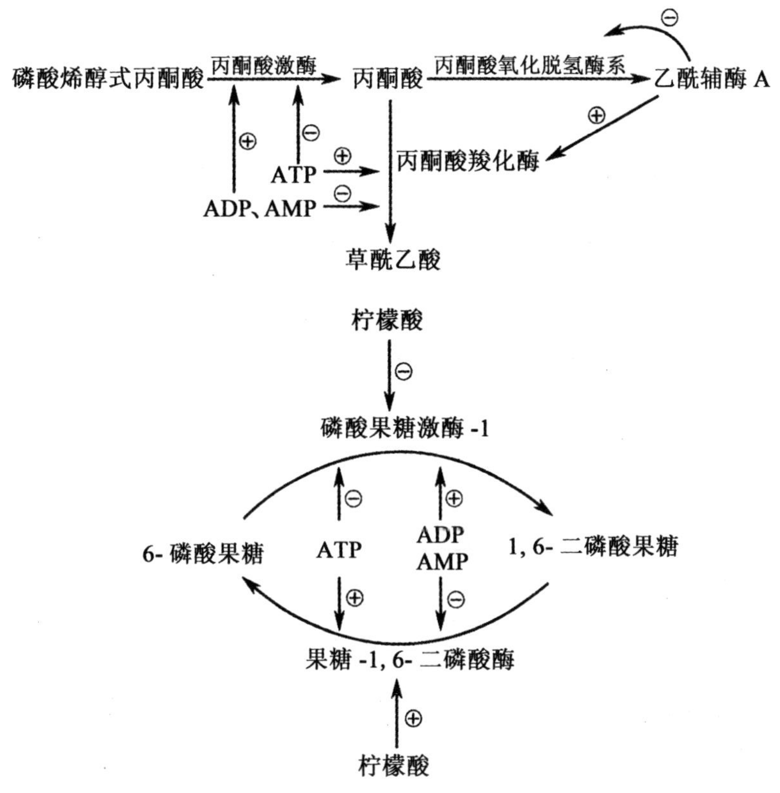

图 2-11　代谢对糖异生的调节作用

（2）ATP/AMP、ADP 的调节作用

ATP 是丙酮酸羧化酶和果糖-1,6-二磷酸酶的变构激活剂，同时又是丙酮酸激酶和磷酸果糖激酶的变构抑制剂。所以当细胞内 ATP 含量较高时，促进了糖异生作用而抑制了糖的氧化分解；AMP、ADP 是丙酮酸羧化酶和果糖-1,6-二磷酸酶的变构抑制剂，又是丙酮酸激酶和磷酸果糖激酶的变构激活剂，因而它们的作用是抑制糖异生作用，促进糖的氧化分解。

2.6.2.2　激素对糖异生的调节

激素对糖异生调节的实质是调节糖异生和糖酵解两个途径

限速酶的活性。

胰高血糖素可激活腺苷酸环化酶，从而使cAMP生成增加，进而激活依赖cAMP的蛋白激酶A；后者使丙酮酸激酶磷酸化，使其活性降低，阻止磷酸烯醇式丙酮酸转变成丙酮酸，从而加速糖异生。2,6-二磷酸果糖是果糖二磷酸酶的别构抑制剂，胰高血糖素可以降低肝内2,6-二磷酸果糖的浓度，促进糖异生。胰岛素的作用则相反。

胰高血糖素/胰岛素比例高，可诱导磷酸烯醇式丙酮酸羧激酶、果糖二磷酸酶等的合成；阻遏葡萄糖激酶和丙酮酸激酶的合成，使糖异生作用增强。甘油是糖异生的原料，而脂酸氧化增加也能促进糖异生。胰岛素的作用与胰高血糖素相反。胰高血糖素还能促进脂肪组织分解脂肪，增加血浆中脂酸和甘油含量。

2.6.3 糖异生的生理意义

糖异生的生理意义主要表现在以下几个方面。

2.6.3.1 维持血糖浓度相对恒定

在空腹或饥饿时，用氨基酸和甘油等物质合成葡萄糖，以维持动物有机体内血糖水平的相对稳定，这对主要利用葡萄糖供能的组织来说具有重要意义。例如，脑组织不能利用脂肪酸，主要利用葡萄糖供给能量，而脑组织葡萄糖消耗量又很大，每天消耗约120g；肾髓质、血细胞和视网膜等每天消耗葡萄糖约40g，肌肉组织每天至少也要消耗葡萄糖30～40g。可见，仅上述组织的葡萄糖消耗量每天即达200g，整个机体的葡萄糖消耗量则更多。人体储存的可以供全身利用的葡萄糖约150g，显然不能仅靠分解肝糖原来维持血糖水平，饥饿时还需要通过糖异生作用共同维持血糖水平的相对稳定。

2.6.3.2 维持酸碱平衡

长期饥饿时，肾糖异生增强，有利于维持酸碱平衡。饥饿造成代谢性酸中毒时，可促进肾小管上皮细胞中磷酸烯醇式丙酮酸羧激酶的合成，从而使糖异生作用增强。此外，当肾中 α-酮戊二酸因进行糖异生而含量减少时，可促进谷氨酰胺脱氨生成谷氨酸，后者再脱氨基生成 α-酮戊二酸。同时，肾小管上皮细胞将脱氨基代谢生成的 NH_3 分泌入管腔中，与原尿中 H^+ 结合，降低原尿中 H^+ 浓度，有利于排氢保钠作用的进行，有助于维持酸碱平衡。

2.6.3.3　协助氨基酸代谢

大多数氨基酸经过脱氨基等分解代谢产生的 α-酮酸可以通过糖异生途径合成葡萄糖。因此，从食物中消化吸收的氨基酸可以合成葡萄糖，并进一步合成糖原。

2.6.3.4　有利于乳酸的再利用

在某些生理和病理情况下（如剧烈运动、循环呼吸功能障碍），肌糖原分解生成大量乳酸。乳酸通过血液循环运到肝脏，再合成葡萄糖或糖原（乳酸循环）。这样可以回收乳酸，避免营养物质浪费，并防止发生代谢性酸中毒。

2.7　血　糖

2.7.1　血糖的来源与去路

血糖主要来源于食物消化吸收的糖类和肝糖原分解或肝内糖异生作用生成的葡萄糖释放入血。血糖的去路则为在各组织器官中氧化分解供能，合成糖原或转化成甘油三酯及转变为某些氨基酸、糖的衍生物等，如图 2-12 所示。

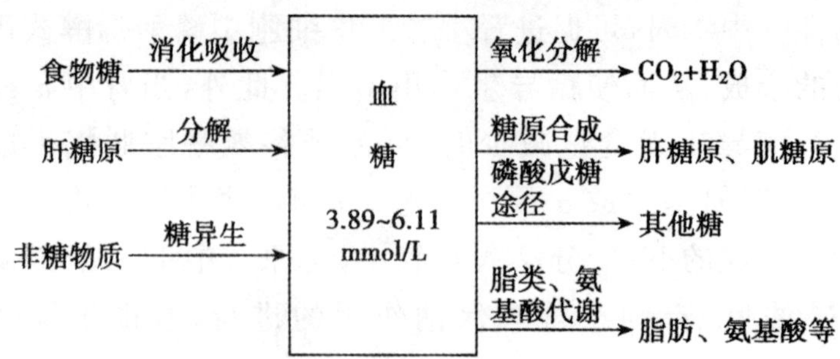

图 2-12 血糖的来源与去路

2.7.2 血糖的调节

2.7.2.1 激素对血糖的调节

调节血糖的激素,一类是降低血糖的激素,如胰岛素;另一类是升高血糖的激素,如肾上腺素、胰高血糖素、肾上腺糖皮质激素和生长素等。两类不同作用的激素相互协调,共同调节血糖的正常水平(见表 2-3)。

表 2-3 激素对血糖水平的调节

降低血糖的激素	
胰岛素	①促进葡萄糖进入肌肉、脂肪等组织细胞 ②加速葡萄糖在肝、肌肉组织合成糖原促进糖的有氧氧化 ③促进糖的有氧氧化 ④促进糖转变为脂肪 ⑤抑制糖异生 ⑥抑制肝糖原分解
升高血糖的激素	
肾上腺素	①促进肝糖原分解 ②促进肌糖原酵解 ③促进糖异生
胰高血糖素	①抑制肝糖原合成 ②促进糖异生
糖皮质激素	①促进糖异生 ②促进肝外组织蛋白分解生成氨基酸

2.7.2.2　肝对血糖的调节

肝对血糖浓度的稳定具有重要的调节作用。空腹时肝糖原分解加强,用以补充血糖浓度;当餐后血糖浓度增高时,肝糖原合成增加,使血糖水平不致过度升高;饥饿或禁食情况下,肝的糖异生作用加强,以有效地维持血糖浓度。

2.7.2.3　神经系统的调节

神经系统对血糖的调节属于整体水平调节,通过对各种促激素或激素分泌的调节,进而影响代谢中酶的活性而完成调节作用。

2.7.2.4　代谢物水平的调节

糖代谢关键酶的底物或产物、所有糖代谢途径分支点及重要中间产物或终产物都可能通过变构效应对关键酶进行调节,从而达到调节血糖浓度的目的。

2.7.3　糖代谢紊乱

神经系统功能紊乱、内分泌失调、先天性酶缺陷及肝、肾功能障碍均可以引起糖代谢紊乱。无论何种原因引起的糖代谢紊乱都会影响血糖水平,但不应将偶尔出现的血糖水平异常视为糖代谢紊乱,只有血糖水平持续异常或耐糖曲线异常才可确定为糖代谢紊乱。

2.7.3.1　低血糖

临床上将空腹血糖浓度低于 3.33～3.89mmol/L 称为低血糖。引起低血糖的原因很多,有生理性和病理性两类。长期饥饿或禁食、厌食,以及长时间超负荷运动等均可引起生理性低血糖。病理性低血糖可由多种疾病引起,常见原因有以下几点:

①胰岛 β 细胞增生和肿瘤等病变使胰岛 β 细胞功能亢进或减退等。

②肝源性低血糖是指如肝癌、糖原累积病等。

③内分泌疾病，如肾上腺皮质功能减退等。

④消化道肿瘤。

此外，使用胰岛素或降血糖药物过多；高烧病人因代谢率增加，血糖消耗过多，都可引起低血糖。低血糖的主要临床表现是一系列副交感神经兴奋的症候群，严重时会引起昏迷，称为低血糖休克。低血糖会严重影响脑的功能。

2.7.3.2 高血糖

空腹血糖浓度高于 7.22～7.78mmol/L 时称为高血糖。血糖浓度高于 8.89～10.00mmol/L，即超过了肾小管重吸收葡萄糖的能力，尿中可测出葡萄糖，称为糖尿。这一血糖水平称为肾阈值。

高血糖性糖尿又有生理性和病理性两类。如摄食过多或输入大量葡萄糖，可引起饮食性高血糖。情绪激动或精神紧张，肾上腺素分泌增加，可出现情感性高血糖。如血糖升高超过肾阈值，出现糖尿，为生理性糖尿。而胰岛素分泌障碍或升血糖激素分泌亢进所导致的高血糖，出现的糖尿属病理性糖尿。

肾性糖尿是指肾脏疾病引起肾对糖重吸收障碍、糖阈值降低所出现的糖尿，与血糖浓度无关。

2.7.3.3 糖尿病

糖尿病是一组因胰岛素分泌绝对或者相对不足，或者细胞胰岛素受体减少或受体敏感性降低导致的内分泌代谢性疾病，其特征为高血糖症和糖尿。它是除了肥胖症之外人类最常见的内分泌紊乱性疾病。

2.7.3.4 果糖不耐受性

果糖不耐受性是一种遗传病，其病因是缺乏 B 型醛缩酶，致使食用果糖易造成 1-磷酸果糖堆积,大量消耗肝中磷酸的储备,进而使 ATP 浓度下降,从而加速糖酵解,造成乳酸酸中毒和餐后低血糖。具有这种病症的人常会表现为对任何甜食都有厌恶感。

2.7.3.5　半乳糖血症

半乳糖血症是一种遗传性疾病,它的特征是不能将半乳糖转变为葡萄糖。其原因是半乳糖尿苷酰转移酶缺陷,使 1-磷酸半乳糖生成 UDP-半乳糖的反应不能进行,导致有毒副产物的积累。例如,血液中半乳糖浓度增高可导致眼晶状体中半乳糖浓度也增高,并进而还原为半乳糖醇,最终导致晶状体混浊,发生白内障。半乳糖血症的症状还包括生长停滞,智力迟钝,在某些病例中会因肝损伤致死。

2.7.3.6　糖原累积症

糖原累积症是以糖原结构异常或数量增加而在组织内积累为特征的一类遗传性疾病,是由缺乏与糖原代谢有关的酶引起的。例如,缺乏葡萄糖-6-磷酸酶可以引起糖原分解障碍而导致低血糖,代偿性地造成肝脏内糖酵解增加,导致血中乳酸增加,脂肪代谢加强。

第 3 章　生物体内脂类代谢规律

脂类是一类不溶于水而易溶于有机溶剂的有机化合物，本章主要讨论脂类在生物体内的代谢规律。

3.1 概　述

脂类包括脂肪和类脂。脂肪是由 1 分子甘油与 3 分子脂肪酸通过酯键结合而成的，故又称为甘油三酯或三脂酰甘油。类脂是某些物理性质与脂肪相似的物质，包括磷脂、糖脂、胆固醇及胆固醇酯。

3.1.1 脂类的分布

3.1.1.1 脂肪的分布

脂肪组织含脂肪细胞，多分布于皮下、肠系膜、腹腔大网膜、肾周围等，这部分脂肪称为储存脂，脂肪组织则称为脂库。脂肪含量因人而异，成年男性的脂肪含量一般约占体重的 10%～20%，女性稍高，易受膳食、运动、营养状况、疾病等多种因素的影响而发生变动，故又称为可变脂。

脂肪细胞能分泌大量的激素和细胞因子，如脂联素（APN）、瘦素、抵抗素、肿瘤坏死因子-α（TNF-α）、白细胞介素-6（IL-6）、Ⅰ型纤溶酶原，激活剂抑制物-1（PAI-1）等，统称为脂肪细胞因子。脂肪细胞因子在调节机体代谢等方面发挥重要作用。

3.1.1.2 类脂的分布

类脂是生物膜的基本组成成分，约占生物膜总重量的一半以上，在各器官和组织中含量恒定，基本上不受膳食、营养状况和机体活动的影响，故又被称为固定脂或基本脂。不同组织中类脂的含量、种类不同。

3.1.2 脂类的生理功能

3.1.2.1 脂肪的生理功能

脂肪的生理功能主要表现在以下几个方面。

(1)储能和供能

人体活动所需要的能量约 20%～30%由脂肪所提供。1g 脂肪在体内完全氧化时可释放出 38kJ 的能量，比 1g 糖或蛋白质在体内完全氧化所放出的能量多 1 倍以上。脂肪是疏水性物质，在体内储存时几乎不结合水，所占体积小，为同重量的糖原所占体积的 1/4。

(2)供给必需脂肪酸

多数不饱和脂肪酸在体内能够合成，但亚油酸、亚麻酸和花生四烯酸不能在体内合成，必须从食物中摄取，故将此类脂肪酸称为必需脂肪酸。

(3)保持体温和保护内脏

分布在人体皮下的脂肪组织不易导热，可防止热量散失而保持体温。内脏周围的脂肪组织还能缓冲外界的机械冲击，使内脏器官免受损伤。

3.1.2.2 类脂的生理功能

类脂的生理功能主要表现在以下几个方面。

(1)维持生物膜的结构和功能

类脂是生物膜的重要组成成分，其所具有的亲水头部和疏水尾部构成生物膜脂质双分子层结构的基本骨架，不仅构成了镶嵌膜蛋白的基质，也为细胞提供了通透性屏障，从而维持细胞正常结构与功能。

(2)作为第二信使参与代谢调节

磷脂酰肌醇-4,5-二磷酸(PIP_2)可水解生成三磷酸肌醇(IP_3)和甘油二酯(DAG)，均可作为第二信使传递信息。

(3)转变成多种重要的活性物质

胆固醇在体内可转变成胆汁酸、维生素 D_3、性激素及肾上腺皮质激素等具有重要功能的物质。

此外，脂类物质对促进脂溶性维生素(A、D、E、K)的吸收等亦起着重要作用。

3.1.3 脂类的消化

食物中的脂类主要是脂肪，此外，还含有少量磷脂、胆固醇和胆固醇酯。脂类的消化部位主要在小肠，肠腔具有胰腺分泌的胰脂酶、胆固醇酯酶、磷脂酶等消化脂类的酶，它们可催化不同脂类水解；另外，胆汁中所含的胆汁酸盐能将脂肪乳化成细小的脂肪微团，不仅提高了脂肪溶解度，而且增加了酶与脂类的接触面积，有利于酶和脂肪的充分接触；同时辅脂酶能与脂肪及胰脂酶同时结合，促进胰脂酶吸附在微团的水油界面上，增加胰脂酶的活性，促进三酰甘油水解成甘油和脂酸。

胰脂酶能特异地催化三酰甘油的 1 位及 3 位酯键水解，生成 2-酰甘油和脂酸。磷脂酶 A_2 能催化磷脂第 2 位上的酯键水解，生成溶血磷脂。胰腺初分泌的是无活性的磷脂酶 A_2 原，在肠道被胰蛋白酶水解释放一个 6 肽后，成为有活性的磷脂酶 A_2。胆固醇酯酶水解胆固醇酯，生成游离胆固醇和脂酸。

3.1.4 脂类的吸收

脂类的吸收场所主要是十二指肠下部和空肠上部。

短链脂肪酸、中链脂肪酸和部分甘油由胆汁酸乳化后直接被肠黏膜细胞吸收，通过门静脉进入血液循环。甘油一酯、长链脂肪酸、溶血磷脂和胆固醇等与胆汁酸形成微团，被肠黏膜细胞吸收后重新酯化，然后与载脂蛋白结合形成乳糜微粒，通过淋巴进入血液循环。

食物胆固醇只有 20％～30％被吸收，其余被细菌还原成粪固醇排出体外。

纤维素、果胶和琼脂等能与胆汁酸形成复合物，影响脂类乳化、消化和吸收，所以冠心病患者多吃高纤维食物有利于减少胆固醇的吸收。

3.2　甘油三酯代谢

3.2.1　甘油三酯的分解代谢

脂肪细胞内的甘油三酯水解生成甘油和脂肪酸。甘油被肝脏、肾脏和肠黏膜细胞吸收利用；脂肪酸在肝脏和肌肉组织内氧化分解，或者在肝脏合成酮体供肝外组织利用。

3.2.1.1　脂肪动员

脂肪细胞内的甘油三酯被脂肪酶水解生成甘油和脂肪酸，释放入血，供给全身各组织氧化利用，这一过程称为脂肪动员（图 3-1）。

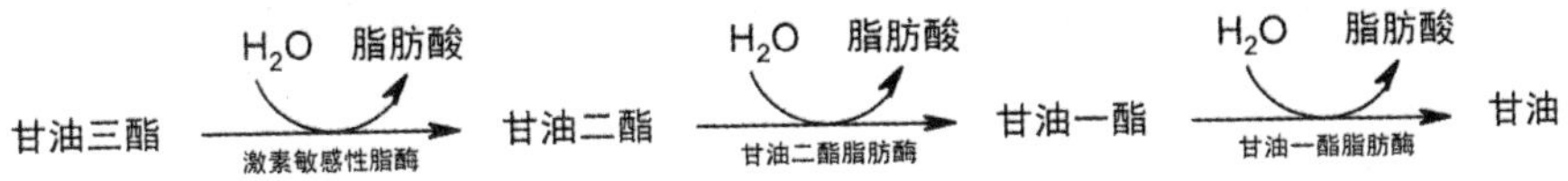

甘油三酯 —(H_2O → 脂肪酸；激素敏感性脂酶)→ 甘油二酯 —(H_2O → 脂肪酸；甘油二酯脂肪酶)→ 甘油一酯 —(H_2O → 脂肪酸；甘油一酯脂肪酶)→ 甘油

图 3-1　脂肪动员

体内各组织细胞除成熟红细胞外，几乎都有氧化脂肪或分解其产物的能力，脂肪组织中储存脂肪的动员受很多激素调节。胰高血糖素、去甲肾上腺素、肾上腺皮质激素、肾上腺素、甲状腺素等先与靶细胞膜相应的受体作用，激活腺苷酸环化酶，靶细胞内cAMP增加，cAMP可使三酰甘油脂肪酶活性增加。三酰甘油脂肪酶是脂肪水解的限速酶，因其受多种激素的调控，所以又叫做激素敏感性脂肪酶。凡能使三酰甘油脂肪酶活性增高的激素称为脂解激素。胰岛素能降低细胞cAMP的浓度，使三酰甘油脂肪酶活性降低，抑制脂肪水解，称为抗脂解激素。

3.2.1.2 甘油代谢

脂肪动员释放出的甘油溶于水，可以直接通过血液循环转运。肝脏、肾脏和小肠等富含甘油激酶，可以吸收甘油，并且将其磷酸化生成3-磷酸甘油，然后脱氢生成磷酸二羟丙酮，通过糖代谢途径分解，或合成葡萄糖等其他物质。骨骼肌和脂肪细胞内缺乏甘油激酶，所以它们不能利用甘油。

甘油（CH_2OH–HO–CH–CH_2OH）$\xrightarrow[\text{甘油激酶}]{ATP \to ADP}$ 3-磷酸甘油（CH_2OH–HO–CH–CH_2O-Ⓟ）$\underset{\text{3-磷酸甘油脱氢酶}}{\overset{NAD^+ \to NADH + H^+}{\rightleftharpoons}}$ 磷酸二羟丙酮（CH_2OH–$O{=}C$–CH_2O-Ⓟ）

3.2.1.3 脂肪酸氧化

脂肪动员释放的脂肪酸入血，由清蛋白转运。除了脑组织之外，大多数组织都能氧化脂肪酸，其中肝脏、心脏和骨骼肌的脂肪酸代谢最活跃。脂肪酸氧化有多条途径，其中最主要的是β-氧化。

（1）脂肪酸的β-氧化

脂肪酸活化成脂酰CoA，然后由肉碱转运进入线粒体，经过β-氧化分解成乙酰CoA。

①脂肪酸活化成脂酰CoA

脂肪酸氧化分解前必须先活化，由位于线粒体外膜上的脂酰CoA合成酶催化生成脂酰CoA，产生的焦磷酸（PPi）则由焦磷酸酶水解。

$$RCOOH + ATP + HSCoA \xrightarrow[\text{脂酰CoA合成酶}]{} RCO{\sim}SCoA + AMP + PPi$$

②脂酰 CoA 进入线粒体

因为催化脂肪酸 β-氧化的酶位于线粒体内，脂酰 CoA 必须进入线粒体才能被氧化。长链脂酰 CoA 不能直接透过线粒体内膜，需以肉碱为载体转运进入线粒体。

转运过程：脂酰 CoA 由位于线粒体外膜外侧的肉碱酰基转移酶Ⅰ催化，将酰基转给肉碱，生成脂酰肉碱，脂酰肉碱由位于线粒体内膜上的脂酰肉碱-肉碱转运体携带进入线粒体，由位于线粒体内膜内侧的肉碱酰基转移酶Ⅱ催化，把酰基转给线粒体内的 CoA，重新生成脂酰 CoA，如图 3-2 所示。

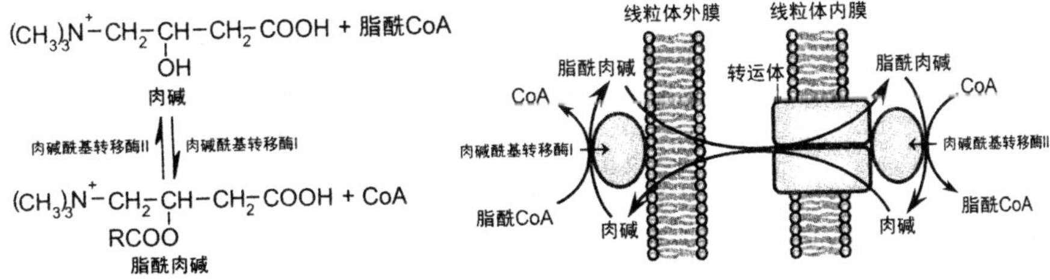

图 3-2　脂肪酸的转运

③脂酰 CoA 降解成乙酰 CoA

脂酰 CoA 接下来的氧化过程包括脱氢、加水、再脱氢和硫解 4 步反应。反应主要发生在 β-碳原子上，所以称为 β-氧化。

β-氧化反应过程：

〈1〉脱氢。脂酰 CoA 脱氢酶催化脂酰 CoA 脱氢，生成 α，β-烯脂酰 CoA，脱下的氢由 $FADH_2$ 送入呼吸链。

〈2〉加水。α，β-烯脂酰 CoA 水化酶催化 α，β-烯脂酰 CoA 加水，生成 β-羟脂酰 CoA。

〈3〉再脱氢。β-羟脂酰 CoA 脱氢酶催化 β-羟脂酰 CoA 脱氢，生成 β-酮脂酰 CoA，脱下的氢由 NADH 送入呼吸链。

〈4〉硫解。β-酮脂酰 CoA 硫解酶催化 β-酮脂酰 CoA 硫解，生成 1 分子乙酰 CoA 和比原来少了两个碳原子的脂酰 CoA，如图

3-3所示。

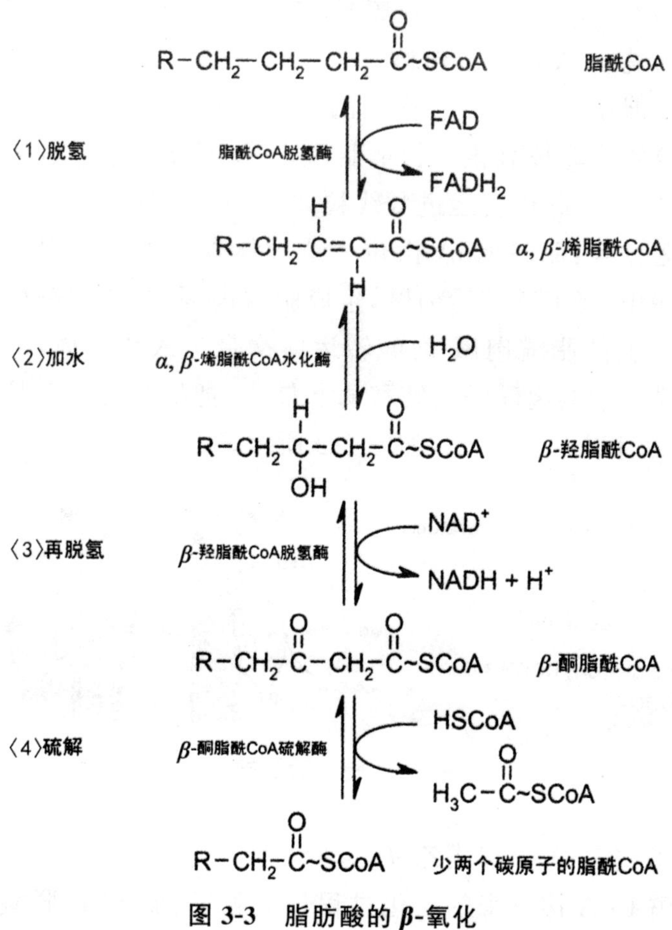

图3-3 脂肪酸的β-氧化

少了两个碳原子的脂酰CoA重复进行脱氢、加水、再脱氢和硫解反应,最终全部降解成乙酰CoA。

β-氧化总反应:以软脂酸为例,1分子软脂酸经过7次β-氧化生成乙酰CoA的化学方程式如下:

$$\text{软脂酸} + ATP + 7H_2O + 7FAD + 7NAD^+ + 8CoA = 8\text{乙酰}CoA + 7FADH_2 + 7NADH + 7H^+ + AMP + PPi$$

④乙酰CoA彻底氧化

经β-氧化生成的乙酰CoA进入三羧酸循环被彻底氧化,生成CO_2和H_2O,释放能量推动高能化合物ATP的合成。1分子软脂酸彻底氧化净得 129 分子 ATP，并生成 145 分子 H_2O，其化学方程式如下：

$$\text{软脂酸} + 129ADP + 129Pi + 23O_2 \xlongequal{} 16CO_2 + 129ATP + 145H_2O$$

(2)脂肪酸的其他氧化

除了 β-氧化之外，脂肪酸还可以进行 ω-氧化、α-氧化等。

①脂肪酸的 ω-氧化

在动物肝细胞和肾细胞的内质网中，中长链($C_{10} \sim C_{12}$)脂肪酸的 ω-碳原子由羟化酶、脱氢酶催化氧化成羧基，然后进入线粒体进行 β-氧化。

②脂肪酸的 α-氧化

脂肪酸由羟化酶催化氧化成 α-羟脂酸，然后通过 α-氧化脱羧反应生成比原来少一个碳原子的脂酰 CoA，再进行 β-氧化。

③奇数碳脂肪酸的氧化

奇数碳的脂肪酸可以进行 β-氧化，只是最后生成 1 分子丙酰 CoA，然后由丙酰 CoA 羧化酶催化羧化，生成甲基丙二酸单酰 CoA，再由差向异构酶、变位酶等催化异构，生成琥珀酰 CoA。

④不饱和脂肪酸的氧化

不饱和脂肪酸也可以通过 β-氧化途径降解，只是其所含的顺式双键要由烯脂酰 CoA 异构酶和二烯脂酰 CoA 还原酶催化异构成 β-氧化所需的反式双键。

3.2.1.4　酮体代谢

酮体包括乙酰乙酸、D-β-羟丁酸和丙酮，是脂肪酸分解代谢的产物。

(1)酮体合成

肝脏是分解脂肪酸最活跃的器官之一。肝脏通过 β-氧化分解脂肪酸生成大量乙酰辅酶 A，超过自己的需要时，过剩的乙酰辅酶 A 在线粒体内合成酮体(见图 3-4)。

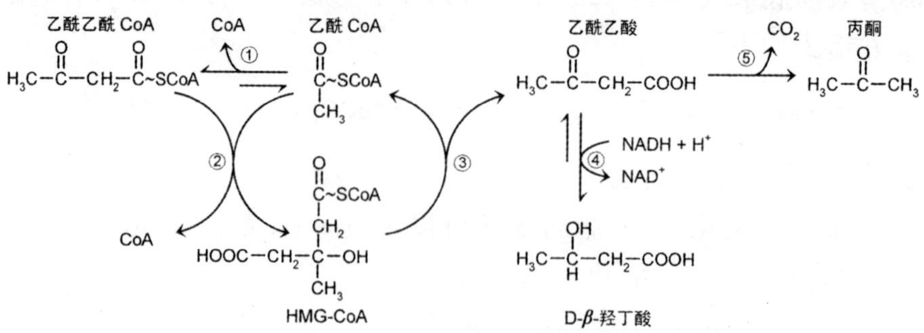

图 3-4 酮体合成

①2 分子乙酰 CoA 由硫解酶催化缩合，生成乙酰乙酰 CoA。

②乙酰乙酰 CoA 由 β-羟基-β-甲基戊二酸单酰 CoA 合酶（HMG-CoA 合酶）催化与 1 分子乙酰 CoA 缩合，生成 β-羟基-β-甲基戊二酸单酰 CoA。

③HMG-CoA 由 HMG-CoA 裂解酶催化裂解，生成乙酰乙酸和乙酰 CoA。

④乙酰乙酸由 β-羟丁酸脱氢酶催化还原，生成 β-羟丁酸。

⑤乙酰乙酸由乙酰乙酸脱羧酶催化脱羧，生成丙酮。

（2）酮体利用

肝脏合成的酮体进入血液循环，运送到肝外组织，在线粒体内被氧化分解（见图 3-5）。

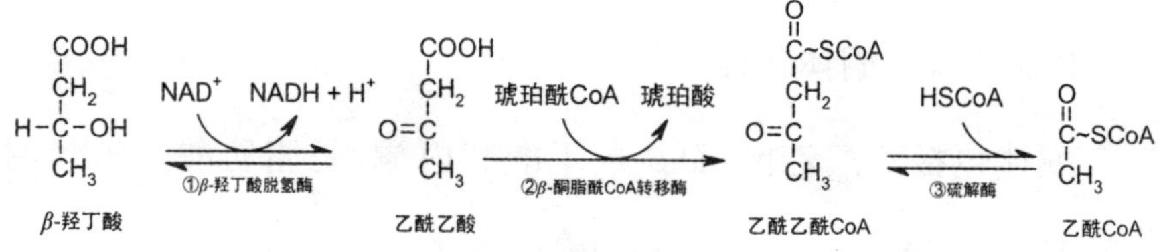

图 3-5 酮体利用

①β-羟丁酸由 β-羟丁酸脱氢酶催化脱氢，生成乙酰乙酸。

②乙酰乙酸由 β-酮脂酰 CoA 转移酶催化与琥珀酰 CoA 反应，活化成乙酰乙酰 CoA。

③乙酰乙酰 CoA 由硫解酶催化分解，生成乙酰 CoA。丙酮

不能被利用，主要随尿液排出体外。当血中酮体水平异常升高时，丙酮也可以由肺呼出。

(3)酮体代谢的生理意义

酮体是脂肪酸分解代谢的产物，是乙酰辅酶 A 的转运形式。肝脏的 β-氧化能力最强，可以为其他组织代加工，把脂肪酸氧化成乙酰辅酶 A。不过乙酰辅酶 A 不能直接透过生物膜，必须转化成可以转运的形式，这就是酮体。酮体是水溶性小分子，容易透过毛细血管壁，被肝外组织特别是骨骼肌、心肌、肾皮质吸收利用。饥饿导致血糖水平下降时，脑组织也可以利用酮体。

(4)酮体合成的调节

在正常代谢中，酮体的合成和利用受到调节，保持平衡：

①饱食及糖供应充足时，胰岛素分泌增加，抑制 HSL，使脂肪动员减少，血中游离脂肪酸浓度降低，进入肝脏的脂肪酸减少，并且主要用于合成甘油三酯和磷脂。β-氧化减弱，酮体合成减少。

②饥饿或糖供应不足时，糖代谢减慢，供能不足，胰高血糖素等分泌增加，激活 HSL，使脂肪动员加强，血中游离脂肪酸浓度升高，进入肝脏的脂肪酸增加，并且主要进行 β-氧化，酮体合成增多。

3.2.2　甘油三酯的合成代谢

甘油三酯主要在体内合成，即使从食物摄入的甘油三酯也要经过再加工。脂肪组织和肝脏是合成甘油三酯的主要场所，小肠黏膜可以用消化吸收的甘油一酯合成甘油三酯。

脂肪酸和甘油是甘油三酯的合成原料。人体内可以将消化吸收的营养物质降解成乙酰 CoA，用来合成脂肪酸；甘油既可以直接来自食物消化吸收，也可以来自糖代谢。

3.2.2.1　脂肪酸合成

(1)合成场所与合成原料

脂肪酸是在肝脏、乳腺和脂肪组织等的细胞液中合成的。肝脏是人体内脂肪酸合成最活跃的场所，其合成能力较脂肪组织大

8～9 倍。脂肪组织是甘油三酯的储存场所，合成甘油三酯所需的脂肪酸主要来自血浆脂蛋白，包括 CM 和 VLDL。

乙酰 CoA 和 NADPH 是脂肪酸的合成原料：糖类、脂类和蛋白质分解代谢均可以生成乙酰 CoA，NADPH 主要来自磷酸戊糖途径。

此外，脂肪酸合成还需要 ATP、CO_2 和 Mn^{2+} 或 Mg^{2+}、生物素等。

（2）乙酰 CoA 转运和活化

乙酰 CoA 在线粒体内生成，而脂肪酸在细胞液中合成。乙酰 CoA 不能自由透过线粒体内膜，必须通过以下穿梭转运到细胞液中，才能用于合成脂肪酸。

①乙酰 CoA 与草酰乙酸缩合，生成柠檬酸；柠檬酸通过柠檬酸转运体转运到细胞液中，由柠檬酸裂解酶催化裂解，生成乙酰 CoA 和草酰乙酸。

②草酰乙酸由苹果酸脱氢酶催化还原，生成苹果酸；苹果酸通过苹果酸-α-酮戊二酸转运体转运到线粒体内，脱氢再生草酰乙酸。

③苹果酸也可以由苹果酸酶催化氧化脱羧，生成丙酮酸；丙酮酸通过丙酮酸转运体转运到线粒体内，羧化再生成草酰乙酸，如图 3-6 所示。

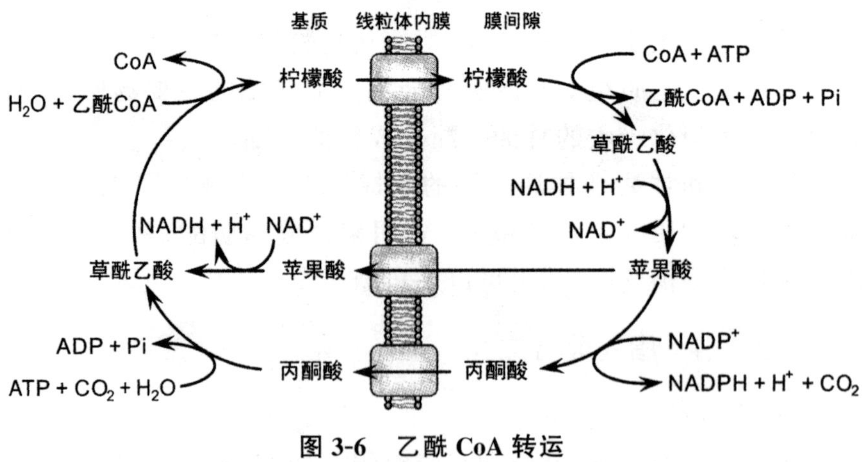

图 3-6　乙酰 CoA 转运

乙酰 CoA 羧化成丙二酸单酰 CoA 是脂肪酸合成的第 1 步反应，催化该反应的乙酰 CoA 羧化酶以生物素为辅助因子，以 Mn^{2+} 为激活剂，是催化脂肪酸合成的关键酶。

$$\underset{\text{乙酰CoA}}{CH_3-\overset{O}{\overset{\|}{C}}\sim SCoA} + CO_2 + H_2O + ATP \xrightarrow[\text{乙酰CoA羧化酶}]{\text{生物素，}Mn^{2+}} \underset{\text{丙二酸单酰CoA}}{HOOC-CH_2-\overset{O}{\overset{\|}{C}}\sim SCoA} + ADP + Pi$$

(3)软脂酸合成

软脂酸由脂肪酸合成酶系催化合成，脂肪酸合成酶系由一种酰基载体蛋白(Acyl Carrier Protein，ACP)和六种酶构成，它们是：乙酰 CoA-ACP 酰基转移酶、丙二酸单酰 CoA-ACP 转移酶、β-酮脂酰-ACP 合酶、β-酮脂酰-ACP 还原酶、β-羟脂酰-ACP 脱水酶、烯脂酰-ACP 还原酶，如图 3-7 所示。

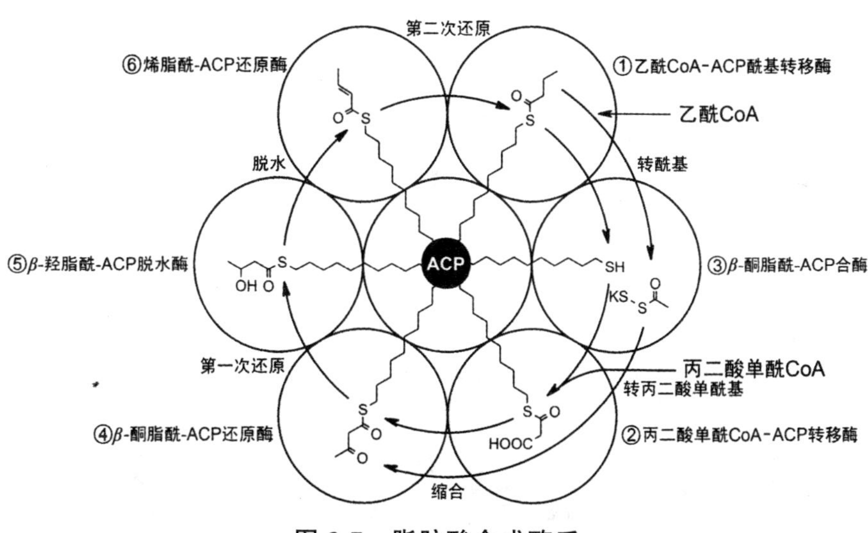

图 3-7　脂肪酸合成酶系

软脂酸合成过程是一个复杂的循环过程，可以分为 4 个反应阶段：

①缩合。脂肪酸合成酶系有两个巯基直接参与催化反应，一个来自 ACP 的 4′-磷酸泛酰巯基乙胺(ACP-SH)，另一个来自 β-酮

脂酰-ACP 合酶活性中心的半胱氨酸(KS-SH)。

a. 乙酰 CoA-ACP 酰基转移酶催化乙酰 CoA 与 β-酮脂酰-ACP 合酶的巯基缩合。

b. 丙二酸单酰 CoA-ACP 转移酶催化丙二酸单酰 CoA 与 ACP 的巯基缩合。

c. β-酮脂酰-ACP 合酶催化乙酰基与丙二酰基缩合,生成 β-酮丁酰 ACP,同时释放 CO_2。

a～c 三个过程,如图 3-8 中①～③所示。

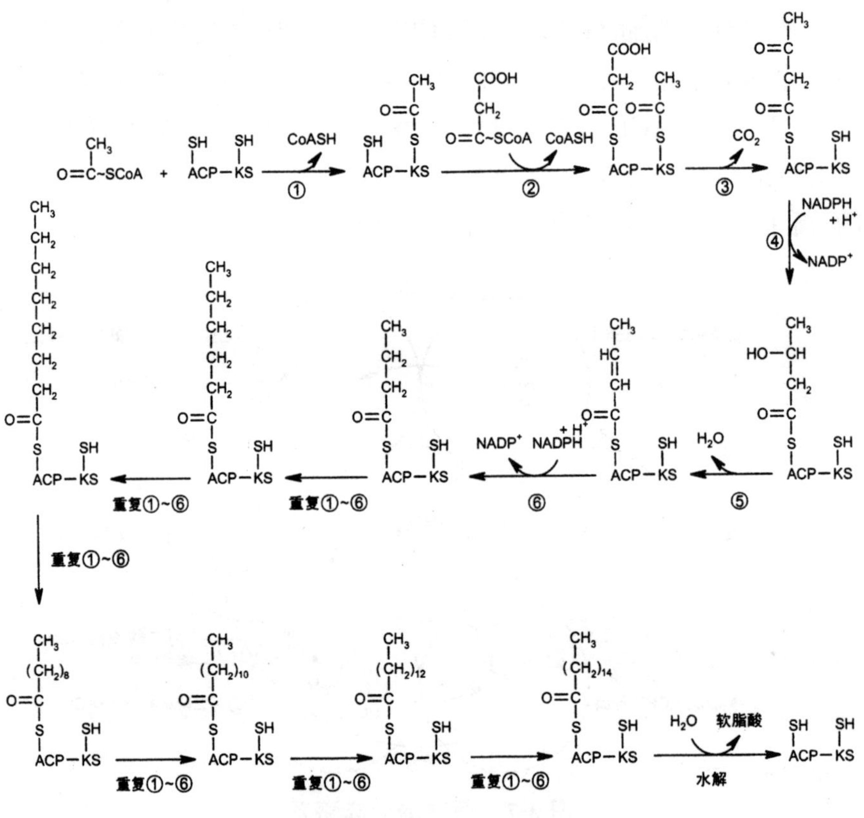

图 3-8 软脂肪酸合成

②加氢。在 β-酮脂酰-ACP 还原酶的催化下,NADPH 将 β-酮丁酰 ACP 还原,生成 β-羟丁酰 ACP,如图 3-8 中④所示。

③脱水。在 β-羟脂酰-ACP 脱水酶的催化下,β-羟丁酰 ACP

脱去 1 分子 H_2O，生成 α，β-烯丁酰 ACP，如图 3-8 中⑤所示。

④再加氢。在烯脂酰-ACP 还原酶的催化下，NADPH 将 α，β-烯丁酰 ACP 还原，生成丁酰 ACP，如图 3-8 中⑥所示。

经过上述循环，乙酰 ACP 从丙二酸单酰 CoA 获得一个二碳单位，合成了丁酰 ACP。接下来，丁酰 ACP 从丙二酸单酰 CoA 获得二碳单位，经过缩合、加氢、脱水、再加氢的循环过程继续延长。这样，总共进行七次循环，最后生成十六碳的软脂酰 ACP，水解释放软脂酸。软脂酸合成的化学方程式为

$$乙酰CoA + 7丙二酸单酰CoA + 14NADPH + 14H^+ \longrightarrow 软脂酸 + 7CO_2 + 6H_2O + 8CoASH + 14NADP^+$$

(4)脂肪酸延长

脂肪酸合成酶系主要催化合成软脂酸，更长的脂肪酸是由其他酶系催化软脂酸进一步延长合成的，延长反应在肝细胞的内质网和线粒体内进行。

①内质网脂肪酸延长酶系催化的延长过程与脂肪酸合成酶系催化的合成过程类似，但不需要以 ACP 为载体。内质网脂肪酸延长酶系可以合成二十四碳的脂肪酸，但以十八碳的硬脂酸为最多，该酶系是催化脂肪酸延长的主要酶系。

$$软脂酰CoA + 丙二酸单酰CoA + 2NADPH + 2H^+ \longrightarrow 硬脂酰CoA + CO_2 + H_2O + CoASH + 2NADP^+$$

②线粒体脂肪酸延长酶系催化的延长过程与 β-氧化的逆过程类似，但所用的供氢体是 NADPH，催化加氢的酶也不一样。线粒体脂肪酸延长酶系可以合成二十六碳的脂肪酸，但以十八碳的硬脂酸为最多。

$$软脂酰CoA + 乙酰CoA + 2NADPH + 2H^+ \longrightarrow 硬脂酰CoA + H_2O + CoASH + 2NADP^+$$

3.2.2.2　3-磷酸甘油合成

合成甘油三酯所需的 3-磷酸甘油主要来自糖代谢，由磷酸二羟丙酮还原生成。

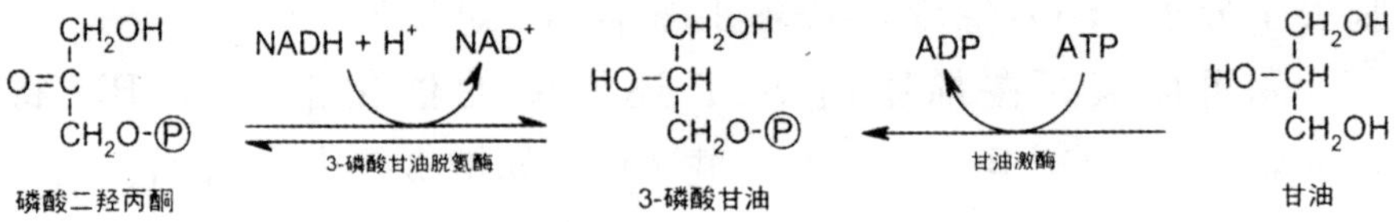

磷酸二羟丙酮 ⇌（3-磷酸甘油脱氢酶；$NADH+H^+$ → NAD^+）3-磷酸甘油 ←（甘油激酶；ATP → ADP）甘油

肝脏和肠黏膜富含甘油激酶，能催化甘油磷酸化生成3-磷酸甘油，所以它们可以利用甘油合成甘油三酯；而脂肪组织缺乏甘油激酶，不能利用甘油合成甘油三酯。

3.2.2.3 甘油三酯合成

脂肪酸先活化成脂酰CoA才能用于合成甘油三酯。在酰基转移酶的催化下，3-磷酸甘油从脂酰CoA获得两个酰基，生成磷脂酸；磷脂酸由磷脂酸磷酸酶水解脱磷酸，生成甘油二酯；甘油二酯从脂酰CoA获得一个酰基，生成甘油三酯，如图3-9所示。

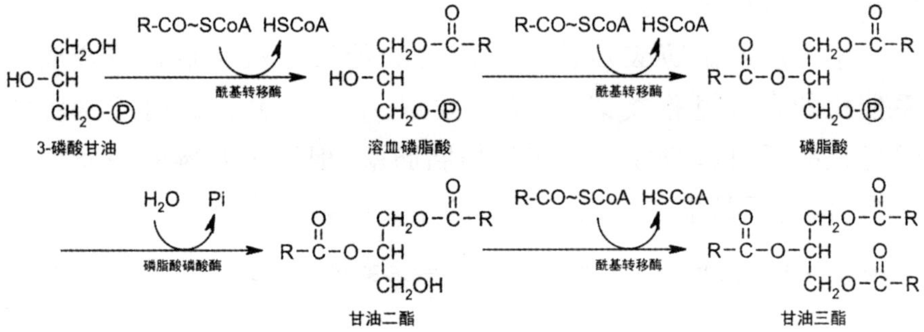

3-磷酸甘油 →（酰基转移酶；R-CO~SCoA → HSCoA）溶血磷脂酸 →（酰基转移酶；R-CO~SCoA → HSCoA）磷脂酸

→（磷脂酸磷酸酶；H_2O → Pi）甘油二酯 →（酰基转移酶；R-CO~SCoA → HSCoA）甘油三酯

图3-9　甘油三酯合成

由脂肪酸和甘油合成1分子甘油三酯要消耗7分子ATP，化学方程式为

$$3\text{脂肪酸} + \text{甘油} + 7ATP + 4H_2O = \text{甘油三酯} + 7ADP + 7Pi$$

3.2.3 激素对甘油三酯代谢的调节

对甘油三酯代谢影响较大的激素有胰岛素、肾上腺素、胰高血糖素、甲状腺激素、糖皮质激素和生长激素等，其中胰岛素促进

甘油三酯的合成，其余激素促进甘油三酯的分解，以胰岛素、肾上腺素和胰高血糖素最为重要。

3.2.3.1　胰岛素既促进甘油三酯的合成又抑制脂肪动员

胰岛素激活乙酰 CoA 羧化酶和柠檬酸裂解酶，从而促进脂肪酸的合成；同时，胰岛素激活酰基转移酶，从而促进磷脂酸和甘油三酯的合成。

胰岛素抑制激素敏感性脂酶、肉碱酰基转移酶 Ⅰ 等，从而抑制脂肪动员。

3.2.3.2　肾上腺素和胰高血糖素既抑制甘油三酯的合成又促进脂肪动员

胰高血糖素激活腺苷酸环化酶，腺苷酸环化酶催化合成 cAMP，cAMP 激活蛋白激酶 A，蛋白激酶 A 一方面抑制乙酰 CoA 羧化酶，从而抑制脂肪酸及甘油三酯的合成；另一方面激活激素敏感性脂酶，从而促进脂肪动员。

3.3　磷脂代谢

磷脂是构成生物膜的重要成分，其重要性已在其生理功能中叙述。在肝细胞中，卵磷脂的代谢更新较快，其半衰期小于 24h。但在脑组织中，脑磷脂的半衰期长达几个月。

3.3.1　磷脂的结构与分类

磷脂主要由甘油或鞘氨醇、脂肪酸、磷酸和含氮化合物等组成。磷脂的结构中有亲水及疏水两部分，它是一个双性化合物。由磷脂双层构成的相界面，是各种分子的通透性屏障。磷脂组成的变化对细胞膜流动性、膜蛋白的活性等细胞生理功能有重要的调节作用。

根据磷脂的组成主要分为甘油磷脂和鞘磷脂，由甘油构成的磷脂统称为甘油磷脂；由鞘氨醇或二氢鞘氨醇构成的磷脂称为鞘磷脂。体内含量最多的磷脂为甘油磷脂。两类磷脂组成成分的异同如表3-1所示。

表3-1　甘油磷脂和鞘磷脂组成成分的异同

磷脂种类	醇类	脂肪酸	磷酸	含氮碱性基团
甘油磷脂	甘油	2分子	1分子	胆碱，乙醇胺，丝氨酸，肌醇等
鞘磷脂	（二氢）鞘氨醇	1分子	1分子	胆碱

3.3.2　磷脂的生理功能

磷脂的生理功能主要表现在以下几个方面。

3.3.2.1　磷脂是构成生物膜的重要成分

磷脂具有亲水端（磷酸碱性基团）和疏水端（脂肪酸残基），在水溶液中磷脂分子可聚集形成具有空间结构的脂质双层，是构成生物膜的重要成分和结构基础。细胞膜组成十分复杂，主要含甘油磷脂、鞘磷脂、糖脂、胆固醇、蛋白质、碳水化合物和痕量的RNA等。几乎所有类型的磷脂在细胞膜中均有发现，其中甘油磷脂中以磷脂酰胆碱、磷脂酰乙醇胺、磷脂酰丝氨酸含量最高，鞘磷脂中以神经鞘磷脂为主。细胞膜存在大量磷脂酰胆碱，其甘油2位多含不饱和脂肪酸，被水解后生成溶血卵磷脂，具有十分重要的病理生理作用。二磷脂酰甘油（心磷脂）是线粒体内膜特征性磷脂，可与某些线粒体内膜蛋白质，如细胞色素C氧化酶相互作用，激活某些酶，特别与氧化磷酸化和ATP的产生密切相关。

3.3.2.2　磷脂酰肌醇是第二信使的前体

磷脂酰肌醇的4、5位被磷酸化生成的磷脂酰肌醇-4，5-二磷酸是细胞膜磷脂的重要组成成分，主要存在于细胞膜的内层。在特定激素刺激下可被裂解为甘油二酯和三磷酸肌醇，二者均为从胞内传递刺激信号至细胞核的第二信使。

3.3.2.3　神经鞘磷脂和卵磷脂是神经髓鞘的重要组成成分

人体含量最多的鞘磷脂是神经鞘磷脂，它是构成生物膜的重要磷脂，它常与卵磷脂并存于细胞膜的外侧。神经髓鞘含脂类甚多，占干重的 97%，其中 11%为卵磷脂，5%为神经鞘磷脂。人红细胞膜 20%～30%为神经鞘磷脂。

3.3.3　甘油磷脂的代谢

3.3.3.1　甘油磷脂的分解代谢

磷脂的分解需要 4 种磷脂酶的协同作用，磷脂酶 A_1、A_2、C、D 催化磷脂分子中不同的化学键水解。卵磷脂（磷脂酰胆碱）是重要的磷脂，磷脂酶对其作用部位如图 3-10 所示。

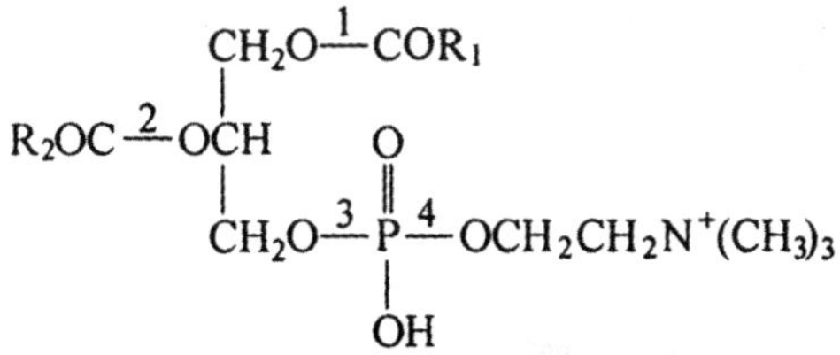

```
            CH₂O—1—COR₁
             |
R₂OC—2—OCH        O
             |          ‖
            CH₂O—3—P—4—OCH₂CH₂N⁺(CH₃)₃
                        |
                        OH
```

图 3-10　磷脂酶对卵磷脂的作用位点

1—卵磷脂酶 A_1；2—卵磷脂酶 A_2；3—卵磷脂酶 C；
4—卵磷脂酶 D；R_1、R_2—长链脂酰基

卵磷脂的水解产物有甘油、脂肪酸和胆碱。甘油可转变为磷酸二羟丙酮进入糖酵解途径和三羧酸循环氧化分解；脂肪酸可经 β-氧化分解；胆碱可沿下述途径转变为氨基酸。

$$(CH_3)_3N^+—CH_2—CH_2—OH \xrightarrow[\text{氧化}]{FAD,NAD^+} (CH_3)_3N^+—CH_2—COOH$$

胆碱　　甜菜碱

$$HS—CH_2—CH_2—CH(NH_2)—COOH$$

同型半胱氨酸

$$CH_3—CH(NH_2)—COOH \leftarrow (CH_3)_2N—CH_2—COOH + CH_3—S—CH_2—CH_2—CH(NH_2)—COOH$$

丙氨酸　　二甲基甘氨酸　　甲硫氨酸

3.3.3.2 甘油磷脂的合成代谢

以卵磷脂的合成为例,其合成起始于 α-磷酸甘油,反应式为

$$\alpha\text{-磷酸甘油} \xrightarrow[\text{甘油磷酸酰基转移酶}]{\text{酰基CoA} \quad \text{CoA}} \text{溶血磷脂酸} \xrightarrow[\text{酰基转移酶}]{\text{酰基CoA} \quad \text{CoA}} \text{磷脂酸}$$

$CH_2OH—CH(OH)—CH_2—O—Ⓟ$　　$CH_2(O—CO—R_1)—CH(OH)—CH_2—O—Ⓟ$　　$CH_2(O—CO—R_1)—CH(O—CO—R_2)—CH_2—O—Ⓟ$

α-磷酸甘油　　溶血磷脂酸　　磷脂酸

CDP-二酰基甘油(胞苷二磷酸二酰基甘油)是卵磷脂合成的活化中间体,反应式为

$$\text{磷脂酸} \xrightleftharpoons{CTP \quad PPi} \text{CDP-二酰基甘油}$$

$CH_2(O—CO—R_1)—CH(O—CO—R_2)—CH_2—O—Ⓟ$　　$CH_2(O—CO—R_1)—CH(O—CO—R_2)—CH_2—O—Ⓟ—Ⓟ—CH_2$-胞苷(HO, HO, NH_2)

磷脂酸　　CDP-二酰基甘油

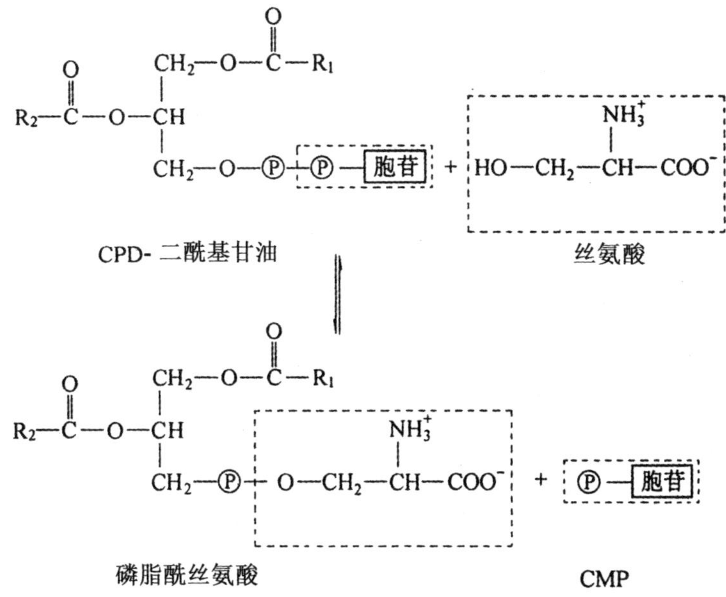

丝氨酸是合成卵磷脂的原料之一，反应式为　　磷脂酰丝氨酸脱羧再甲基化（S-腺苷甲硫氨酸为甲基供体）生成磷脂酰胆碱-卵磷脂，中间物经历磷脂酰乙醇胺（脑磷脂）阶段，反应式为

$$R{-}O{-}CH_2{-}CH(NH_3^+){-}COO^- \xrightarrow{H^+ \quad CO_2} R{-}O{-}CH_2{-}CH_2{-}NH_3^+ \xrightarrow{3CH_3 \quad 3H^+} R{-}O{-}CH_2{-}CH_2{-}N^+(CH_3)_3$$

磷脂酰丝氨酸　　　磷脂酰乙醇胺　　　磷脂酰胆碱

3.3.4　鞘磷脂的代谢

鞘磷脂是生物体唯一的含磷酸的鞘脂，一般都有脂肪链、二级胺和鞘氨醇，其中主要结构是神经鞘氨醇。鞘磷脂的代谢合成主要发生在内质网上，直接由神经酰胺生成。最初的起始物软脂酰 CoA 与丝氨酸在 3-酮鞘氨醇合酶催化下缩合生成 3-酮鞘氨醇，随后 3-酮衍生物在 3-酮鞘氨醇还原酶（以 NADPH＋H^+ 为辅因子）作用下被还原，形成二氢鞘氨醇，其氨基部分与 1 分子脂酰

CoA 反应形成 N-脂酰-二氢鞘氨醇，再经 FAD 脱氢形成神经酰胺。生成的神经酰胺与磷脂酰胆碱发生反应，脱去二脂酰甘油，生成鞘磷脂(见图 3-11)

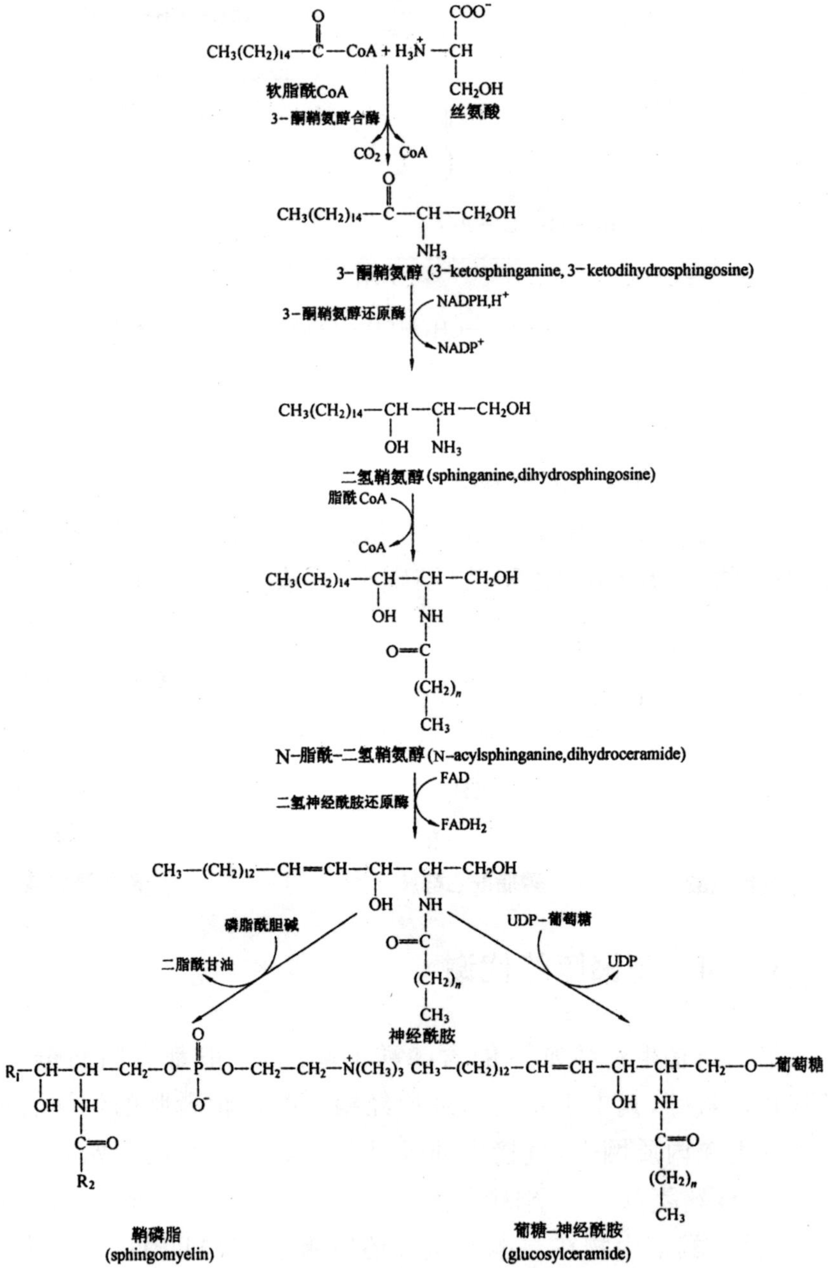

图 3-11　鞘磷脂的合成过程

3.4 胆固醇代谢

3.4.1 胆固醇的结构与分布

胆固醇是类固醇家族的重要成员，具有环戊烷多氢菲烃核结构，在 C_3 位含有 1 个羟基，因最早从动物胆石中分离而得名胆固醇。胆固醇及其衍生物不溶于水、易溶于有机溶剂，在人体内主要以游离胆固醇（Free Cholesterol，FC）及胆固醇酯（Cholesteryl Ester，CE）的形式存在，它们的结构式如下：

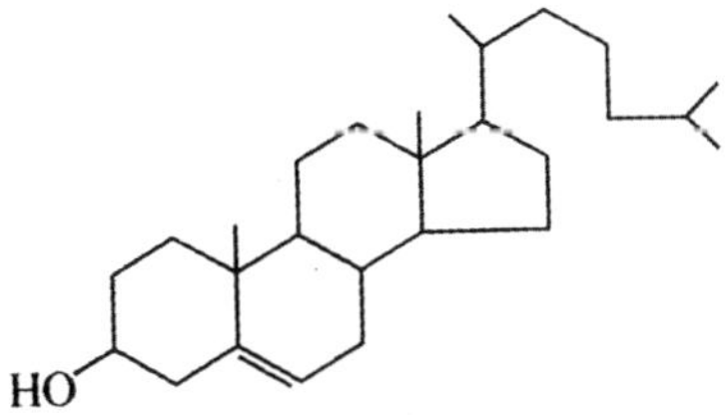

HO

胆固醇

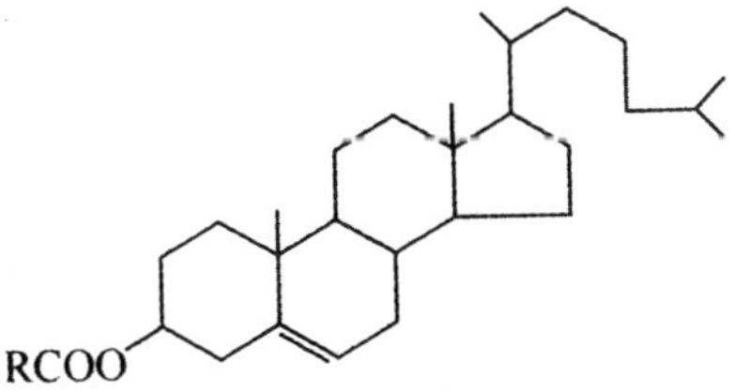

RCOO

胆固醇酯

胆固醇广泛存在于全身各组织中，其中约 1/4 分布在脑及神经组织中，占脑组织总重量的 2%左右。肝、肾、肠等内脏以及皮肤、脂肪组织亦含较多的胆固醇，每 100g 组织中约含 200～500mg，以肝为最多，肌肉较少，肾上腺、卵巢等组织胆固醇含量可高达 1%～5%，但总量很少。

3.4.2 胆固醇的生理功能

胆固醇的生理功能主要表现在以下几个方面。

3.4.2.1 构成细胞膜

胆固醇是构成细胞膜的重要组成成分，由于存在于膜上的游离胆固醇为两性分子，其 3 位羟基极性端指向膜的亲水界面，疏水的母核及侧链具有一定刚性深入膜双脂层，对维持生物膜的流动性和正常功能具有重要作用。

3.4.2.2 合成类固醇激素

胆固醇是合成皮质醇、醛固酮、睾酮、雌二醇以及维生素 D_3 等类固醇激素的前体物质，这些激素在调节机体内各种物质代谢，维持人体正常生理功能方面具有重要的作用。

3.4.2.3 转变成胆汁酸盐

胆固醇可以在肝中转变成胆汁酸盐，帮助脂类物质的乳化、消化与吸收。

3.4.2.4 调节脂蛋白代谢

胆固醇还参与脂蛋白组成，引起血浆脂蛋白关键酶活性的改变，调节血浆脂蛋白代谢(图 3-12)。当胆固醇代谢发生障碍，可

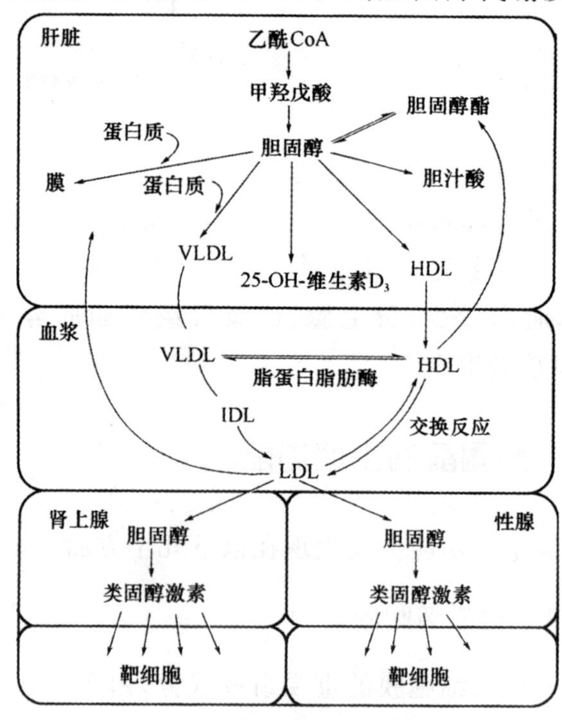

图 3-12 胆固醇的代谢概况

引起血浆胆固醇增高，脑血管、冠状动脉及周围血管病变，导致动脉粥样硬化的产生。因此，探索和研究胆固醇代谢与这些疾病间的关系，已成为当今医学研究瞩目的重要问题。

3.4.3 胆固醇的合成

3.4.3.1 胆固醇的合成部位

成人除脑组织及成熟红细胞外，几乎全身各组织均可合成胆固醇，每天约合成 1～1.5g，其中肝合成胆固醇的能力最强，占总合成量的 70%～80%，小肠次之，合成量占总量的 10%。胆固醇的合成主要在胞液及内质网中进行。

3.4.3.2 胆固醇的合成原料

乙酰辅酶 A 是合成胆固醇的直接原料。乙酰辅酶 A 来自线粒体内糖的有氧氧化及脂肪酸的 β-氧化，线粒体内的乙酰辅酶 A 通过柠檬酸-丙酮酸循环进入胞液。胆固醇合成还需供氢体 NADPH＋H^+、供能物质 ATP。实验证明合成 1 分子胆固醇需要 18 分子乙酰辅酶 A、36 分子 ATP 及 16 分子 NADPH＋H^+。

3.4.3.3 胆固醇的合成过程

胆固醇的合成过程大致可分为以下几个阶段。

(1)甲羟戊酸(MVA)的合成

2 分子乙酰 CoA 先缩合成乙酰乙酰 CoA，再与另 1 分子乙酰 CoA 缩合成 β-羟-β-甲基戊二酸单酰 CoA(HMGCoA)，再经 HMGCoA 还原酶的催化，由 NADPH 供氢还原为甲羟戊酸(MVA)。HMGCoA 是胆固醇和酮体合成的重要中间产物，而 HMGCoA 还原酶存在于胞液，是胆固醇合成的关键酶，所以胞液中的 HMGCoA 用于合成胆固醇。

$$2CH_3COCoA \xrightarrow[\searrow HSCoA]{\text{乙酰乙酰 CoA 硫解酶}} CH_3COCH_2COCoA \xrightarrow[\nearrow CH_3COSCoA]{\text{HMG 合酶}}$$

$$\underset{\substack{\text{羟甲基戊二酸单酰 CoA}\\ \text{(HMGCoA)}}}{HOOC-CH_2-C(OH)(CH_3)-CH_2-COCoA} \xrightarrow[\substack{2NADPH+2H^+ \quad 2NADP^+ + CoA\\ \uparrow\\ \text{(限速反应)}}]{\text{HMGCoA 还原酶}} \underset{\substack{\text{甲羟戊酸}\\ \text{(MVA)}}}{HOOC-CH_2-C(OH)(CH_3)-CH_2-CH_2OH}$$

(2)合成鲨烯

甲羟戊酸在一系列酶的催化下，由 ATP 提供能量先磷酸化、再脱羧、脱羟基生成活泼的五碳焦磷酸化合物。然后 3 分子五碳焦磷酸化合物缩合生成十五碳的焦磷酸法尼酯，2 分子十五碳的焦磷酸法尼酯再缩合，还原即生成三十碳的多烯烃化合物鲨烯。

(3)醇的生成

含 30 个碳原子的多烯烃鲨烯，在微粒体鲨烯环氧酶等多种酶的催化下，进行羟化、环化、脱甲基、还原等反应，最后生成胆固醇，反应过程需要消耗氧及由 NADPH 提供氢。

$$\underset{30C}{\text{鲨烯}} \xrightarrow[O_2]{NADPH \quad NADP^+ \quad 3CH_3} \underset{27C}{\text{胆固醇}}$$

3.4.3.4 胆固醇的合成调节

HMGCoA 还原酶是胆固醇合成的限速酶，各种因素通过影响 HMGCoA 还原酶活性来调节胆固醇合成速度。

(1)激素的调节

胰高血糖素和糖皮质激素能抑制 HMGCoA 还原酶的活性，使胆固醇的合成减少。胰岛素、甲状腺激素能诱导 HMGCoA 还原酶的合成，从而增加胆固醇的合成。甲状腺激素还可促进胆固醇向胆汁酸的转化，且转化作用大于合成作用，因此，甲状腺功能亢进的病人，血清中胆固醇的含量反而降低。

(2)饥饿与饱食的调节

饥饿与禁食可使 HMGCoA 还原酶活性降低，可抑制胆固醇的合成。摄入高糖等饮食后，HMGCoA 还原酶活性增加，胆固醇合成增多。

(3)胆固醇的负反馈调节

食物胆固醇可反馈阻遏 HMGCoA 还原酶的合成，减少胆固醇的合成；反之，降低食物胆固醇含量，便可解除对此酶合成的阻遏作用并增加胆固醇的合成。这种反馈调节主要存在于肝细胞，小肠黏膜细胞的胆固醇合成则不受这种反馈调节。

(4)药物的影响

某些药物如洛伐他汀和辛伐他汀，能竞争性地抑制 HMGCoA 还原酶的活性，使体内胆固醇的合成减少。另外，有些药物如阴离子交换树脂可通过干扰肠道胆汁酸盐的重吸收，促使体内更多胆固醇转变为胆汁酸盐，降低血清胆固醇的浓度。

3.4.4　胆固醇的转化与排泄

3.4.4.1　胆固醇的转化

胆固醇的环戊烷多氢菲母核在体内不能氧化分解，只能在其侧链发生氧化，所以体内胆固醇不能彻底氧化分解成 CO_2 和 H_2O，只能转变成其他的生理活性物质，参与代谢及调节，或排出体外(图 3-13)。

(1)转化为胆汁

胆固醇在肝中转变成胆汁酸是体内胆固醇的主要去路，每天生成 0.4～0.6g。胆固醇通过 7α-羟化酶催化而生成 7α-羟胆固醇，然后再经 3α-及 12α-羟化，最后经侧链裂解成 24C 的初级游离型胆汁酸。7α-羟化酶为胆汁酸生成的限速酶。

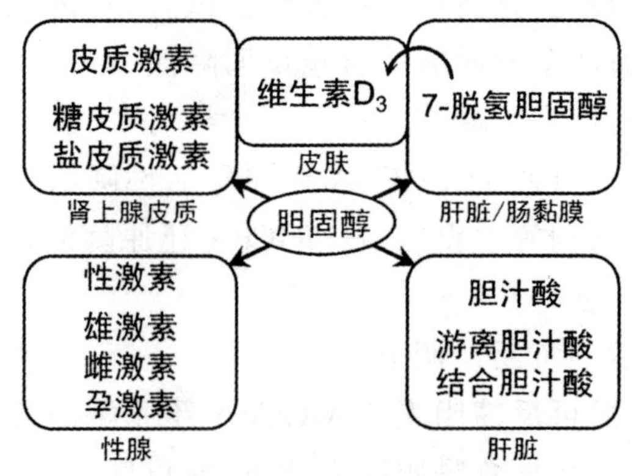

图 3-13　胆固醇的转化

(2)转化为类固醇激素

胆固醇在肾上腺皮质转化成肾上腺皮质激素,在卵巢和睾丸等转化成性激素。

类固醇激素主要在肝脏内灭活,转化成易于排泄的形式,其中大部分随尿液排泄,少部分随胆汁排泄。

(3)转化为 7-脱氢胆固醇

在皮肤,胆固醇可被氧化为 7-脱氢胆固醇,后者经紫外线照射形成维生素 D_3。维生素 D_3 经肝细胞微粒体 25-羟化酶催化而形成 25-羟维生素 D_3。经过血浆转运,在肾脏中进一步羟化,形成具有生理活性的 1,25-二羟维生素 D_3,促进钙磷吸收及成骨作用。

3.4.4.2　胆固醇的排泄

大部分胆固醇转化成胆汁酸,汇入胆汁,通过胆道排入小肠,其中一部分随粪便排出体外,大部分被肠黏膜重吸收,通过门静脉返回肝脏,再排入肠道,构成胆汁酸的肠肝循环。

此外,一部分胆固醇直接随胆汁或通过肠黏膜排入肠道,其中约 0.4g 被肠道菌还原成粪固醇,随粪便排出体外,其余部分被重吸收。

皮肤通过皮脂腺尚可排出少量胆固醇和鲨烯,成人每天约排出 0.1g。

3.5　血脂与血浆脂蛋白代谢

3.5.1　血脂

血脂是血浆中所含脂类的统称。血浆脂蛋白是脂类在血浆中的存在形式和转运形式。

血脂包括甘油三酯、磷脂、胆固醇酯、胆固醇和脂肪酸等，其来源和去路形成动态平衡(见表 3-2)。空腹 12～14h 血脂水平维持在 400～700mg/dL，但受膳食、种族、性别、年龄、职业、运动状况、生理状态和激素水平等因素的影响，波动较大，如青年人血浆胆固醇水平低于老年人。由于各组织器官之间脂类的交换或转运都通过血液循环进行，因而血脂水平可以反映其脂类代谢情况。某些疾病影响血脂水平，如糖尿病患者和动脉粥样硬化患者的血脂水平明显偏高，所以血脂测定具有重要的临床意义。

表 3-2　血脂的来源和去路

来源	食物脂类消化吸收	脂库动员	体内合成	
去路	氧化功能	进入脂库储能	转化成其他物质	构成生物膜

3.5.2　血浆脂蛋白的分类

血浆脂蛋白主要由甘油三酯、磷脂、胆固醇及其酯和蛋白质组成，因其所含的脂类成分和蛋白质种类、比例不同以及各类脂蛋白的理化性质不同，可分为多种。常用于血浆脂蛋白分类的方法有电泳分离法和超速离心法，这两种方法将血浆脂蛋白分为 4 种类型。

3.5.2.1 电泳分离法

电泳分离法是常用的分离蛋白质的方法。根据电泳支持物的不同，可分为醋酸纤维素薄膜电泳、聚丙烯酰胺凝胶电泳等。用醋酯酰胺作支持物，以 pH 8.6 的巴比妥溶液作缓冲液，可将血清蛋白分为清蛋白、α_1-球蛋白、α_2-球蛋白、β-球蛋白和 γ-球蛋白 5 种(见图 3-14)，浓度为 35～55g/L，约占血浆总蛋白的 50%。肝每天合成 12g 清蛋白，以前清蛋白形式合成。球蛋白的浓度为 15～30g/L。正常情况下，清蛋白与球蛋白的浓度比值(A/G)为 1.5～2.5：1。若用分辨率更高的聚丙烯酰胺凝胶电泳方法，可将血浆蛋白质分成数十条区带。

A

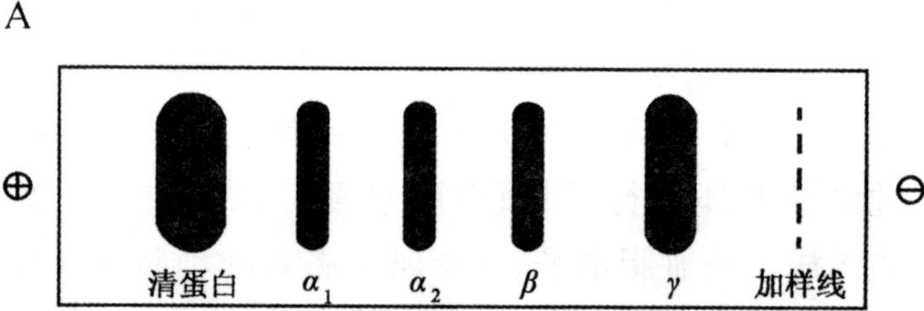

B

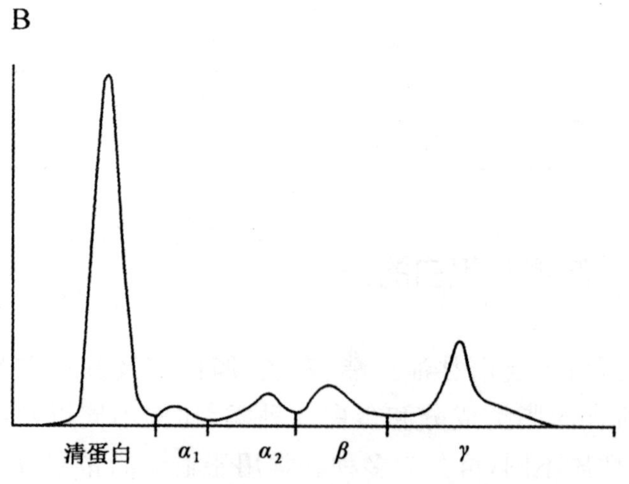

图 3-14　血清蛋白质的醋酸纤维薄膜电泳图

A—染色后的图谱；B—光密度扫描后的图谱

3.5.2.2　超速离心法

超速离心法是根据血浆在一定浓度介质中进行超速离心时，因所含的脂蛋白的密度不同，其漂浮速率不同而进行分离的方法，也称为密度分离法。由于各种脂蛋白所含脂类及蛋白质的量各不相同，其密度亦各不相同，据此通常可将血浆脂蛋白分为乳糜微粒(CM)、极低密度脂蛋白(VLDL)、低密度脂蛋白(LDL)和高密度脂蛋白(HDL)四大类。除上述四类脂蛋白外，还有一种其组成及密度介于 VLDL 及 LDL 之间的脂蛋白即中间密度脂蛋白(IDL)，它是 VLDL 在血浆中的代谢物(见图 3-15)。

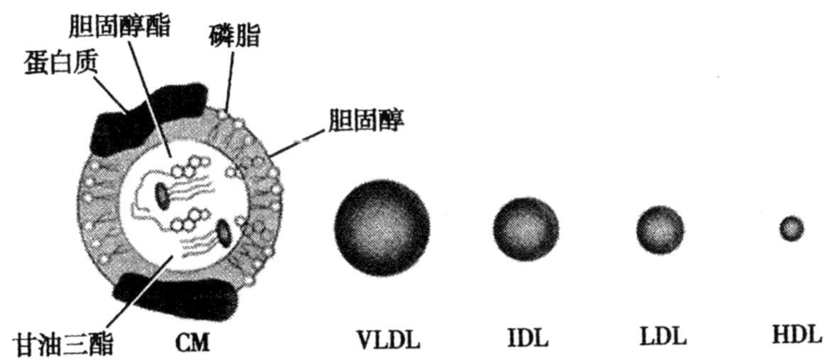

图 3-15　血浆蛋白超速离心法的分类和结构特征

3.5.3　血浆脂蛋白的组成

各类血浆脂蛋白均由蛋白质、甘油三酯、磷脂、胆固醇及其酯组成，但其组成比例及含量差别很大(见表 3-3)。CM 颗粒最大，含甘油三酯最多，达 80%～95%，蛋白质最少，约 1%，故密度最小，<0.95，将血浆静置即可使其漂浮。VLDL 亦含较多的甘油三酯，达 50%～70%，但其蛋白质含量(约 10%)高于 CM，故密度较 CM 大，在 0.95～1.006 之间。LDL 含胆固醇及胆固醇酯最多，为 40%～50%，其蛋白质含量为 20%～25%，密度在 1.006～1.063 之间。HDL 蛋白质含量最多，约 50%，故密度最高，颗粒最小。

表 3-3　血浆脂蛋白的分类、性质、结构及功能

分类	密度法	乳糜微粒	极低密度的蛋白	低密度脂蛋白	高密度脂蛋白
	电泳法		前 β-脂蛋白	β-脂蛋白	α-脂蛋白
性质	密度	<0.95	0.95～1.006	1.006～1.063	1.063～1.210
	S_f	>400	20～400	0～20	沉降
	电泳位置	原点	α_2-球蛋白	β-球蛋白	α_1-球蛋白
	颗粒直径/nm	80～500	28～80	20～25	5～17
组成/%	蛋白质	0.5～2	5～10	20～25	50
	脂质	98～99	90～95	75～80	50
	甘油三酯	80～95	50～70	10	5
	磷脂	5～7	15	20	25
	胆固醇	1～4	15	45～50	20
	游离胆固醇	1～2	5～7	8	5
	酯化胆固醇	3	10～12	40～42	15～17
载脂蛋白成分/%	apoAⅠ	7	<1	—	65～70
	apoAⅡ	5	—	—	20～25
	apoAⅣ	10	—	—	—
	apoB100	—	20～60	95	—
	apoB48	9	—	—	—
	apoCⅠ	11	3		6
	apoCⅡ	15	6	微量	1
	apoCⅢ 0～2	41	40	—	4
	apoE	微量	7～15	<5	2
	apoD	—	—	—	3
合成部位		小肠黏膜细胞	干细胞	血浆	肝、肠、血浆
功能		转运外源性甘油三酯及胆固醇	转运内源性甘油三酯及胆固醇	转运内源性胆固醇	逆向转运胆固醇

3.5.4 血浆脂蛋白的结构

各种血浆脂蛋白具有大致相似的基本结构。由疏水性较强的三酰甘油及胆固醇酯作为内核，由载脂蛋白、磷脂以及游离胆固醇构成单分子层的脂蛋白作为外壳，外壳分子中非极性的疏水基团朝向内核，极性的亲水基团暴露在表面，组成球状颗粒(见图 3-16)。载脂蛋白分子内有许多亲脂兼亲水的双性 α-螺旋，不带电荷的疏水氨基酸残基构成这些螺旋的疏水区，带电荷的极性氨基酸残基组成螺旋的亲水区。亲水区朝向表面水相，疏水区伸向脂类核心，构成并稳定脂蛋白的结构。

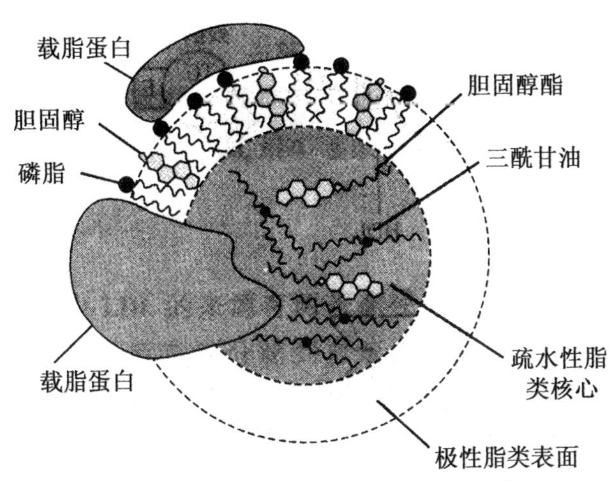

图 3-16　血浆脂蛋白的结构模型

CM、VLDL 主要以三酰甘油和少量的胆固醇酯为核心，表面主要为脂类的亲水基团和少量的载脂蛋白；LDL、HDL 则以胆固醇酯为核心。HDL 中蛋白质与脂类比值最高，故其表面大部分被蛋白质及磷脂的亲水基团交错穿插覆盖，核心的胆固醇酯实际上位于磷脂的烃链之间，游离胆固醇分子也可位于这个部位。

3.5.5 血浆脂蛋白的代谢

4种脂蛋白在脂类运输中所起的作用不同,其代谢过程也有很大差别,分述如下。

3.5.5.1 乳糜微粒(CM)的代谢

从形成到清除经历新生乳糜微粒、成熟乳糜微粒和乳糜微粒残体3个阶段(图3-17)。

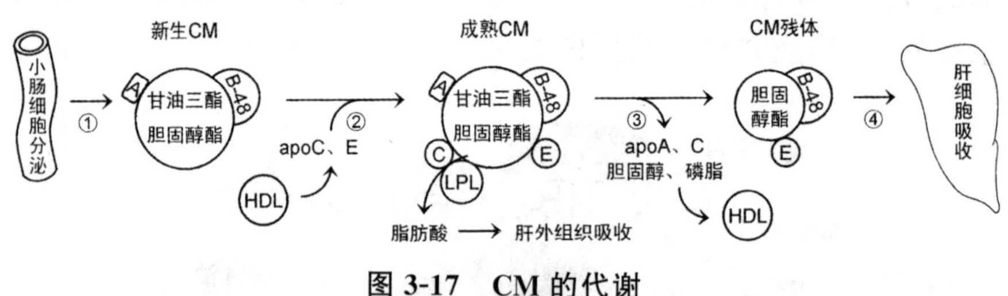

图3-17 CM的代谢

食物脂类被消化吸收后,在滑面内质网重新酯化成甘油三酯、磷脂、胆固醇酯,与apoB48、apoA及少量apoC、apoE形成新生乳糜微粒。

新生乳糜微粒通过淋巴系统、左侧锁骨下静脉进入血液,从高密度脂蛋白中获得apoCⅡ和apoE,形成成熟乳糜微粒。

当血液循环流经脂肪组织和心肌、骨骼肌、泌乳期的乳腺等组织时,成熟乳糜微粒的apoCⅡ激活毛细血管内皮细胞表面的脂蛋白脂肪酶。脂蛋白脂肪酶(LPL)催化水解乳糜微粒的甘油三酯,释放的脂肪酸大部分被组织细胞通过膜转运体摄取,其中80%被脂肪细胞、心肌、骨骼肌摄取,20%被肝细胞摄取(肝细胞摄取后基本不分解,而是加工后转运到肝外组织)。最终,乳糜微粒中90%的甘油三酯都被水解,而且apoC、apoA、部分胆固醇与磷脂酰胆碱转移至高密度脂蛋白。结果,乳糜微粒成分逐渐减少,成为富含apoB48、apoE、胆固醇酯和胆固醇的乳糜微粒残体。

乳糜微粒残体流向肝脏，与肝细胞膜 apoE 受体、低密度脂蛋白受体(LDL 受体，又称为 apoB100/E 受体)和 LDL 受体相关蛋白(LRP)结合，被肝细胞以受体介导内吞方式摄取，在溶酶体中降解，释出的胆固醇酯和甘油三酯被水解、代谢。乳糜微粒代谢迅速，半衰期为 5～15min，饭后 12～14h 血浆中便不再检出。

3.5.5.2　极低密度脂蛋白(VLDL)的代谢

极低密度脂蛋白主要形成于肝实质细胞，其形成和代谢经历新生极低密度脂蛋白(含甘油三酯、胆固醇、胆固醇酯、apoB100、少量 apoC、apoE)→成熟极低密度脂蛋白。极低密度脂蛋白残体即中密度脂蛋白(IDL)转化过程，此代谢过程与乳糜微粒类似。IDL 去路有二：一部分被肝细胞 LDL 受体介导摄取，其余含甘油三酯的部分继续被脂蛋白脂肪酶水解，最后成为富含胆固醇酯、胆固醇和 apoB100 的低密度脂蛋白(LDL)。VLDL 的半衰期不到 1h。

3.5.5.3　低密度脂蛋白(LDL)的代谢

低密度脂蛋白的代谢主要是受体介导入胞，其中 2/3 通过与 LDL 受体结合被细胞摄取(70%被肝细胞摄取，30%被肝外组织细胞如肾上腺皮质、睾丸、卵巢摄取)，并在溶酶体中被水解，释出的游离胆固醇被细胞利用。LDL 是健康人空腹时主要的血浆脂蛋白，占脂蛋白总量的 1/2～ 2/3，半衰期为 2～3d。

LDL 的主要代谢途径为 LDL 受体途径。LDL 与 LDL 受体结合后，被溶酶体中的酶水解，apoB100 被水解为氨基酸，胆固醇酯被水解成游离胆固醇及脂肪酸。游离胆固醇可用于类固醇激素的合成，还可反馈抑制细胞内胆固醇的合成(图 3-18)。若发生 LDL 受体缺陷，可导致血浆 LDL 升高，成为动脉粥样硬化(AS)发生的重要机制。

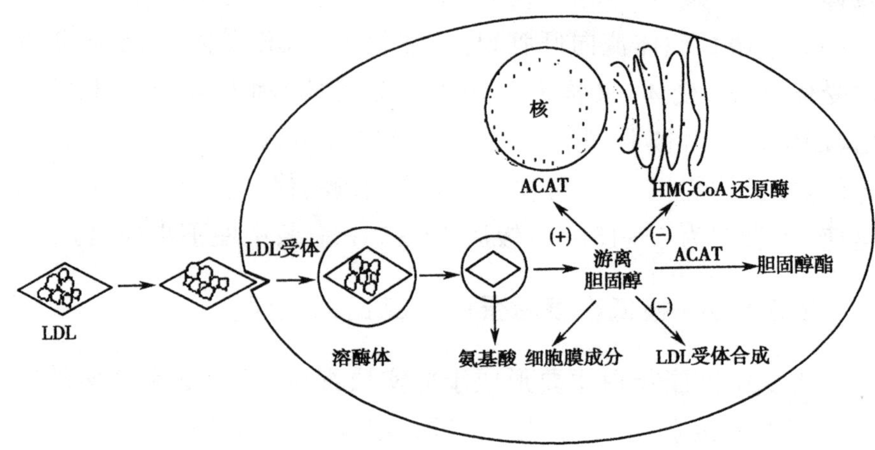

图 3-18 LDL 受体途径

3.5.5.4 高密度脂蛋白(HDL)的代谢

HDL 主要在肝,其次在小肠合成。HDL 按其密度高低又可分为 HDL_1、HDL_2 及 HDL_3。血浆中主要含 HDL_2 及 HDL_3。HDL_1 又称为 HDLc,仅在摄取高胆固醇膳食时才在血中出现。

肝合成的新生 HDL 以磷脂、胆固醇和 apoAⅠ为主,形成圆盘状磷脂双层结构。入血后,在 LCAT 的作用下,血浆胆固醇变成胆固醇酯,通过胆固醇酯转运蛋白(CETP)将胆固醇酯转入 HDL 的内核,在此过程中所消耗的磷脂酰胆碱及游离的胆固醇又不断地从外周细胞膜、CM 及 VLDL 得到补充,再由 LCAT 催化生成胆固醇酯进入内核,使 HDL 内核中的胆固醇酯增加,并接受由 CM 和 VLDL 释出的磷脂、apoAⅠ、apoAⅡ等。同时,其表面的 apoC 及 apoE 转移到 CM 及 VLDL 上,即转变为单脂层球状的成熟 HDL。成熟的 HDL 由肝细胞膜上的 HDL 受体识别而被摄取、降解、清除,其过程如图 3-19 所示。

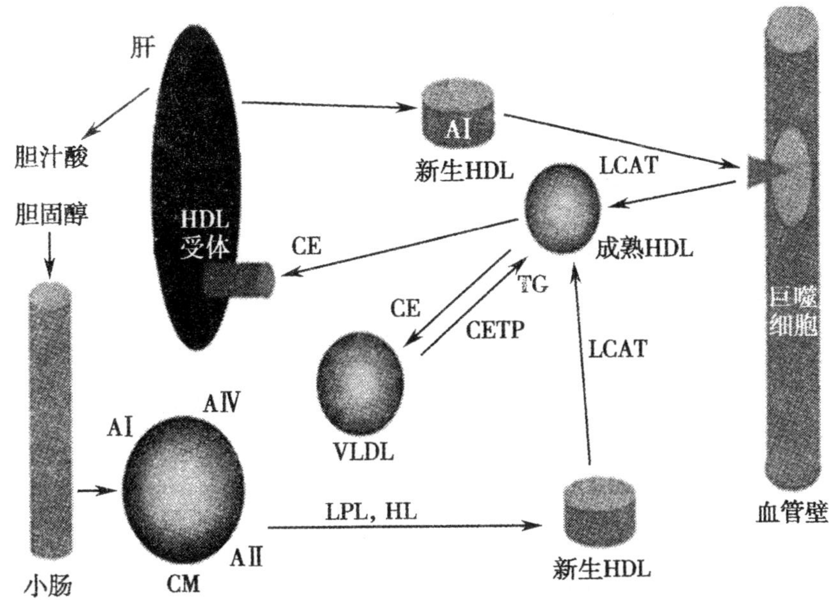

图 3-19　HDL 代谢和胆固醇逆向运转

3.6　脂类代谢紊乱

脂类代谢从消化吸收到分解合成都有可能出现异常而引起脂类代谢的紊乱，以下几种是脂类代谢紊乱所引起的疾病。

3.6.1　高脂蛋白血症

空腹血脂浓度高于正常参考值上限即称为高脂血症。临床上常见的有高胆固醇血症、高三酰甘油血症或者两者同时超过正常上限。一般以成人空腹 12～14h 血浆三酰甘油超过 2.26mmol/L(200mg/dL)，胆固醇超过 6.21mmol/L(240mg/dL)，儿童胆固醇超过 4.14mmol/L(160mg/dL)作为高脂血症的诊断标准。

由于血脂在血浆中以脂蛋白的形式存在，因此高脂血症也可认为是高脂蛋白血症。高脂蛋白血症可按脂蛋白电泳图谱进行分型。1970年世界卫生组织(WHO)建议将高脂蛋白血症分为六型,其血脂、脂蛋白的含量变化见表3-4。我国高脂蛋白血症约40%属于Ⅱ型,50%属于Ⅳ型。

表3-4 高脂蛋白血症分类

分类	血脂变化	脂蛋白变化
Ⅰ	三酰甘油↑↑↑ 胆固醇↑	乳糜微粒增高
Ⅱa	胆固醇↑↑	低密度脂蛋白增高
Ⅱb	胆固醇↑↑ 三酰甘油↑↑	低密度及极低密度脂蛋白同时增高
Ⅲ	胆固醇↑↑ 三酰甘油↑↑	中密度脂蛋白增加
Ⅳ	三酰甘油↑↑	低密度脂蛋白增加
Ⅴ	三酰甘油↑↑↑胆固醇↑	低密度脂蛋白及乳糜蛋白同时增加

高脂蛋白血症按病因分为原发性和继发性两大类。原发性高脂蛋白血症病因不明,可能与脂蛋白代谢中的关键酶、载脂蛋白和脂蛋白受体的遗传缺陷有关,如家族性高胆固醇血症。继发性高脂蛋白血症是继发于糖尿病、肾病、甲状腺功能减退和肝脏病等疾患。

3.6.2 动脉粥样硬化

动脉粥样硬化(AS)是由于过多的血脂沉积于大、中动脉内膜下,内膜灶状纤维化,粥样斑块形成,致管壁变硬、管腔狭窄,从而影响心、脑、肾等器官的血液供应,动脉内皮细胞损伤,脂质浸润,可发生出血、溃疡、血栓形成、动脉瘤形成、钙化等继发性改变。冠状动脉如有上述变化,会引起心肌缺血,甚至心肌梗死,称为冠状动脉硬化性心脏病,简称冠心病。

高脂血症、高血压、糖尿病和吸烟是导致动脉粥样硬化发生的主要危险因素:

①高血压和吸烟会造成血管内皮细胞损伤,是动脉粥样硬化发生的最初启动因素。

②高脂血症使脂质易于沉积于动脉内膜下。

③糖尿病使脂质易于沉积于血管壁。慢性、反复的血管内皮细胞损伤是所有动脉粥样硬化发生的首要条件。

家族性高胆固醇血症是一类遗传性代谢紊乱，患者幼年便患动脉粥样硬化。原因是其 LDL 受体存在缺陷，使 LDL 不能被组织细胞有效摄取，积累于血浆。LDL 水平与动脉粥样硬化发生率呈正相关关系，因而患者幼年即易患动脉粥样硬化。LDL 受体缺陷除了导致血浆胆固醇水平极高之外，还导致胆固醇合成因反馈抑制缺失而失控。

降低 VLDL、LDL 水平和提高 HDL 水平是防治动脉粥样硬化的基本原则，因为 VLDL 和 LDL 水平过高和 HDL 水平过低是导致动脉粥样硬化的关键因素：

①粥样斑块中的胆固醇来自 LDL，而 VLDL 是 LDL 的前体，因此，VLDL 和 LDL 含量较高者患冠心病的危险性较高。

②HDL 能将来自外周细胞的胆固醇转化成胆固醇酯，转运到肝脏进一步转化和排泄，防止胆固醇在动脉壁上沉积。因此，HDL 含量较高者患冠心病的危险性较低。

3.6.3　肥胖症

全身性的脂肪堆积过多，导致体内发生一系列病理生理变化，称为肥胖症。目前国际上用体重指数（Body Mass Index，BMI）作为肥胖度的衡量标准。BMI＝体重(kg)/身高^2(m^2)。我国规定 BMI 在 24～26 之间为轻度肥胖；26～28 为中度肥胖；＞28为重度肥胖。成年人的肥胖，脂肪细胞体积增大但数目一般不增多；生长发育期儿童发生的肥胖，脂肪细胞体积增大，数目也增多。

引起肥胖症的原因很多，除遗传因素和内分泌失调外，常见的原因是热量摄入过多，体力活动过少，致使过多的糖、脂酸、甘油、氨基酸等转变成三酰甘油储存于脂肪组织中。

肥胖症患者常伴有高血糖、高血脂、高血压和高胰岛素血症，并会发生一系列内分泌和代谢改变。肥胖症的防治原则主要是控制饮食和增加活动量。

3.6.4 脂肪肝

肝脏是脂类代谢的重要器官。肝中合成的脂类是以脂蛋白的形式转运出肝外的，磷脂是合成脂蛋白所必不可少的原料，当磷脂在肝中合成减少时，肝中脂肪不能顺利地运出，引起脂肪在肝中堆积，称为脂肪肝。脂肪肝患者的肝细胞中三酰甘油占了很大空间，影响肝细胞功能，甚至引起肝细胞坏死，结缔组织增生，造成肝硬化。形成脂肪肝的主要原因有：

①肝中脂肪来源过多，如高脂及高糖饮食。

②肝功能障碍，此时肝脏合成脂蛋白的能力降低。

③磷脂合成障碍，以致脂蛋白合成不足使脂肪在肝内堆积。

3.6.5 胆结石

在胆囊或胆道形成结石称为胆结石。胆结石的产生往往是因血浆胆固醇过高，胆汁浓而淤积或与发病部位感染有关，如炎症、寄生虫、手术等原因造成的感染。胆结石主要由胆固醇、胆色素、胆酸、脂肪酸钙、碳酸钙等无机盐构成。

临床治疗上常采用的利胆药包括去氢胆酸、鹅去氧胆酸、熊去氧胆酸等。去氢胆酸的主要作用是促进胆汁分泌，增加胆汁中的水分，使胆汁稀释而有利于排空胆汁。用鹅去氧胆酸、熊去氧胆酸等改变胆汁中胆酸的成分，减少胆固醇的合成和分泌，有利于溶解胆结石。

3.6.6 酮血症

酮体是脂肪酸分解的正常中间产物，正常生理情况下，血中酮体含量极少，为 0.03～0.5mmol/L。在饥饿、高脂低糖膳食及糖尿病时，脂肪酸动员加强，酮体生成增加，超过肝外组织利用的能力，引起血中酮体升高，称为酮血症，酮体为酸性物质，可导致酮症酸中毒，并随尿排出，引起酮尿，称为酮尿症。

第 4 章　生物体内氨基酸与核苷酸代谢规律

氨基酸的代谢包括一般代谢和个别代谢。生物体内的核苷酸可以来自食物，但主要由机体细胞自身合成。核苷酸及其水解产物均可以被小肠黏膜细胞吸收，吸收后绝大部分仍可以进一步分解。本章将对生物体内氨基酸与核苷酸代谢规律展开讨论。

4.1　氨基酸的一般代谢

4.1.1　氨基酸代谢概况

人体内蛋白质处于不断降解与合成的动态平衡状态。食物蛋白质经消化而被吸收的氨基酸与体内组织蛋白质降解产生的氨基酸混合在一起，分布于体内各处，参与代谢，称为氨基酸代谢库。体内氨基酸的来源有 3 个：

①食物蛋白质的消化吸收。

②组织蛋白质的分解。

③利用 α-酮酸和氨合成的非必需氨基酸。

氨基酸的去路有 3 条：

①合成组织蛋白质和多肽。

②经脱氨产生 α-酮酸和氨，或脱羧产生胺类和 CO_2 等。

③转变成其他含氮物质(见图 4-1)。

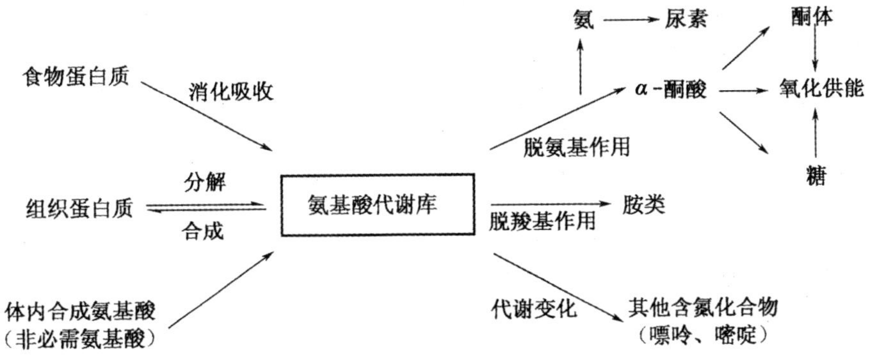

图 4-1　氨基酸代谢概况

组成蛋白质的 20 种氨基酸在化学结构上都具有 α-氨基和 α-羧基，因此，它们在体内的分解代谢过程虽各有其特点，但也有共同的代谢途径。氨基酸的脱氨基代谢和脱羧基代谢具有共同的规律，常称为氨基酸的一般代谢。

4.1.2　氨基酸的脱氨基作用

氨基酸脱去氨基生成氨和 α-酮酸的过程称为脱氨基作用。体内氨基酸的脱氨基作用主要有氧化脱氨基、转氨基、联合脱氨基、非氧化脱氨基等方式。

4.1.2.1　氧化脱氨基作用

氨基酸在酶的催化下，氧化生成相应的 α-酮酸，同时释放出游离氨的过程称为氧化脱氨基作用。氧化脱氨反应分两个步骤进行：①脱氢，形成亚氨基酸，催化这一过程的酶是氨基酸脱氢酶。②加水和脱氨，此步是自发反应，不需要酶催化。

$$\underset{\text{氨基酸}}{\begin{matrix}R\\|\\CH-NH_2\\|\\COOH\end{matrix}} \xrightarrow[\text{酶}]{-2H} \underset{\text{亚氨基酸}}{\begin{matrix}R\\|\\CH=NH\\|\\COOH\end{matrix}} \xrightarrow{+H_2O} \underset{\alpha\text{-酮酸}}{\begin{matrix}R\\|\\CH=O\\|\\COOH\end{matrix}} + NH_3$$

尽管氨基酸脱氢酶的种类很多，但最重要的是L-谷氨酸脱氢酶，辅酶是NAD^+或$NADP^+$，该酶在动植物和微生物中广泛存在，且活性很强。它催化谷氨酸氧化脱氨，生成α-酮戊二酸。

$$\underset{\text{L-谷氨酸}}{\begin{array}{l}COOH\\|\\CH_2\\|\\CH_2\\|\\CHNH_2\\|\\COOH\end{array}} \xrightleftharpoons[NAD^+ \quad NADH+H^+]{\text{L-谷氨酸脱氢酶}} \underset{\text{亚谷氨酸}}{\begin{array}{l}COOH\\|\\CH_2\\|\\CH_2\\|\\C=NH\\|\\COOH\end{array}} \xrightleftharpoons[-H_2O]{+H_2O} \underset{\alpha\text{-酮戊二酸}}{\begin{array}{l}COOH\\|\\CH_2\\|\\CH_2+NH_3\\|\\C=O\\|\\COOH\end{array}}$$

上述反应不仅使L-谷氨酸氧化脱氨，它在大多数氨基酸的分解代谢和合成代谢中都具有重要的作用。

4.1.2.2 转氨基作用

转氨基作用也叫做氨基移换作用，整个作用过程为α-氨基酸的氨基在转氨酶的催化下转移到α-酮酸的酮基位置，生成相应的α-氨基酸，原来的α-氨基酸则转变为相应的α-酮酸。转氨酶的辅酶为磷酸吡哆醛或磷酸吡哆胺，在转氨基的过程中，两者互变，起氨基传递体的作用。转氨基作用的简式如下：

$$\begin{array}{l}R_1\\|\\CH-NH_2\\|\\COOH\end{array} + \begin{array}{l}R_2\\|\\CH=O\\|\\COOH\end{array} \xrightleftharpoons{\text{转氨酶}} \begin{array}{l}R_1\\|\\CH=O\\|\\COOH\end{array} + \begin{array}{l}R_2\\|\\CH=NH_2\\|\\COOH\end{array}$$

转氨反应为可逆反应，正反应为氨基酸的分解代谢，将氨基酸的氨基脱掉；逆反应为氨基酸的合成代谢，合成了氨基酸。因此，转氨基作用在氨基酸代谢中占有重要的地位。

氨基酸的转氨基作用在生物体内是极为普遍的。除赖氨酸、苏氨酸外，其余α-氨基酸都可参与转氨基作用，并各有其特异的转氨酶。但其中以谷丙转氨酶（简称GPT）和谷草转氨酶（简称GOT）最为重要，前者是催化谷氨酸与丙酮酸之间的转氨基作用，后者是催化谷氨酸与草酰乙酸之间的转氨基作用。其催化的反应分别如下：

$$
\begin{array}{c}
\mathrm{CHNH_2}\\ | \\ (\mathrm{CH_2})_2 \\ | \\ \mathrm{COOH} \\ | \\ \mathrm{COOH}
\end{array}
+
\begin{array}{c}
\mathrm{CH_3}\\ | \\ \mathrm{C{=}O} \\ | \\ \mathrm{COOH}
\end{array}
\underset{}{\overset{\mathrm{GPT}}{\rightleftharpoons}}
\begin{array}{c}
\mathrm{CH_3}\\ | \\ \mathrm{CHNH_2} \\ | \\ \mathrm{COOH_2}
\end{array}
+
\begin{array}{c}
\mathrm{COOH}\\ | \\ (\mathrm{CH_2})_2 \\ | \\ \mathrm{C{=}O} \\ | \\ \mathrm{COOH}
\end{array}
$$

谷氨酸　　丙酮酸　　丙氨酸　　α-酮戊二酸

$$
\begin{array}{c}
\mathrm{CHNH_2}\\ | \\ (\mathrm{CH_2})_2 \\ | \\ \mathrm{COOH} \\ | \\ \mathrm{COOH}
\end{array}
+
\begin{array}{c}
\mathrm{COOH}\\ | \\ \mathrm{CH_2} \\ | \\ \mathrm{C{=}O} \\ | \\ \mathrm{COOH}
\end{array}
\underset{}{\overset{\mathrm{GOT}}{\rightleftharpoons}}
\begin{array}{c}
\mathrm{COOH}\\ | \\ \mathrm{CH_2} \\ | \\ \mathrm{CHNH_2} \\ | \\ \mathrm{COOH}
\end{array}
+
\begin{array}{c}
\mathrm{COOH}\\ | \\ (\mathrm{CH_2})_2 \\ | \\ \mathrm{C{=}O} \\ | \\ \mathrm{COOH}
\end{array}
$$

谷氨酸　　丙酮酸　　丙氨酸　　α-酮戊二酸

上述转氨反应中的谷丙转氨酶主要存在肝脏细胞中，当肝细胞损伤，肝细胞膜通透性增大时，谷丙转氨酶就释放到血液内，导致血清内谷丙转氨酶活性明显地升高，临床上常以此作为肝脏疾病的一项辅助性诊断指标。谷草转氨酶主要存在心肌细胞中，可作为心肌炎、心肌梗死等疾病的辅助性诊断指标。

4.1.2.3　联合脱氨基作用

由于生物体内只有 L-谷氨酸脱氢酶的活力很高，其余的 L-氨基酸脱氢酶活力很低。因此单靠转氨基作用不仅不能最终脱掉氨基，而且也不能满足机体脱氨基的需要。研究发现，生物体内普遍存在一种转氨基作用与氧化脱氨基联合进行脱去氨基的方式，称为联合脱氨基作用。其反应式如图 4-2 所示。

在联合脱氨基反应中，氨基酸首先在转氨酶的作用下，将氨基转移到 α-酮戊二酸分子上，生成相应的 α-酮酸与谷氨酸；谷氨酸在 L-谷氨酸脱氢酶作用下，经加水脱氢，生成氨和 α-酮戊二酸，后者继续参加转氨基作用。催化此反应的转氨酶与谷氨酸脱氢酶在体内广泛分布，活性较高，因此联合脱氨基作用是体内最主要的脱氨基方式。

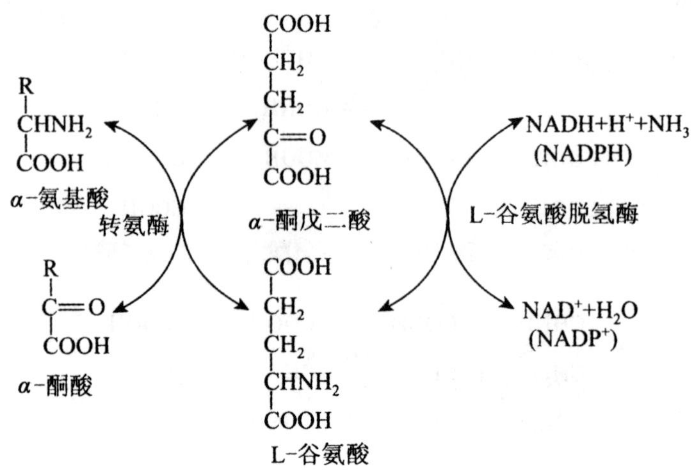

图 4-2 联合脱氨基反应示意图

4.1.2.4 非氧化脱氨基作用

某些氨基酸可以通过非氧化反应脱掉氨基生成相应的 α-酮酸。大多在微生物中进行，有直接脱氨、脱水脱氨等多种方式。

(1)直接脱氨基

氨基酸直接脱氨基生成不饱和脂肪酸，如天冬氨酸直接脱氨生成延胡索酸和氨。

$$\underset{\text{天冬氨酸}}{HOOC-CH_2-CH(NH_2)-COOH} \xrightarrow{\text{氨基酸氨基裂解酶}} \underset{\text{延胡索酸}}{HOOC-CH=CH-COOH} + NH_3$$

(2)脱水脱氨基作用

含有羟基的氨基酸在脱水酶作用下，在脱水过程中脱氨。如 L-丝氨酸在丝氨酸脱水酶作用下发生脱氨。

$$\mathrm{H_2N{-}\underset{\underset{CH_2OH}{|}}{\overset{\overset{COOH}{|}}{C}}{-}H} + H_2O \xrightarrow{\text{丝氨酸脱水酶}} \mathrm{\underset{\underset{CH_3}{|}}{\overset{\overset{COOH}{|}}{C}}{=}O} + NH_3$$

L-丝氨酸　　　　　　　　　　　丙酮酸

4.1.3　α-酮酸代谢

多种氨基酸经脱氨基作用,生成相应的 α-酮酸和氨,各种 α-酮酸共同的代谢去路有以下几种。

4.1.3.1　还原氨基化生成非必需氨基酸

体内的一些营养非必需氨基酸可通过相应的 α-酮酸经氨基化而生成。这些 α-酮酸也可来自糖代谢和三羧酸循环的产物。例如,丙酮酸、草酰乙酸、α-酮戊二酸分别转变成丙氨酸、天冬氨酸和谷氨酸,循联合脱氨基作用的逆向反应进行,即可生成非必需氨基酸。

4.1.3.2　转变成糖和酮体

各种氨基酸脱氨基后产生的 α-酮酸结构差异很大,其代谢途径也不尽相同。这里不详述各种 α-酮酸转变成糖或酮体的具体代谢途径,但不外乎转变为乙酰 CoA、丙酮酸及三羧酸循环的中间物,例如,琥珀酸单酰 CoA、延胡索酸、草酰乙酸及 α-酮戊二酸等。

(1)生糖氨基酸

它是在体内可沿糖异生途径转变为糖的氨基酸。如甘氨酸、丙氨酸、丝氨酸、羟脯氨酸、苏氨酸、甲硫氨酸、谷氨酸、天冬氨酸、色氨酸和组氨酸等。

(2)生糖兼生酮氨基酸

某些氨基酸在代谢过程中,既能生成糖又能生成酮体,如色氨酸、酪氨酸、苯丙氨酸、异亮氨酸。

(3)生酮氨基酸

亮氨酸及赖氨酸的相应 α-酮酸，在分解过程中生成酮体，故称为生酮氨基酸。

4.1.3.3 氧化供能

α-酮酸在体内可以通过三羧酸循环与氧化磷酸化体系彻底氧化生成 CO_2 和 H_2O，同时释放能量供生理活动的需要。氨基酸也是一类能源物质，氨基酸的代谢与糖和脂肪的代谢密切相关。氨基酸可转变成糖与脂肪；糖也可以转变成脂肪及多数非必需氨基酸的碳链骨架。三羧酸循环是物质代谢的总枢纽，通过它可以使糖、脂肪酸及氨基酸完全氧化，也可使其彼此相互转变，构成一个完整的代谢体系。

4.1.4 氨的代谢

氨是一种对机体有毒的物质。对神经系统特别有害。体内的氨主要在肝内合成尿素而解毒。因此，正常人体内血液中氨的浓度很低，血氨水平为 47～65μmol/L。血液中氨的来源与去路保持动态平衡。

4.1.4.1 体内氨的来源

氧化脱氨基作用、联合脱氨基作用、嘌呤核苷酸循环是体内氨的主要来源。此外，各组织器官中胺的分解和嘧啶核苷酸分解也可产生氨。

肠道吸收的氨包括两个来源，即肠内蛋白质在肠道细菌作用下腐败作用产生的氨和尿素经肝-肠循环时经尿素酶水解产生的氨。肠道产氨每日约 4g。肠内腐败作用增强时，氨的产生量增多。肠道偏碱时，氨易被吸收。临床上对高血氨患者采用弱酸性透析液做结肠透析，而禁用碱性皂水灌肠，就是为了减少对氨的吸收。

谷氨酰胺在肾小管上皮细胞谷氨酰胺酶的催化下水解成谷氨酸和 NH_3，后者分泌到肾小管腔中。若原尿 pH 偏酸，则 NH_3 与 H^+ 结合成 NH_4^+，不能重吸收，以铵盐的形式由尿排出体外；若原尿 pH 偏碱，则 NH_3 被重新吸收入血使血氨升高。这对调节机体的酸碱平衡起着重要作用。临床上对因肝硬化而产生腹水的患者，不宜使用碱性利尿药，以免血氨升高。

4.1.4.2　氨的转运

氨的转运主要通过谷氨酰胺，多数动物细胞内有谷氨酰胺合成酶，能催化谷氨酸与氨结合形成谷氨酰胺。

$$NH_4^+ + \text{谷氨酸} + ATP \xrightarrow{\text{谷氨酰胺合成酶}} \text{谷氨酰胺} + ADP + Pi + H^+$$

生成的谷氨酰胺由血液运送至肝或肾，经谷氨酰胺酶催化，将氨释放出来。

$$\text{谷氨酰胺} + H_2O \xrightarrow{\text{谷氨酰胺酶}} \text{谷氨酸} + NH_4^+$$

可见，谷氨酰胺是氨的解毒产物，又是氨的储存及运输形式。

肌肉可利用葡萄糖-丙氨酸循环运送氨。在肌肉中谷氨酸与丙酮酸进行转氨形成丙氨酸。

$$\text{谷氨酸} + \text{丙酮酸} \xrightarrow{\text{丙酮酸转氨酶(在肌肉内)}} \alpha\text{-酮戊二酸} + \text{丙氨酸}$$

丙氨酸在 pH 近于 7 的条件下是中性不带电荷的化合物，通过血液运送到肝脏，再与 α-酮戊二酸转氨转变为丙酮酸和谷氨酸。

$$\text{丙氨酸} + \alpha\text{-酮戊二酸} \xrightarrow{\text{丙氨酸转氨酶(在肝脏)}} \text{丙酮酸} + \text{谷氨酸}$$

肌肉中所需的丙酮酸由糖酵解提供，在肝脏中多余的丙酮酸可通过糖异生途径转化成葡萄糖。

生物体利用丙氨酸作为从肌肉到肝脏运送氨的载体，是机体在维持生命活动中遵循经济原则的一种表现。肌肉在紧张活动中既产生大量的氨，又产生大量的丙酮酸，二者都需要运送到肝脏进一步转化。将丙酮酸与氨转化为丙氨酸，收到一举两得的功效。[1]

4.1.4.3 体内氨的去路

在肝脏合成尿素是体内氨的最主要去路。尿素是中性、无毒的物质。实验证明，肝是合成尿素的最主要器官。肾及脑等其他组织虽然也能合成尿素，但合成量甚微。肝脏合成尿素的途径是鸟氨酸循环。

(1)氨基甲酰磷酸的合成

游离的氨与 CO_2 先缩合成氨基甲酰磷酸。N-乙酰谷氨酸为氨基甲酰磷酸合成酶Ⅰ的必要辅助因子。N-乙酰谷氨酸由乙酰 CoA 和谷氨酸合成。精氨酸可促进 N-乙酰谷氨酸的生成。进食蛋白质后，乙酰谷氨酸合酶活性升高，产生较多的 N-乙酰谷氨酸。

(2)瓜氨酸的合成

氨基甲酰磷酸与鸟氨酸反应生成瓜氨酸，在鸟氨酸氨基甲酰转移酶催化下，氨基甲酰磷酸上的氨基甲酰部分转移到鸟氨酸上，生成瓜氨酸和磷酸。

(3)精氨酸的生成

瓜氨酸与天冬氨酸反应生成精氨酸代琥珀酸，瓜氨酸在线粒体合成后，即被转运到线粒体外，在胞液中经精氨酸代琥珀酸合酶催化，与天冬氨酸反应生成精氨酸代琥珀酸。此反应由 ATP 供能，天冬氨酸提供了尿素分子的第 2 个氮原子。精氨酸代琥珀酸裂解成精氨酸与延胡索酸，精氨酸代琥珀酸在精氨酸代琥珀酸裂解酶的催化下，裂解成精氨酸与延胡索酸。反应产物精氨酸分子中保留了来自游离 NH_3 和天冬氨酸分子的氮。

(4)精氨酸水解释放尿素并再生成鸟氨酸

在胞液中，精氨酸由精氨酸酶催化，水解生成尿素和鸟氨酸。鸟氨酸通过线粒体内膜上载体的转运再进入线粒体，参与瓜氨酸的合成。

---

[1] 王镜岩，朱圣庚，徐长法．生物化学(下册)[M].3 版．北京：高等教育出版社，2002：310.

4.2　个别氨基酸的代谢

体内 20 种氨基酸由于化学结构上的共性，表现出共同的代谢规律，但由于具有不同的侧链 R，氨基酸还有其特殊的代谢途径，并具有重要的生理意义。

4.2.1　氨基酸的脱羧基作用

部分氨基酸可以脱羧基生成相应的胺。脱羧反应由特异的氨基酸脱羧酶催化，并且需要磷酸吡哆醛作为辅助因子。虽然氨基酸脱羧基只生成少量胺类，但它们具有重要的生理功能。

4.2.1.1　组胺

组氨酸经组氨酸脱羧酶催化，生成组胺。组胺广泛分布于乳腺、肝、肺、肌肉及胃黏膜等的肥大细胞中，是一种强烈的血管舒张剂，并能增加毛细血管通透性。创伤性休克及过敏反应等均与组胺生成过多有关。组胺还可刺激胃液分泌，可用于研究胃的分泌活动。

$$\text{(咪唑环)}-CH_2-\underset{NH_2}{\underset{|}{CH}}-COOH \xrightarrow[\;-CO_2\;]{\text{组氨酸脱羧酶}} \text{(咪唑环)}-CH_2-CH_2-NH_2$$

组氨酸　　　　　　　　　　　　组胺

4.2.1.2　5-羟色胺

色氨酸在脑组织中经色氨酸羟化酶作用，可生成 5-羟色氨酸，后者再脱羧生成 5-羟色胺(5-HT)。

色氨酸 —色氨酸羟化酶→ 5-羟色氨酸 —5-羟色氨酸脱羧酶（$-CO_2$）→ 5-羟色胺

（色氨酸：吲哚环 $-CH_2-CH(NH_2)COOH$；5-羟色氨酸：HO-吲哚环 $-CH_2-CH(NH_2)COOH$；5-羟色胺：HO-吲哚环 $-CH_2CH_2NH_2$）

5-羟色胺广泛分布于体内各组织，除神经组织外，还存在于胃肠、血小板及乳腺细胞中。脑内的5-羟色胺为抑制性神经递质，与睡眠、疼痛和体温调节有密切关系。在外周组织中，5-羟色胺有收缩血管的作用。

4.2.1.3 γ-氨基丁酸(GABA)

谷氨酸脱羧基生成γ-氨基丁酸（GABA），催化此反应的酶是谷氨酸脱羧酶，此酶在脑、肾组织中活性很高。GABA是抑制性神经递质，对中枢神经有抑制作用。临床上用维生素B_6治疗妊娠呕吐和小儿抽搐，是因为磷酸吡哆醛作为谷氨酸脱羧酶的辅酶，可促进谷氨酸脱羧生成γ-氨基丁酸，从而导致中枢抑制作用以减轻症状。

$$HOOC-CH_2-CH_2-CHNH_2-COOH \xrightarrow[-CO_2]{\text{L-谷氨酸脱羧酶}} HOOC-CH_2-CH_2-CH_2NH_2$$

L-谷氨酸　　　　γ-氨基丁酸

4.2.1.4 牛磺酸

半胱氨酸先氧化成磺酸丙氨酸，再脱去羧基生成牛磺酸。

在肝细胞中牛磺酸可与胆汁酸结合生成结合胆汁酸。现发现脑组织中也含有较多的牛磺酸，表明它可能对脑功能也有作用。

$$\underset{\text{L-半胱氨酸}}{\begin{matrix}CH_2SH\\|\\CH-NH_2\\|\\COOH\end{matrix}} \xrightarrow{3[O]} \underset{\text{磺酸丙氨酸}}{\begin{matrix}CH_2SO_3H\\|\\CH-NH_2\\|\\COOH\end{matrix}} \xrightarrow[\searrow CO_2]{\text{磺酸丙氨酸脱羧酶}} \underset{\text{牛磺酸}}{\begin{matrix}CH_2SO_3H\\|\\CH_2NH_2\end{matrix}}$$

4.1.2.5　多胺

鸟氨酸及蛋氨酸经脱羧基等作用可产生多胺，包括精脒和精胺，鸟氨酸先脱羧基生成腐胺，S-腺苷蛋氨酸脱羧基生成 S-腺苷甲硫基丙胺，然后腐胺从 S-腺苷甲硫基丙胺转入丙胺基而转变为精脒和精胺，如图 4-3 所示。

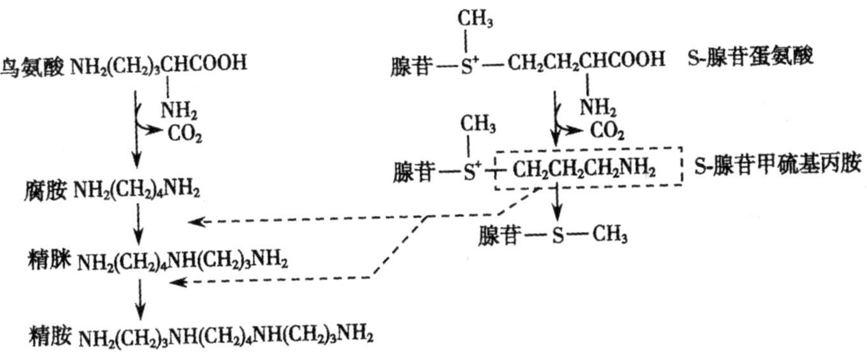

图 4-3　多胺生成

多胺化合物是调节细胞生长的重要物质，它有促进核酸与蛋白质合成的作用，因此可促进细胞分裂增殖。生长旺盛的组织（如胚胎、再生肝、癌瘤组织）中多胺含量较高。临床上将测定肿瘤病人血或尿中多胺的含量作为观察病情和辅助诊断的指标。

4.2.2 一碳单位代谢

部分氨基酸在分解代谢过程中产生的含一个碳原子的活性基团，其转移或转化过程称为一碳单位代谢或一碳代谢。

4.2.2.1 一碳单位的种类和来源

体内重要的一碳单位有甲酰基(—CHO)、甲炔基(—CH＝)、亚氨甲基(—CH＝NH)、甲烯基(—CH_2—)和甲基等，它们分别来自甘氨酸、丝氨酸、组氨酸、色氨酸和甲硫氨酸等。

4.2.2.2 一碳单位的载体及转运形式

四氢叶酸(FH_4)是一碳单位的载体。哺乳动物体内四氢叶酸可由叶酸经二氢叶酸还原酶催化，通过两步还原反应生成。

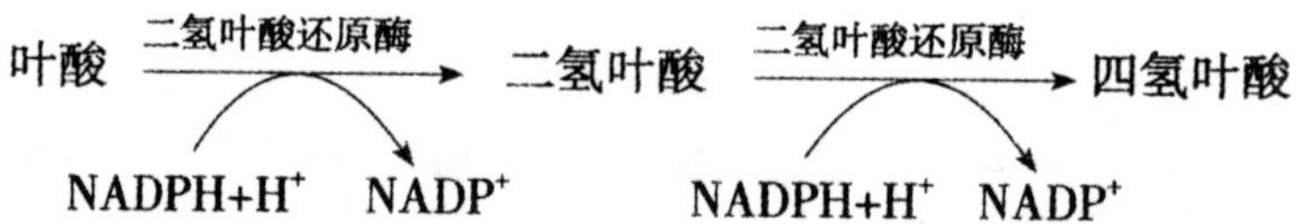

通常 FH_4 分子上的 N^5 和 N^{10} 是一碳单位的结合位置，如 N^5-甲基四氢叶酸(N^5—CH_3—FH_4)、N^5，N^{10}-亚甲四氢叶酸(N^5，N^{10}—CH_2—FH_4)、N^5，N^{10}-次甲四氢叶酸(N^5，N^{10}＝CH—FH_4)、N^{10}-甲酰四氢叶酸(N^{10}—CHO—FH_4)及 N^5-亚氨甲基四氢叶酸(N^5—CH＝NH—FH_4)等。

4.2.2.3 一碳单位的生成与互变

(1)甘氨酸与一碳单位的生成

甘氨酸经氧化脱氨生成乙醛酸，再氧化成甲酸。甲酸和乙醛酸可分别与 FH_4 反应生成 N^{10}-甲酰四氢叶酸和 N^5，N^{10}-次甲四氢叶酸。实际上，凡是在代谢过程中产生的甲酸都可通过此种反应产生可利用的一碳单位，如色氨酸。

$$\underset{\text{甘氨酸}}{\begin{matrix}CH_2-NH_2\\|\\COOH\end{matrix}} + O_2 \xrightarrow[-NH_3,-H_2O_2]{\text{甘氨酸氧化酶}} \underset{\text{乙醛酸}}{\begin{matrix}CHO\\|\\COOH\end{matrix}} \xrightarrow[-CO_2]{O_2} \underset{\text{甲酸}}{HCOOH}$$

$$\underset{\text{乙醛酸}}{\begin{matrix}CHO\\|\\COOH\end{matrix}} + FH_4 \xrightarrow{\text{次甲基}FH_4\text{合成酶}} \underset{FH_4\text{-}N^5,N^{10}\text{-}CH_2}{FH_4-\overset{+}{N^5}(=CH-)-CH_2-N^{10}-R}$$

$$\underset{\text{甲酸}}{HCOOH} + FH_4 \xrightarrow{\text{甲酰}FH_4\text{合成酶}} \underset{FH_4\text{-}N^{10}\text{-}CHO}{FH_4-N^5-CH_2-N^{10}(CHO)-R}$$

(2)丝氨酸与一碳单位的生成

丝氨酸与 FH_4 反应，其羟甲基与 FH_4 结合生成 N^5，N^{10}-亚甲基四氢叶酸，同时转变为甘氨酸。$FH_4—N^5$，$N^{10}—CH_2$ 也可转变为 $FH_4—N^5$，$N^{10}—CH_2$ 和 $FH_4—N^5—CH_3$。

$$\underset{\text{丝氨酸}}{\begin{matrix}CH_2OH\\|\\CH-NH\\|\\COOH\end{matrix}} + FH_4 \xrightarrow{\text{丝氨酸羟甲基转移酶}} FH_4-N^5-CH_2-N^{10}-R\ (N^5,N^{10}\text{间}-CH_2-) + \text{甘氨酸}$$

$$\xrightarrow[-2H]{\text{脱氢酶}} \underset{FH_4-N^5,N^{10}-CH_2}{FH_4-\overset{+}{N^5}(=CH-)-CH_2-N^{10}-R}$$

$$\xrightarrow[+H_2]{\text{还原酶}} \underset{FH_4-N^5-CH_3}{FH_4-N^5(CH_3)-CH_2-N^{10}(H)-R}$$

(3)组氨酸与一碳单位的生成

组氨酸分解的中间产物亚氨甲酰谷氨酸及甲酰谷氨酸，它们可分别与 FH_4 反应生成 N^5-亚氨甲基四氢叶酸和 N^5-甲酰四氢叶酸。两者皆可转变为 N^5，N^{10}-甲基四氢叶酸。

组氨酸 → 亚氨甲酰谷氨酸 →（H_2O，NH_3）→ 甲酰谷氨酸

亚氨甲酰谷氨酸 —亚氨甲酰转移酶→ $FH_4—N^5—CH_2—N^{10}—R$（N^5 上连 $CH=NH$）—环脱氨酶→ $FH_4—\overset{+}{N}{}^5—CH_2—N^{10}—R$（$N^5$ 与 N^{10} 间以 $=CH$ 相连）

甲酰谷氨酸 —甲酰转移酶→ $FH_4—N^5—CH_2—N^{10}—R$（N^5 上连 CHO）—环脱水酶→ $FH_4—\overset{+}{N}{}^5—CH_2—N^{10}—R$（$N^5$ 与 N^{10} 间以 $=CH$ 相连）

(4)甲硫氨酸与一碳单位的生成

甲硫氨酸是体内甲基的重要来源，其活性形式是S-腺苷甲硫氨酸(SAM)，也是一碳单位的载体。它参与合成胆碱、肌酸和肾上腺素等化合物的甲基化反应。SAM在甲基移换酶的催化下，将甲基转移给甲基受体，然后水解生成同型半胱氨酸。

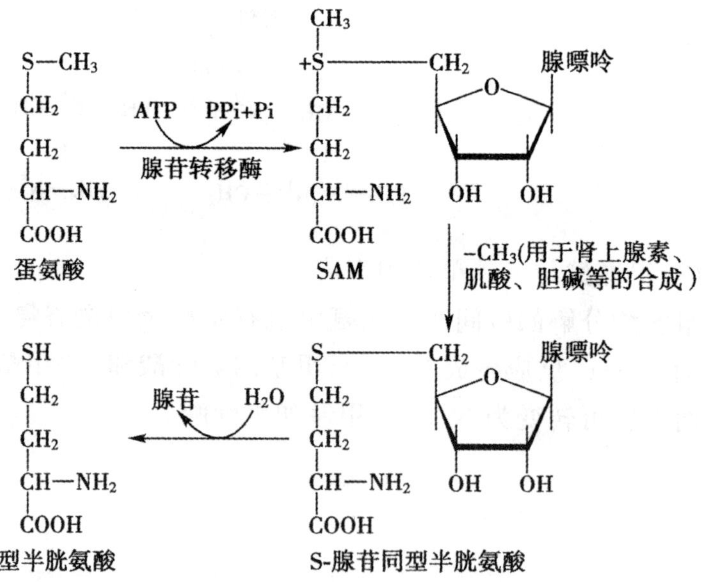

(5)一碳单位的互变

四氢叶酸一碳单位的几种形式，在一定的条件下可以互变，但生成 N^5-甲基四氢叶酸的反应为不可逆反应。因此，FH_4—N^5—CH_3 在细胞内含量较高，是体内的主要存在形式，一碳单位的互变如图 4-4 所示。

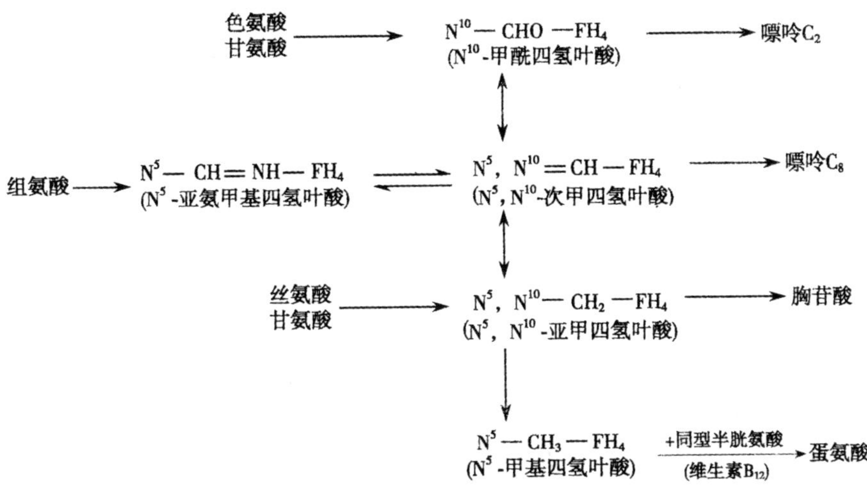

图 4-4　一碳单位的互变

4.2.2.4　一碳单位代谢的生理意义

一碳单位代谢与核酸代谢关系密切。氨基酸分解产生的一碳单位由四氢叶酸携带和转运，参与嘌呤碱基和嘧啶碱基的合成。例如，嘌呤环的 C_2 和 C_8 由 N^{10}-甲酰基四氢叶酸提供，脱氧胸苷酸的 5-甲基由 N^5，N^{10}-甲烯基四氢叶酸提供。

当一碳单位代谢发生障碍时，核酸代谢会受影响。例如，磺胺药及某些抗癌药物(如氨基蝶呤等)会干扰细菌及肿瘤细胞叶酸和四氢叶酸的合成，从而影响其一碳单位代谢与核酸代谢，使其分裂增殖受阻，达到抑菌或抗癌的目的。

4.2.3　含硫氨基酸代谢

含硫氨基酸包括蛋氨酸、半胱氨酸和胱氨酸 3 种。

4.2.3.1 蛋氨酸与转甲基作用

蛋氨酸分子中的S-甲基可以通过转甲基作用生成许多含甲基的重要活性物质，但是蛋氨酸必须转变生成S-腺苷蛋氨酸(SAM)才具有这种作用，蛋氨酸可在ATP供能情况下，由腺苷转移酶作用生成SAM。

$$\underset{\text{蛋氨酸}}{\begin{array}{l} S-CH_3 \\ | \\ CH_2 \\ | \\ CH_2 \\ | \\ CHNH_2 \\ | \\ COOH \end{array}} + ATP \xrightarrow[\quad]{\text{腺苷转移酶} \nearrow PPi+Pi} \underset{\text{S-腺苷蛋氨酸}}{\begin{array}{l} H_3C-S^{+}-\text{腺苷} \\ \quad\quad | \\ \quad\quad CH_2 \\ \quad\quad | \\ \quad\quad CH_2 \\ \quad\quad | \\ \quad\quad CHNH_2 \\ \quad\quad | \\ \quad\quad COOH \end{array}}$$

SAM被称为活性蛋氨酸，其甲基被高度活化。SAM在甲基转移酶催化下，将甲基转移给某化合物(RH)生成甲基化合物(RCH_3)，然后水解除去腺苷生成同型半胱氨酸，后者在蛋氨酸合成酶作用下，从N^5-甲基四氢叶酸获得甲基再合成蛋氨酸，形成一个循环过程，称为蛋氨酸循环(见图4-5)。

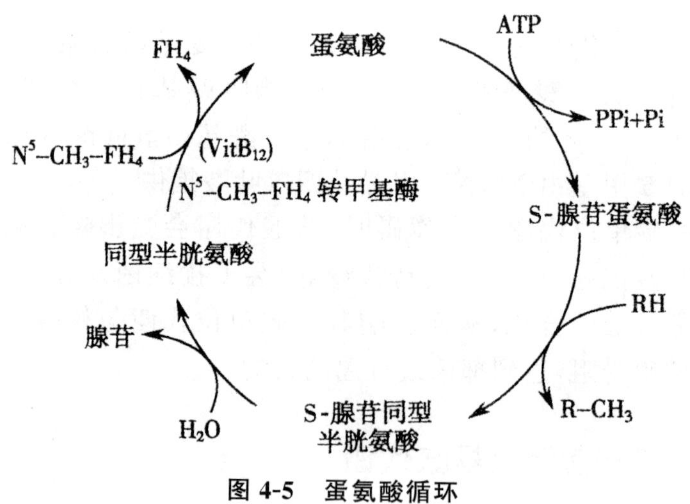

图4-5 蛋氨酸循环

循环的意义是由 N^5-甲基四氢叶酸供给甲基合成蛋氨酸，再通过 SAM 提供甲基以进行广泛存在的甲基化反应。$N^5—CH_3—FH_4$ 则是体内甲基的间接供体。体内有 50 多种物质合成时需要 SAM 提供甲基，如 DNA、RNA 及蛋白质的甲基化，还有肌酸、胆碱、肾上腺素、肉毒碱等的合成。

4.2.3.2　半胱氨酸、胱氨酸代谢与活性硫酸的生成

(1)半胱氨酸与胱氨酸的互变

半胱氨酸含有巯基，2 分子半胱氨酸可以脱氢形成含有二硫键的胱氨酸，胱氨酸分子中的二硫键也可以还原分解为 2 分子半胱氨酸。蛋白质中两个半胱氨酸残基之间形成的二硫键对维持蛋白质的结构具有重要作用。体内有许多巯基酶，其活性中心的巯基必须呈游离状态，当被氧化成结合状态时，则失去酶的活性。

$$2HS—CH_2—CH(NII_2)—COOH \underset{+2H}{\overset{-2H}{\rightleftharpoons}}$$

$$HOOC—CH(NH_2)—CH_2—S—S—CH_2—CH(NH_2)—COOH$$

(2)半胱氨酸氧化分解为硫酸根

半胱氨酸可以氧化脱羧生成牛磺酸，半胱氨酸还可以氧化脱氨基生成丙酮酸、氨和硫化氢，后者可进一步氧化生成硫酸。生成的硫酸一部分以无机盐形式随尿排出，另一部分则与 ATP 进行反应，被活化成 3′-磷酸腺苷-5′-磷酸硫酸(PAPS)，称为活性硫酸根。反应过程如下：

$$ATP + H_2SO_4 \xrightarrow{-PPi} AMP—SO_3^- \xrightarrow{+ATP} 3'\text{-}PO_3H_2—AMP—HSO_3 + ADP$$

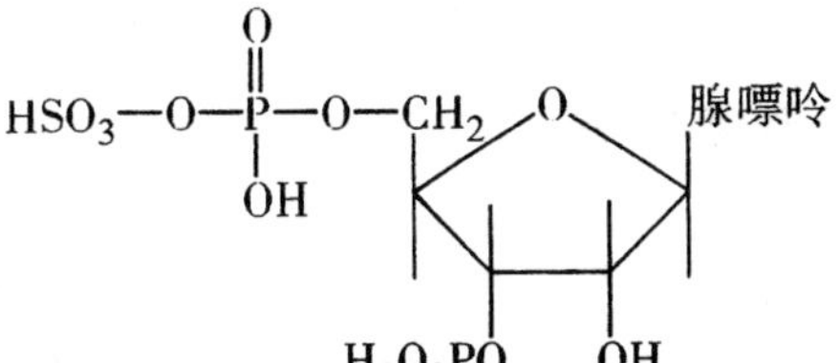

腺苷-5′-磷酸硫酸　　　　PAPS

$HSO_3—O—P(=O)(OH)—O—CH_2$—（核糖，1′位连腺嘌呤；3′位 H_2O_3PO，2′位 OH）

腺嘌呤

H_2O_3PO　　OH

PAPS的结构

PAPS的性质比较活泼，可与某些物质结合，使其形成硫酸酯而排出体外。这些反应在肝生物转化作用中有重要意义。PAPS可提供硫酸根用于硫酸软骨素、硫酸角质素和肝素等黏多糖的合成，进而与蛋白质结合形成蛋白聚糖。

4.2.4 芳香族氨基酸代谢

芳香族氨基酸包括苯丙氨酸、酪氨酸和色氨酸。

4.2.4.1 苯丙氨酸代谢

在体内，苯丙氨酸由苯丙氨酸羟化酶催化生成酪氨酸，反应不可逆，故酪氨酸不能生成苯丙氨酸。苯丙氨酸羟化酶是一种加单氧酶，需要四氢生物蝶呤作为辅助因子。

O_2 + NAD(P)H + H^+　H_2O + NAD(P)$^+$

四氢生物蝶呤

苯丙氨酸 →（苯丙氨酸羟化酶）→ 酪氨酸

当机体缺乏苯丙氨酸羟化酶时，苯丙氨酸不能羟化成酪氨酸，只能通过转氨基反应生成苯丙酮酸。苯丙酮酸不能继续代谢，因而在血液中积累，对中枢神经系统有毒性作用，会影响幼儿智力发育。过多的苯丙酮酸可以随尿液排出体外，使尿液中出现大量苯丙酮酸，临床上称此为苯丙酮酸尿症（PKU）。这是一种遗传缺陷病，对这种患儿的治疗原则是早期诊断，并严格控制膳食中苯丙氨酸的含量，同时注意补充酪氨酸。

4.2.4.2 铬氨酸代谢

（1）合成黑色素

在皮肤和毛囊等的黑色素细胞内，在酪氨酸酶（一种含Cu的氧化酶）的催化下，酪氨酸发生羟化反应生成3,4-二羟苯丙氨酸（Dopa，多巴），再通过氧化脱羧基等反应生成吲哚醌，然后再聚合成黑色素,成为这些组织的主要色素。

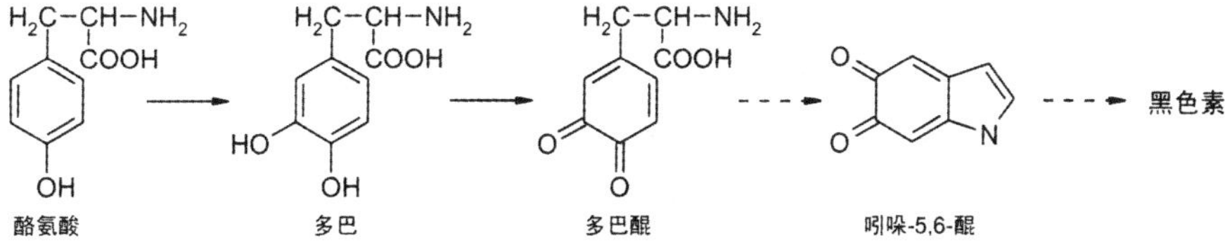

先天性缺乏酪氨酸酶的患者因黑色素合成发生障碍,致使毛发、皮肤等缺少色素而呈白色,称为白化病。酪氨酸酶活性的检测亦是研制增白类化妆品的重要指标。

(2)转化成儿茶酚胺

在神经组织或肾上腺髓质中,酪氨酸由酪氨酸羟化酶(以四氢生物蝶呤作为辅助因子)催化羟化,生成多巴。多巴由多巴脱羧酶催化脱羧基,生成多巴胺。多巴胺由多巴胺 β-羟化酶催化羟化,生成去甲肾上腺素。去甲肾上腺素由 N-甲基转移酶催化从 SAM 获得甲基,生成肾上腺素。

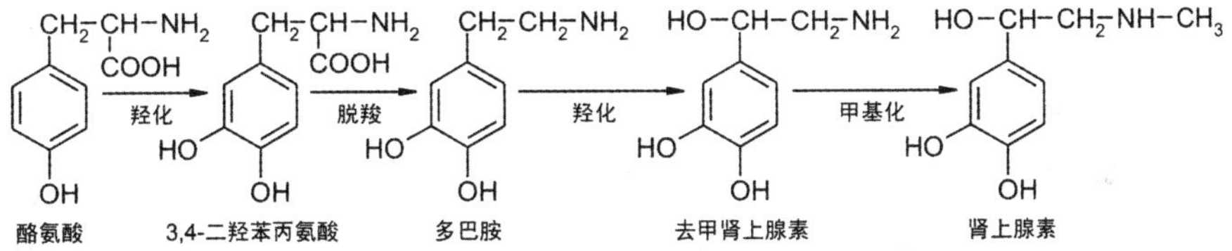

由酪氨酸代谢生成的多巴胺、去甲肾上腺素和肾上腺素都是具有儿茶酚结构的胺类物质,故统称为儿茶酚胺。酪氨酸羟化酶是催化儿茶酚胺合成的关键酶,其活性受儿茶酚胺的反馈抑制。

儿茶酚胺是重要的生物活性物质,其中多巴胺和去甲肾上腺素是神经递质,多巴胺生成不足是 Parkinson's 病(又称为震颤麻痹)发生的重要原因;肾上腺素是外周激素。

(3)合成甲状腺激素

甲状腺激素是甲状腺分泌的激素的统称,包括三碘甲腺原氨酸(T_3)和四碘甲腺原氨酸(T_4),其中 T_4 又称为甲状腺素。它们的合成原料是甲状腺球蛋白中的酪氨酸,首先酪氨酸碘化生成一碘酪氨酸和二碘酪氨酸,然后 2 分子二碘酪氨酸缩合生成 T_4,或二碘酪氨酸与一碘酪氨酸缩合生成 T_3，最后 T_3 和 T_4 从甲状腺球蛋白上水解下来，并储存于甲状腺滤泡胶质中。当甲状腺受到垂体分泌的促甲状腺素(TSH)刺激时，甲状腺激素分泌入血。T_3 的合成量通常是 T_4 的 1/20，但活性比 T_4 高 3～5 倍。

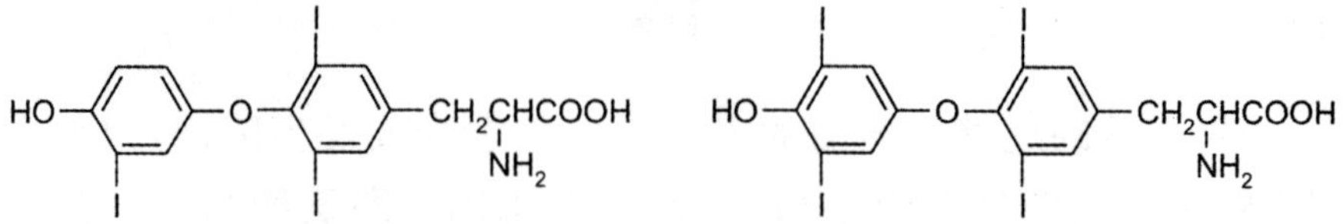

甲状腺激素的作用主要是促进糖类、脂类和蛋白质代谢以及能量代谢，促进机体生长发育，对骨和脑的发育尤为重要。婴幼儿缺乏甲状腺激素时，中枢神经系统发育发生障碍，长骨生长停滞，表现出反应迟钝和身材矮小等特征，称为呆小症，属于碘缺乏病。碘缺乏病是机体缺碘所表现的一组疾病的总称。缺碘多具有地区性，缺碘会影响甲状腺激素的合成，结果 TSH 不断刺激甲状腺，引起甲状腺组织增生、肿大，发生地方性甲状腺肿。在食盐中加碘可以预防缺碘，我国将每年的 5 月 15 日定为"防治碘缺乏病日"。

(4)氧化分解

酪氨酸可以彻底分解，即脱氨基生成对羟苯丙酮酸→异构并氧化脱羧基生成尿黑酸→氧化生成马来酰乙酰乙酸→异构生成延胡索酰乙酰乙酸→水解生成延胡索酸和乙酰乙酸。

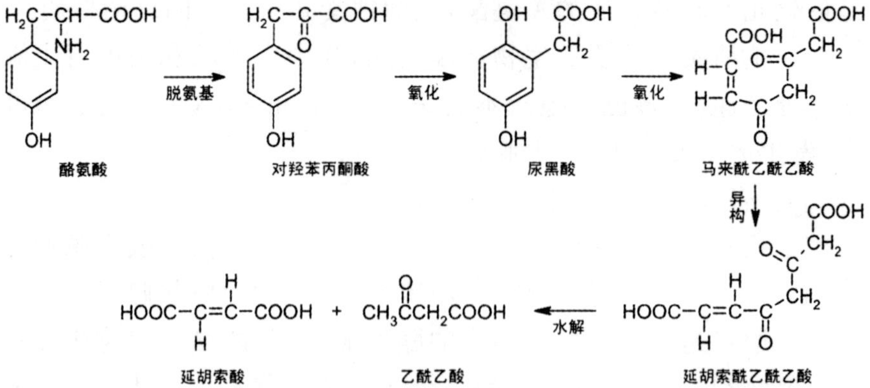

当先天性缺乏尿黑酸氧化酶时，酪氨酸分解代谢中间产物尿黑酸不能被氧化分解，只能随尿液排出体外，称为尿黑酸症。患者的骨等结缔组织会有广泛的黑色物质沉积，患关节炎。

由上可知，酪氨酸代谢途径较多，可以生成多种生物活性物质，同时也有多种先天性代谢缺陷与酪氨酸代谢有关，现归纳于图 4-6。

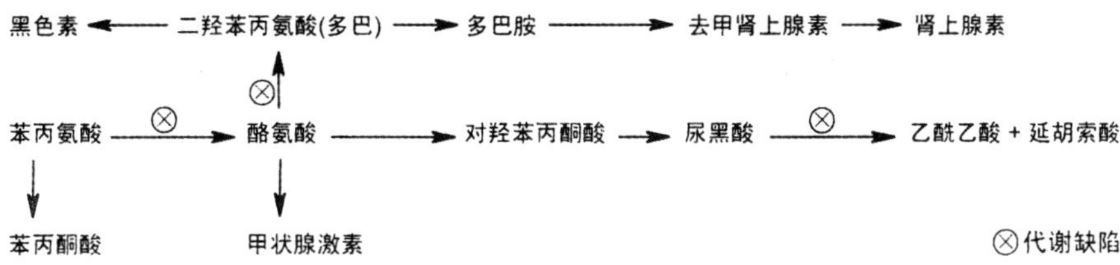

图 4-6　酪氨酸代谢

4.2.4.3　色氨酸代谢

色氨酸除生成 5-羟色胺外，本身还可分解代谢。在肝中，色氨酸通过色氨酸加氧酶的作用，生成一碳单位。色氨酸分解可产生丙酮酸与乙酰乙酰辅酶 A，所以色氨酸是生糖兼生酮氨基酸。此外，色氨酸分解还可产生尼克酸，即维生素 PP，这是体内合成维生素的特例，但其合成量甚少，很难满足机体的需要。

氨基酸具有重要的生理功能，除作为合成蛋白质的原料外，还可转变成某些激素、神经递质及核苷酸等含氮物质(表 4-1)。

表 4-1　由氨基酸衍生的重要含氮化合物

氨基酸	衍生的化合物	生理功能
天冬氨酸、谷氨酰胺、甘氨酸	嘌呤碱	碱基
天冬氨酸	嘧啶碱	碱基
苯丙氨酸、酪氨酸	儿茶酚胺、甲状腺素	激素
色氨酸	5-羟色胺、尼克酸	神经递质、维生素
谷氨酸	γ-氨基丁酸	神经递质
组氨酸	组胺	血管舒张剂

续表

氨基酸	衍生的化合物	生理功能
半胱氨酸	牛磺酸	结合胆汁酸成分
苯丙氨酸、酪氨酸	黑色素	皮肤色素
甘氨酸	卟啉化合物	细胞色素类、血红素
甘氨酸、精氨酸、甲硫氨酸	肌酸、磷酸肌酸	能量的储存者
甲硫氨酸、鸟氨酸	精脒、精胺	细胞增殖促进剂

4.2.5 支链氨基酸代谢

支链氨基酸包括缬氨酸、亮氨酸和异亮氨酸。

支链氨基酸的分解代谢主要在骨骼肌中进行。3 种氨基酸分解代谢的开始阶段基本相同，首先在氨基转移酶催化下脱去氨基生成相应的 α-酮酸，然后在支链 α-酮酸脱氢酶复合体催化下发生氧化脱羧等反应，生成相应的脂酰 CoA，再分别进行不同的分解代谢。缬氨酸分解产生琥珀酰 CoA(生糖氨基酸)，亮氨酸分解产生乙酰 CoA 和乙酰乙酸(生酮氨基酸)，异亮氨酸分解产生乙酰 CoA 和琥珀酰 CoA(生糖兼生酮氨基酸)。

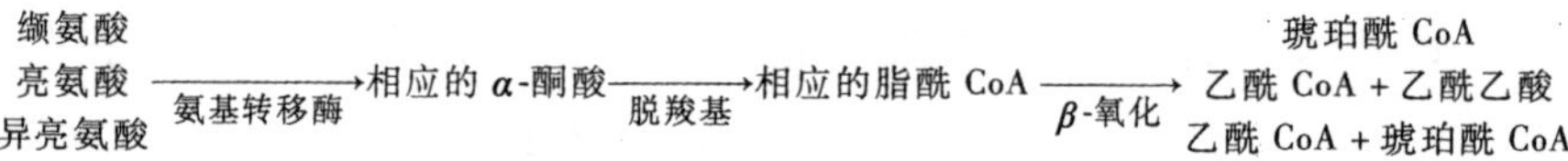

4.3 核酸的酶促降解

核酸是生物体的最基本物质之一，其基本作用是编码生命。核苷酸是构成核酸的基本结构单位，也是编码特定核酸的基本模块。无论是食物中的核酸物质，还是源于体内死亡细胞的代谢废物，都有可能成为一个新生细胞核酸的合成原料。生物体在长期的进化过程中形成了丰富的酶类，不仅能够将异源的核酸水解成单核苷酸，甚至更小的构成分子如磷酸、核糖和嘌呤嘧啶类碱基，而且有同样足够的酶类将这些异源的基本原料合成特定的核酸，成为自身的编码系统。一旦某个生命体的核酸分解与合成的酶类出现问题，其后果直接影响该个体的生存。此外，核酸类物质在能量利用、物质代谢、生理调节等方面有重要作用。

动物和异养型微生物可分泌消化酶类来分解食物或体外的核蛋白和核酸类物质，以获得各种核苷酸。核苷酸水解脱去磷酸生成核苷，核苷再分解生成嘌呤碱或嘧啶碱和戊糖。核酸分解过程如下：

$$\text{核酸}\xrightarrow[\text{磷酸二酯酶}]{\text{核酸酶}}\text{核苷酸}\xrightarrow[\text{(磷酸单脂酶)}]{\text{核苷酸}}\text{核苷}+\text{磷酸}\xrightleftharpoons{\text{核苷磷酸化酶}}\text{嘌呤和嘧啶碱}+\text{戊糖-1-磷酸}$$

核酸酶促降解依据条件不同，会得到大小不同的聚核苷酸片段或单核苷酸。

4.3.1　酶促降解中的酶

作用于核酸的磷酸二酯酶称为核酸酶。核酸酶根据底物不同分为 DNA 酶和 RNA 酶；根据对底物的作用方式，又分为核酸内切酶和核酸外切酶。

4.3.1.1　DNA 酶

DNA 酶是特异性水解 DNA 的酶类，切断的是 DNA 分子内的磷酸二酯键。DNA 酶主要有牛胰脱氧核糖核酸酶（DnaseⅠ）、牛脾脱氧核糖核酸酶（DNaseⅡ）和限制性内切酶，它们的作用部位分别是 DNaseⅠ切断磷酸二酯键的 3′-端酯键，产物为 5′-末端带磷酸的寡聚脱氧核苷酸片段，该酶特异性不强；DNaseⅡ切断磷酸二酯键的 5′-端酯键，产物为 3′-末端带磷酸的寡聚脱氧核苷酸片段；细菌细胞内存在的 DNA 限制性内切酶只作用于双链 DNA，且只在特定核苷酸顺序处切开核苷酸之间的连接。当 DNA 被交错地切断两链（见图 4-7）时，形成的产物具有黏性末端。限制性内切酶是基因工程中常用的一类工具酶，其广为应用的有几百种。

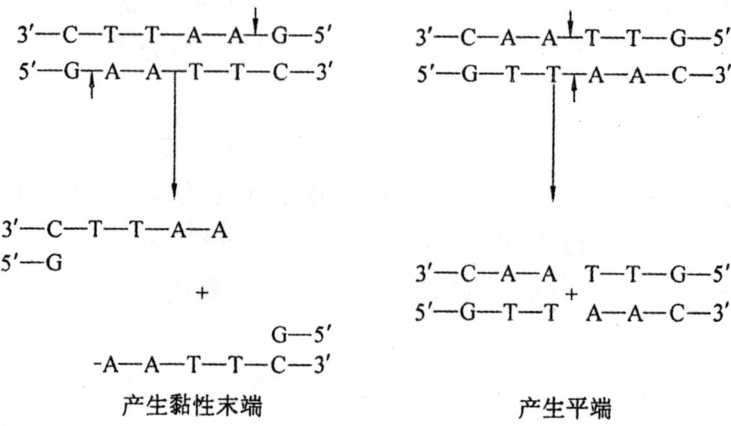

图 4-7　DNA 限制性内切酶的产物形成黏性末端

4.3.1.2　RNA 酶

RNA 酶是一类切断 RNA 中磷酸二酯键的内切酶，特异性较强。RNA 酶主要有 RNaseⅠ、RNaseT_1 和 RNaseU_2 等，它们作用的部位如图 4-8 所示。由图 4-8 可见，RNaseⅠ作用于 RNA 中嘧啶核苷酸的 C-3′位的磷酸与相邻核苷酸 C-5′位形成的磷酸酯键；RNaseT_1 作用于鸟嘌呤核苷酸的 C-3′位的磷酸与相邻核苷酸 C-5′位形成的磷酸酯键；RNaseU_2 作用于嘌呤核苷酸的 C-3′位的磷酸与相邻核苷酸 C-5′位形成的磷酸酯键。此外，有些磷酸二酯酶，如牛脾磷酸二酯酶(SPDase)和蛇毒磷酸二酯酶(VPDase)，对 DNA 和 RNA(或其低级多核苷酸)都能降解。它们能从 RNA 或 DNA 链的一端逐个水解下核苷酸，因此属于核酸外切酶。SPDase 从 5′-端开始，逐个水解下 3′-单核苷酸；VPDase 是从多核苷酸链的 3′-端开始，逐个水解下 5′-单核苷酸。

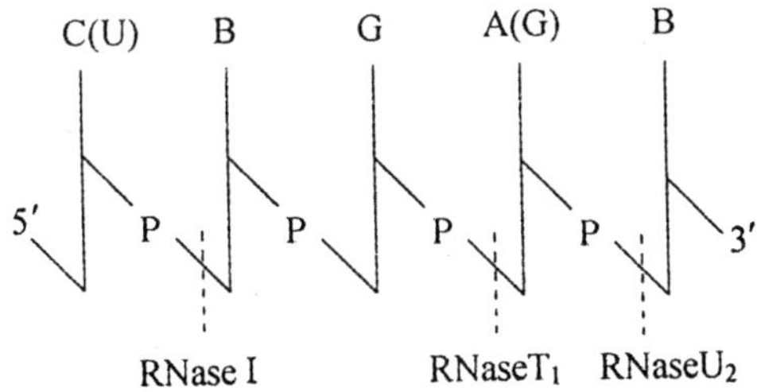

图 4-8　核糖核苷酶的作用部位

4.3.1.3　核酸内切酶

核酸内切酶特异地水解多核苷酸链内部的酯键，对碱基和磷酸二酯键的位置都具有选择性，是专一性很强的磷酸二酯酶。为方便地说明核酸酶的水解位点，3′,5′-磷酸二酯键中的 3′-磷酯键用 a 表示，5′-磷酯键用 b 表示（见图 4-9）。如牛胰核糖核酸酶（RNase Ⅰ）特异地作用于嘧啶核苷酸的磷酸二酯键的 b 位，生成 3′-嘧啶核苷酸或末端为 3′-嘧啶核苷酸的寡核苷酸；$RNaseT_1$ 专一性水解鸟苷酸的磷酸二酯键的 b 位，生成 3′-GMP 或末端为 3′-GMP 的寡核苷酸。因 RNaseⅠ和 $RNaseT_1$ 都在 b 位切断磷酸二酯键，水解产物均带有 3′-磷酸。牛胰 RNase 是最早分离纯化并结晶的 RNase，由 124 个氨基酸残基组成，分子中的 4 个二硫键极大地稳定了它的结构，温度达 100℃时仍可表现出催化活性。

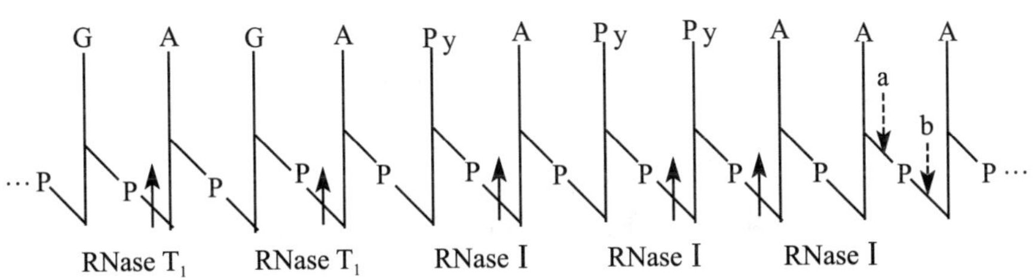

图 4-9　RNase 作用的专一性

4.3.1.4　核酸外切酶

从核酸链一端逐个水解产生单核苷酸的酶称为核酸外切酶。核酸外切酶有多种，有的作用于 DNA，有的作用于 RNA，有的对二者都有催化作用。核酸外切酶有两种作用方式，一种是从核酸链的3′-端开始逐个水解生成5′-核苷酸，具有3′→5′外切活性，如蛇毒磷酸二酯酶（VPD）；另一种则是从核酸链的5′-端开始逐个水解生成3′-核苷酸，具有5′→3′外切活性，如牛脾磷酸二酯酶（SPD），如图4-10所示。

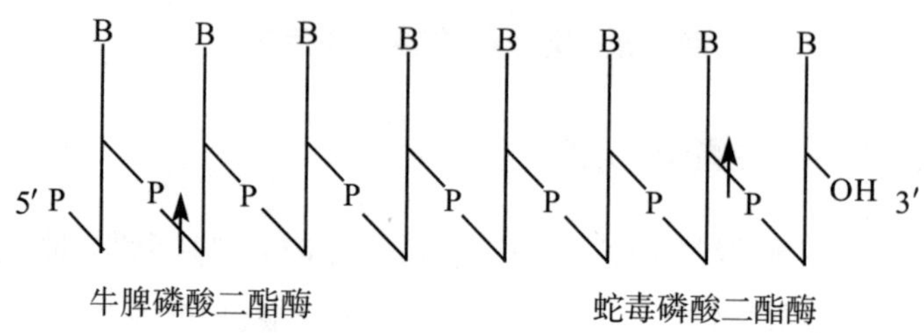

图 4-10 核酸外切酶的水解位置(B代表碱基)

VPD和SPD对DNA和RNA都有催化作用，分别用VPD和SPD水解核酸可得到5′-单核苷酸的混合物和3′-单核苷酸的混合物，用离子交换法可将混合物分离得到各种单核苷酸。这些单核苷酸在医药和科研上都具有重要的应用价值。

4.3.2 酶解的产物

核酸酶解产物有低聚核苷酸和核苷酸。这些产物既可用做核酸结构分析，又可用做基因工程的操作材料。核苷酸在机体内还可进一步分解和转化。

4.4 核苷酸的分解代谢

4.4.1 核苷的分解

在组织细胞内，核苷酸在核苷酸酶或磷酸单酯酶催化下生成核苷和无机磷酸，核苷再经核苷酶催化分解为碱基和戊糖。分解核苷的酶有两类：一类是核苷磷酸化酶，广泛存在于生物体内，催化的反应可逆；另一类是核苷水解酶，存在于植物和微生物体内，具有一定的特异性，只作用于核糖核苷，对脱氧核糖核苷无作用，催化的反应不可逆。反应如下：

$$\text{核苷}+\text{磷酸}\xrightleftharpoons{\text{核苷磷酸化酶}}\text{戊糖-1-磷酸}+\text{碱基}$$

$$\text{核苷}+H_2O\xrightarrow{\text{核苷水解酶}}\text{核糖}+\text{碱基}$$

核苷分解产生的嘌呤碱和嘧啶碱在生物体中还可以继续进行分解。

4.4.2　嘌呤核苷酸的分解

4.4.2.1　嘌呤核苷酸的分解代谢过程

体内各种嘌呤核苷酸首先在核苷酸酶的催化下水解去除磷酸生成嘌呤核苷。核苷在核苷磷酸化酶作用下，磷酸解生成游离的碱基和 1-磷酸核糖。鸟嘌呤脱氨生成黄嘌呤；腺苷经脱氨及磷酸解生成次黄嘌呤。黄嘌呤和次黄嘌呤均可受黄嘌呤氧化酶作用生成尿酸。尿酸是人体内嘌呤碱分解代谢的终产物，随尿排出体外（见图 4-11）。

4.4.2.2　嘌呤代谢障碍疾病

（1）痛风

痛风是一种核酸代谢障碍的疾病，由于嘌呤分解代谢过盛，尿酸的生成太多或排泄受阻，以致血液中尿酸浓度升高。正常人血浆中尿酸含量为 0.12～0.36mmol/L。痛风患者血中尿酸的含量升高，当超过 8mg％时，尿酸盐结晶即可沉积于关节、软组织、软骨甚至肾等处，导致关节炎、尿路结石和肾疾病等。

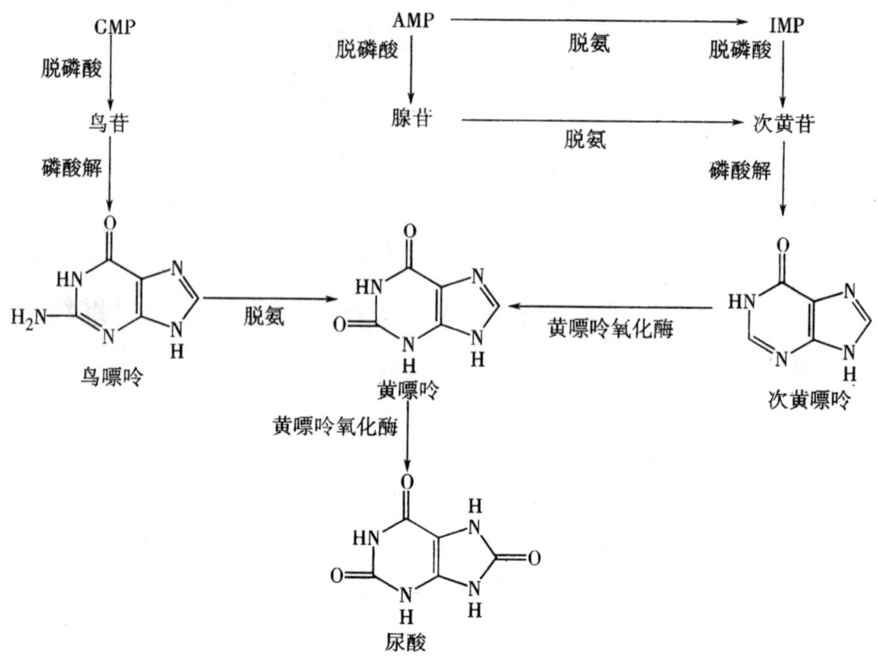

图 4-11 嘌呤核苷酸的分解代谢

临床广泛应用别嘌呤醇治疗痛风。别嘌呤醇是一种次黄嘌呤的类似物，结构特征为 N_7 与 C_8 位置的交换，如图 4-12 所示。此种药物以自杀性抑制剂的方式发挥作用：首先，黄嘌呤氧化酶催化别嘌呤醇发生羟基化反应生成别嘌呤二醇，该产物与黄嘌呤氧化酶活性位点紧密结合抑制酶的活性。应用别嘌呤醇导致黄嘌呤氧化酶失活，次黄嘌呤不能通过黄嘌呤继续氧化生成尿酸，最终结果表现为血液中次黄嘌呤与黄嘌呤浓度升高、尿酸盐含量减少。同时，别嘌呤醇与磷酸核糖焦磷酸进行磷酸核糖化反应生成的别嘌呤醇核苷酸能够抑制磷酸核糖焦磷酸向磷酸核糖胺的转化过程；消耗磷酸核糖焦磷酸也导致了嘌呤核苷酸从头合成速率的降低。别嘌呤醇通过以上表述的方式阻断尿酸的生成，降低嘌呤从头合成速率，为临床治疗痛风药物的生物化学基础。

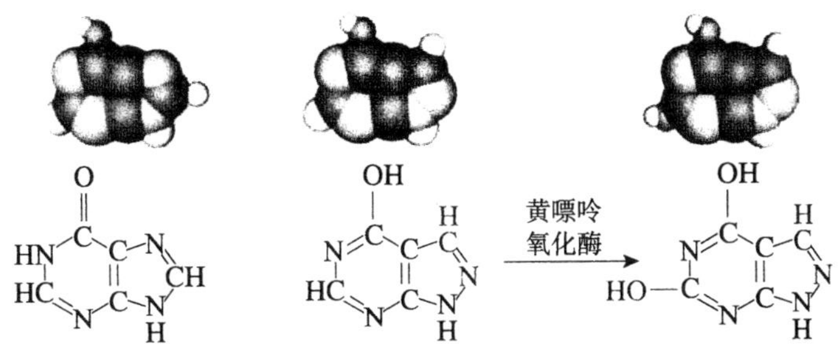

图 4-12　别嘌呤醇作用机制

(2)Lesch-Nyhan 综合征

Lesch-Nyhan 是一种由于伴性连锁退行性障碍导致的次黄嘌呤-鸟嘌呤磷酸核糖转移酶(HGPRT)完全缺乏。以强制性自毁行为构成典型的临床特征,即患病儿童(3～4 岁)的自毁行为,对他人的攻击性,智力发育缺陷。

次黄嘌呤-鸟嘌呤磷酸核糖转移酶完全缺乏导致磷酸核糖焦磷酸过度聚积,促使嘌呤从头合成途径速率升高,伴有尿酸盐的过度生成,高尿酸盐血症引起早期肾结石,逐渐出现痛风症状。由于大脑非常依赖补救合成 IMP 与 GMP,次黄嘌呤-鸟嘌呤磷酸核糖转移酶的完全缺乏可能与神经发育障碍有关。引起次黄嘌呤-鸟嘌呤磷酸核糖转移酶完全缺乏的基因突变包括缺失、移码突变等。

(3)磷酸核糖焦磷酸合成酶异常与痛风

以嘌呤核苷酸从头合成与降解增加为特征的痛风涉及 3 种类型的磷酸核糖焦磷酸合成酶变异:两种变异涉及酶动力学改变,分别为磷酸核糖焦磷酸合成酶最大反应速度(V_{max})增加与米氏常数(K_m)降低;另外一种为磷酸核糖焦磷酸合成酶异常,表现为对反馈抑制发生抵抗。上面 3 种类型的痛风的分子生物学基础与人类伴性染色体退行性改变有关。

4.4.3　嘧啶核苷酸的分解

嘧啶核苷酸的分解代谢主要在肝中进行,首先通过核苷酸酶及核苷磷酸化酶的作用,脱去磷酸和核糖,产生嘧啶碱,再进一步分解。胞嘧啶脱氨转化为尿嘧啶,后者再还原成二氢尿嘧啶,并水解开环,最终生成 NH_3、CO_2 和 β-丙氨酸;β-丙氨酸可转变成乙酰 CoA,然后进入三羧酸循环被彻底氧化分解。胸腺嘧啶降解可生成 β-氨基异丁酸;β-氨基异丁酸可转变成琥珀酰 CoA,同样进入三羧酸循环被彻底氧化分解。NH_3 和 CO_2 可合成尿素,排出体外(见图 4-13)。

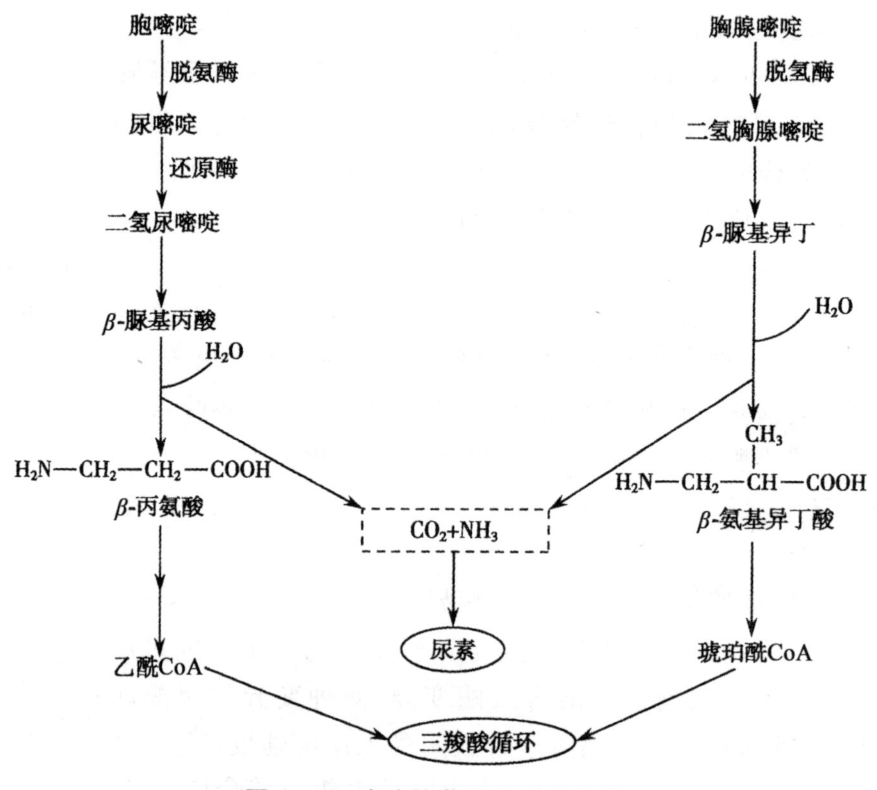

图 4-13 嘧啶核苷酸的分解代谢

此外,一部分 β-氨基异丁酸还可直接随尿排出,其排泄量可反映细胞及其 DNA 的破坏程度。白血病患者以及经放疗或化疗的癌症病人,由于 DNA 破坏过多,往往导致尿中 β-氨基异丁酸的排泄量增加。食用含 DNA 丰富的食物也可使其排出量增加。

4.5 核苷酸的合成代谢

4.5.1 嘌呤核苷酸的合成代谢

4.5.1.1 嘌呤核苷酸的从头合成途径

几乎所有的生命形式均能够从头合成嘌呤核苷酸与嘧啶核苷酸。有关对核苷酸代谢的探索起源于对鸟类排泄含氮化合物的研究。当时，研究人员注意到嘌呤碱在鸟的排泄物中大部分是以其氧化物——尿酸的形式出现。使用放射性核素标记的小分子化合物饲养实验动物，并鉴定低分子的嘌呤前体，然后对排泄的尿酸进行结晶，通过选择性的化学降解方法测定不同前体物被标记的位置，最终探明了如图 4-14 所标明的嘌呤环上不同原子的来源。

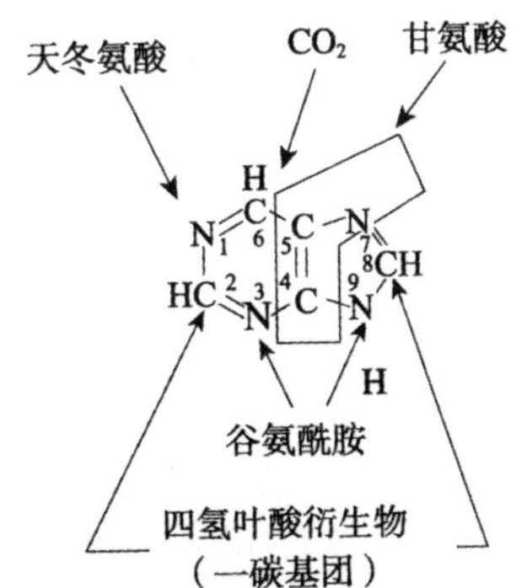

图 4-14 嘌呤环碳与氮原子来源

组成嘌呤环各种原子的来源（见图 4-14）：甘氨酸提供嘌呤环上第 4、5 位碳原子与第 7 位氮原子。天冬氨酸提供第 1 位氮原子。第 3 位与第 9 位氮原子由谷氨酰胺侧链的酰胺基供给。一碳基团提供第 2 位与第 8 位碳原子，第 6 位碳原子由二氧化碳提供。通过下面讲述的由小分子简单物合成次黄嘌呤的从头合成过程,可以了解到每一种原始的组分是如何组装成为嘌呤碱基的全部过程。

(1)肌苷一磷酸(IMP;也称为次黄嘌呤核苷酸)的生成

从头合成 IMP 的全部反应过程发生在细胞液中,是一个比较复杂的线性反应过程,如图 4-15 所示。作为从头合成反应过程的中间产物,IMP 进一步分支转化成为腺苷酸(AMP)和鸟苷酸(GMP)。以下描述的第①～⑪步反应分别对应图 4-15 中标明的反应过程。

①磷酸核糖焦磷酸(PRPP)的生成。磷酸核糖焦磷酸合成酶(PRPP synthetase)催化 ATP 的 β-γ 焦磷酸基团转移到核糖-5-磷酸的第 1 位碳原子上,生成磷酸核糖焦磷酸。磷酸核糖焦磷酸除了是从头合成嘌呤核苷酸的第一个中间物外,同时也是嘌呤核苷酸补救合成、嘧啶核苷酸生物合成途径所需核糖-5-磷酸的供体。

②磷酸核糖酰胺转移酶催化谷氨酰胺的酰胺基取代磷酸核糖焦磷酸的核糖上第 1 位碳原子的焦磷酸,生成核糖胺-5-磷酸(PRA)。由此,谷氨酰胺的酰胺氮成为嘌呤的第 9 位氮原子。由磷酸核糖焦磷酸生成核糖胺-5-磷酸的反应是全部从头合成嘌呤核苷酸系列反应中的托管步骤,磷酸核糖酰胺转移酶是催化该反应的限速酶。

③甘氨酸分子全部加入到核糖胺-5-磷酸中,生成甘氨酰胺核苷酸(GAR)。这个反应过程形成嘌呤环的第 4、5 位碳原子及第 7 位氮原子,反应过程由 ATP 提供能量。

④嘌呤环第 8 位碳原子由 N^5,N^{10}-甲炔四氢叶酸提供的甲酰基构成。甘氨酰胺核苷酸(GAR)上甘氨酸残基的 α-氨基经甲酰化反应生成甲酰甘氨酰胺核苷酸(FGAR)。

⑤由 ATP 供能,谷氨酰胺提供酰胺氮取代甲酰甘氨酰胺核苷酸(FGAR)的氧生成甲酰甘氨脒核苷酸(FGAM)。嘌呤第 3 位氮由此生成。

⑥氨基咪唑核苷酸合成酶催化甲酰甘氨脒核苷酸(FGAM)脱水环化生成 5-氨基咪唑核苷酸(AIR),形成了包含 5 个原子的嘌呤环骨架的咪唑部分。

⑦由羧化酶催化完成嘌呤碱第 6 位碳原子的生成。1 分子 CO_2 连接到 5-氨基咪唑核苷酸(AIR)的咪唑环上,生成 5-氨基咪唑-4-羧酸核苷酸(CAIR)。

⑧由 ATP 提供能量,天冬氨酸借助氨基与前一步反应生成的 5-氨基咪唑-4-羧酸核苷酸的羧基缩合生成 5-氨基咪唑-4-琥珀酸甲酰胺核苷酸(SAICAR)。

⑨随后 5-基咪唑-4-琥珀酸甲酰胺核苷酸(SAICAR)脱掉 1 分子延胡索酸裂解成为 5-氮基咪唑-4-甲酰胺核苷酸(AICAR)。天冬氨酸为嘌呤环提供了第 1 位氮原子。

⑩N^{10}-甲酰四氢叶酸提供甲酰基构成嘌呤环的第 2 位碳原了,生成 5-甲酰胺基咪唑-4-甲酰胺核苷酸(FAICAR)。

⑪5-甲酰氨基咪唑-4-甲酰胺核苷酸(FAICAR)脱水环化生成 IMP。

在上面描述生成 IMP 的 11 步反应过程中,第①与第②步反应受多种因素的调节。磷酸核糖焦磷酸合成酶的缺陷与嘌呤代谢异常相关,磷酸核糖酰胺转移酶催化的反应是从头合成途径的托管步骤。熟悉并牢记参与上述两步反应的底物、酶、中间产物,使读者更加容易理解不同因素对嘌呤核苷酸从头合成的调控机制以及与嘌呤核苷酸代谢异常相关疾病的发生原理。

(2)腺苷酸(AMP)和鸟苷酸(GMP)的生成

IMP 是从头合成途径的中间产物,同时也是合成线苷酸与鸟苷酸的前体。IMP 生成后,通路进入分支阶段,分别生成腺苷酸与鸟苷酸,如图 4-16 所示。

①由 GTP 提供能量,腺苷酸代琥珀酸合成酶催化天冬氨酸与 IMP 加合生成中间产物腺苷酸代琥珀酸。随后腺苷酸代琥珀酸裂合酶催化腺苷酸代琥珀酸释放出延胡索酸伴随生成腺苷酸。以上两步反应的总体结果是天冬氨酸提供的氨基取代了 IMP 第

6 位碳的羰基氧生成腺苷酸，如图 4-16 反应 1、2 所示。

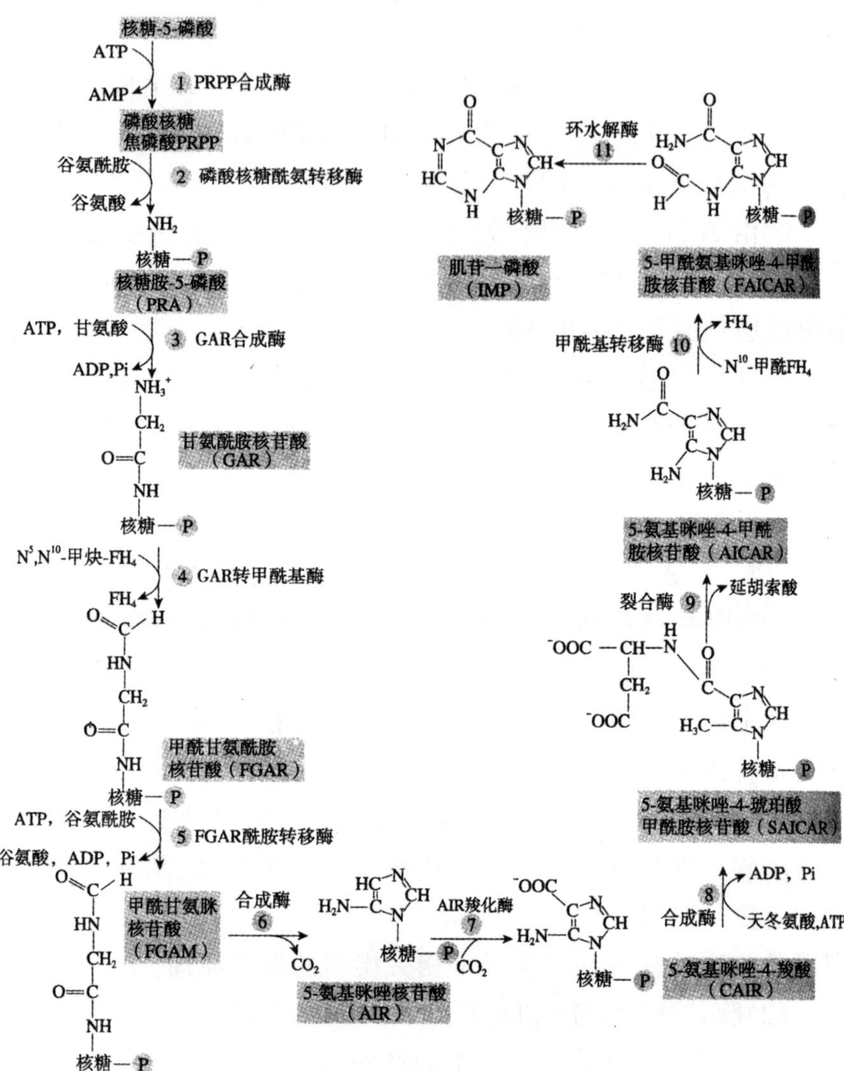

图 4-15　由核糖-5-磷酸从头合成 IMP

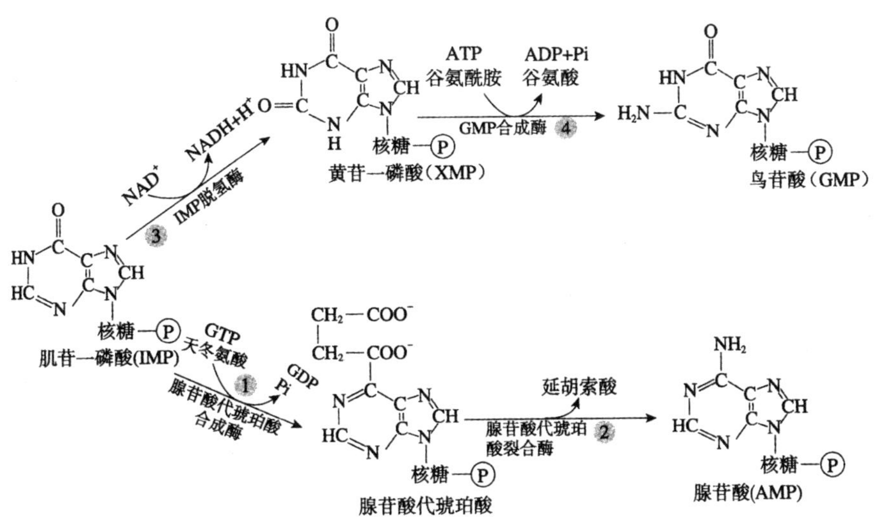

图 4-16　IMP 分支生成 AMP 与 GMP

②IMP 转变成为鸟嘌呤核苷酸经过两步反应完成，如图 4-16 反应 3、4 所示。第一步反应由 IMP 脱氢酶以 NAD^+ 为受氢体催化 IMP 生成黄苷一磷酸(XMP)。在 ATP 的存在下，鸟苷酸合成酶催化谷氨酰胺的酰胺基取代黄苷一磷酸中第 2 位碳的羰基氧生成鸟苷酸。

需要注意的是，在 IMP 向 AMP 转化的反应过程中，用于促进天冬氨酸与 IMP 加合的能量不是来源于 ATP 而是 GTP。GTP 浓度的升高有利于合成向 AMP 的方向偏移。同样，由于 IMP 转化为 GMP 的过程依赖 ATP，因此 ATP 的堆积能够刺激 GMP 的合成。这种交叉作用方式在保证两种嘌呤核苷酸平衡生成中有着重要的意义。

(3)ATP 与 GTP 的生成

由特异性鸟苷酸激酶催化 ATP 磷酰基转移至鸟苷酸(GMP)，生成鸟苷二磷酸(GDP)。然后，鸟苷二磷酸在非特异性核苷二磷酸激酶的催化下消耗 1 分子 ATP 生成 GTP，如图 4-17 中 A 所示。

ADP 的生成也是由特异性腺苷酸激酶催化完成。由于反应可逆，特异性腺苷酸激酶可以催化 2 分子 ADP 反方向生成 ATP，如图 4-17 中 B 所示。体内 ADP 向 ATP 的转化主要是通过氧化磷酸化的过程产生，也可以通过糖酵解与三羧酸循环过程中底物水平磷酸化过程生成。

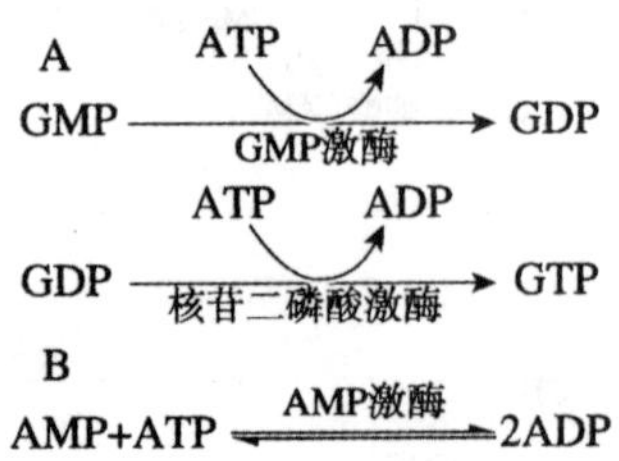

图 4-17　鸟苷二磷酸、鸟苷三磷酸与腺苷二磷酸生成

生物体细胞内 ATP 是主要的核苷三磷酸形式。依照反应平衡规律，利用 ATP 作为高能磷酸键的供体用于其他核苷三磷酸的合成。

4.5.1.2　嘌呤核苷酸从头合成的调节

肝是合成嘌呤核苷酸的主要器官。嘌呤核苷酸从头合成途径受多种因素的制约，并在不同的部位受到精细的反馈调节，以保障不同种类嘌呤核苷酸的平衡生成。参与嘌呤核苷酸生物合成的底物包括甘氨酸、谷氨酰胺、一碳单位、天冬氨酸与 ATP。所以，任何种类底物的缺乏都将降低嘌呤核苷酸的合成速率。在图 4-18 显示的反应过程中，接受反馈调节的酶分别为 PRPP 合成酶、磷酸核糖酰胺转移酶、腺苷酸代琥珀酸合成酶、IMP 脱氢酶。

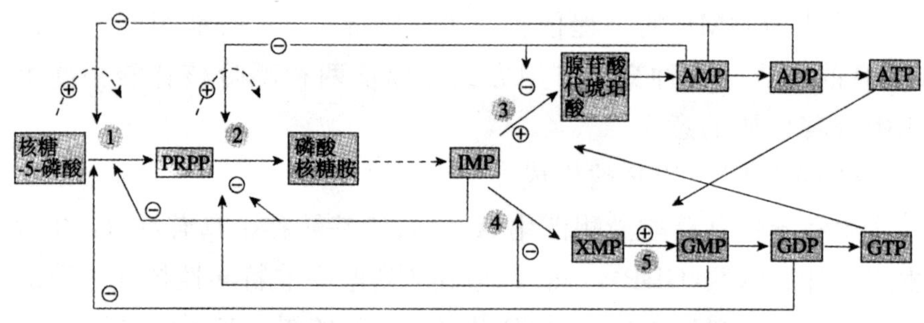

图 4-18　嘌呤从头合成调节

⊖负反馈调节；⊕正反馈调节

1—PRPP 合成酶；2—磷酸核糖酰胺转移酶；3—腺苷酸代琥珀酸合成酶；4—IMP 脱氢酶；5—GMP 合成酶

(1)PRPP 合成酶

作为别构酶,PRPP 合成酶对嘌呤核苷酸的浓度非常敏感。IMP、GMP 与 AMP 是此酶的别构抑制剂,而核糖-5-磷酸则是此酶的别构激活剂。PRPP 合成酶的催化活性影响 PRPP 的生成速率,但 PRPP 同时是合成组氨酸、嘧啶核苷酸与嘌呤核苷酸的前体物质,所以 PRPP 的含量受多种代谢途径的影响。

(2)磷酸核糖酰胺转移酶

PRPP 是磷酸核糖酰胺转移酶的别构激活剂。AMP、GMP 与 IMP 协同抑制此酶的活性(见图 4-18 反应 2)。尽管磷酸核糖酰胺转移酶催化的反应过程是嘌呤核苷酸从头合成途径的托管步骤(关键步骤),但 PRPP 合成酶对嘌呤核苷酸的合成担负着更为重要的调节作用。

(3)腺苷酸代琥珀酸合成酶与 IMP 脱氢酶

AMP 抑制腺苷酸代琥珀酸合成酶的活性,阻止 IMP 向腺苷酸代琥珀酸的转化。同样,GMP 抑制 IMP 脱氢酶的活性,由此影响 IMP 向黄苷一磷酸(XMP)的转化(见图 4-18 反应 3、4)。

(4)交互调节作用

GTP 是合成 AMP 的底物,而 ATP 是合成 GMP 的底物。这种互为底物的作用方式使得一种核苷酸缺乏时能够降低另外一种嘌呤核苷酸的合成,用以保障嘌呤核苷酸的均衡生成(见图 4-18 反应 3、5)。

4.5.1.3　嘌呤核苷酸的补救合成途径

嘌呤核苷酸的补救合成是以核酸分解产生的嘌呤碱或嘌呤核苷为原料合成核苷酸的过程。在磷酸核糖转移酶催化下,将 PRPP 的磷酸核糖部分转移给嘌呤碱,形成相应的嘌呤核苷酸,这是补救合成的主要方式。此外,AMP 也可由腺苷激酶催化生成。故 AMP 有两种补救合成方式。参与补救合成的酶有腺嘌呤磷酸核糖转移酶(APRT)、次黄嘌呤-鸟嘌呤磷酸核糖转移酶(HGPRT)、核苷磷酸化酶和腺苷激酶。

补救合成是嘌呤碱或嘌呤核苷的重新利用，能量和原料消耗少，过程简单。反应如下：

$$腺嘌呤+PRPP\xrightarrow{APRT}AMP+PPi$$

$$次黄嘌呤/鸟嘌呤+PRPP\xrightarrow{HGPRT}IMP/GMP+PPi$$

$$碱基+核糖\text{-}1\text{-}磷酸\xrightleftharpoons{核苷磷酸化酶}核苷+磷酸$$

$$腺苷+ATP\xrightleftharpoons{腺苷激酶}AMP+ADP$$

除腺苷激酶外，其他嘌呤核苷激酶均无活性，因此，次黄嘌呤和鸟嘌呤虽可转变为次黄苷和鸟苷，但二者并不能磷酸化生成 IMP 和 GMP。

核苷酸的补救合成既是一条非常经济的合成途径，也是脑和骨髓等缺乏从头合成酶系的组织合成嘌呤核苷酸的唯一途径，补救合成途径对这些组织而言具有重要意义。HGPRT 缺失的患儿智力发育障碍，并有咬自己口唇、手指等毁容动作，称为自毁容貌症，是一种隐性遗传性疾病。

4.5.2 嘧啶核苷酸的合成代谢

4.5.2.1 嘧啶核苷酸的从头合成途径

根据同位素示踪证明，氨基甲酰磷酸与天冬氨酸是合成嘧啶碱的原料，如图 4-19 所示。

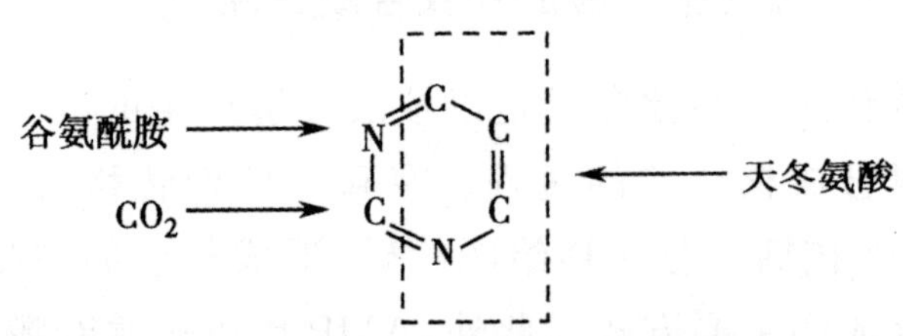

图 4-19 嘧啶环合成的原料

嘧啶核苷酸的从头合成是先由谷氨酰胺提供氨基，与 CO_2 和天冬氨酸结合生成嘧啶环；然后再与 PRPP 提供的 R-5-P 结合生成尿嘧啶核苷酸(UMP);UMP 再进一步转变为 CTP。嘧啶核苷酸的从头合成途径分为以下 3 个阶段(见图 4-20)。

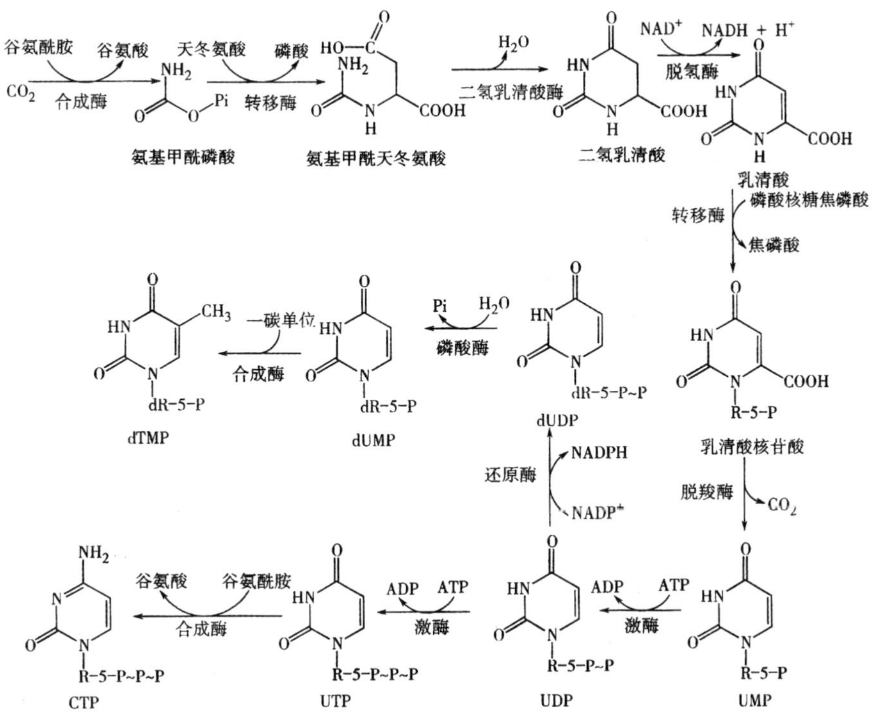

图 4-20　嘧啶核苷酸的从头合成途径

(1)UMP 的合成

在氨基甲酰磷酸合成酶Ⅱ催化下,由谷氨酰胺提供氨基,与 CO_2 结合生成氨基甲酰磷酸。氨基甲酰磷酸也是尿素合成过程中的重要中间物,但是尿素合成受肝细胞线粒体内的氨基甲酰磷酸合成酶Ⅰ催化,并以 NH_3 为氮源,该酶受 N-乙酰谷氨酸别构激活。而氨基甲酰磷酸合成酶Ⅱ存在于细胞液,该酶无别构激活剂,但受 UMP 的反馈抑制。

氨基甲酰磷酸在转氨甲酰酶作用下,与天冬氨酸缩合,经脱水环化、氧化脱氢形成含有嘧啶环的乳清酸。乳清酸在磷酸核糖转移酶催化下,与 PRPP 提供的 R-5-P 缩合生成乳清酸核苷酸,后者再脱羧生成 UMP。

(2)UMP 转变为 CTP

CTP 是在 UTP 水平上氨基化生成的。因此,上述生成的 UMP 必须经过两次磷酸化生成 UTP,再接受谷氨酰胺提供的氨基生成 CTP。

(3)脱氧胸苷酸(dTMP)的合成

dTMP 是在 dUMP 水平上,嘧啶环上的 C_5 发生甲基化而形成的,反应由胸苷酸合酶催化,N^5,N^{10}-甲烯四氢叶酸提供甲基。N^5,N^{10}-甲烯四氢叶酸提供甲基后生成二氢叶酸,后者再经二氢叶酸还原酶作用重新生成四氢叶酸。

dUMP（dR-5-P）——N^5,N^{10}-甲烯四氢叶酸 → 二氢叶酸；胸苷酸合酶——→ dTMP（dR-5-P，CH_3）

4.5.2.2 嘧啶核苷酸从头合成的调节

催化嘧啶核苷酸从头合成前两步反应的两种酶对别构调节敏感。氨基甲酰磷酸合成酶Ⅱ受 UTP、嘌呤核苷酸的负反馈调节,而 PRPP 提高此酶的活性。CTP 负反馈抑制天冬氨酸氨基甲酰转移酶的活性,但是 ATP 激活此酶的活性(见图 4-21)。人类嘧啶核苷酸的合成通过氨基甲酰磷酸合成酶控制,而细菌合成嘧啶核苷酸的控制通过天冬氨酸氨基甲酰转移酶完成。

磷酸核糖焦磷酸合成酶催化生成的 PRPP 是合成嘌呤与嘧啶核苷酸共同的前体物质。由于嘌呤核苷酸与嘧啶核苷酸反馈抑制磷酸核糖焦磷酸合成酶的活性,这两类核苷酸构成了对嘧啶核苷酸合成过程的协同调节。另外,多功能酶的协同表达是另一种调节嘧啶从头合成的重要方式。

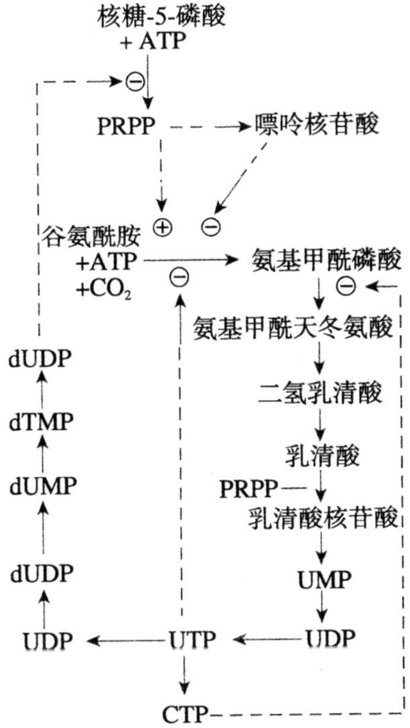

图 4-21　嘧啶核苷酸合成的控制

实线表示代谢途径;虚线代表:⊖负反馈调节,⊕正反馈调节

4.5.2.3　嘧啶核苷酸的补救合成途径

嘧啶核苷酸的补救合成与嘌呤核苷酸的补救合成相似,嘧啶磷酸核糖转移酶是其补救合成的主要酶,它能利用尿嘧啶、胸腺嘧啶及乳清酸作为底物,催化生成相应的嘧啶核苷酸,但对胞嘧啶不起作用。实际上,此酶和前述的乳清酸磷酸核糖转移酶是同一种酶。

尿苷激酶可催化尿苷生成尿苷酸。

脱氧胸苷可在胸苷激酶的催化下生成 dTMP,该酶在正常肝中活性很低,但在再生肝中活性升高,恶性肿瘤中明显升高,并与肿瘤的恶性程度有关。

$$\text{嘧啶(除胞嘧啶)} + \text{PRPP} \xrightarrow{\text{嘧啶磷酸核糖转移酶}} \text{嘧啶核苷酸} + \text{PPi}$$

$$尿嘧啶核苷 + ATP \xrightarrow{尿苷激酶} UMP + ADP$$

$$脱氧胸苷 + ATP \xrightarrow{胸苷激酶} dTMP + ADP$$

4.5.3 脱氧核糖核苷酸的合成

脱氧核苷酸包括嘌呤脱氧核苷酸和嘧啶脱氧核苷酸,其所含的脱氧核糖并非先形成后再结合成为脱氧核苷酸,而是在核糖核苷二磷酸水平上直接还原生成的,由核糖核苷酸还原酶催化。脱氧胸腺嘧啶核苷酸则由 UMP 先还原成 dUMP,然后再甲基化而生成。

4.5.3.1 核苷酸的还原

硫氧化还原蛋白有氧化型和还原型两种,氧化型含二硫键,还原型含两个巯基,因此还原型硫氧化还原蛋白可作为核糖核苷酸的天然还原剂。硫氧化还原蛋白还原酶属黄酶类,它的辅基是 FAD。反应过程如下:

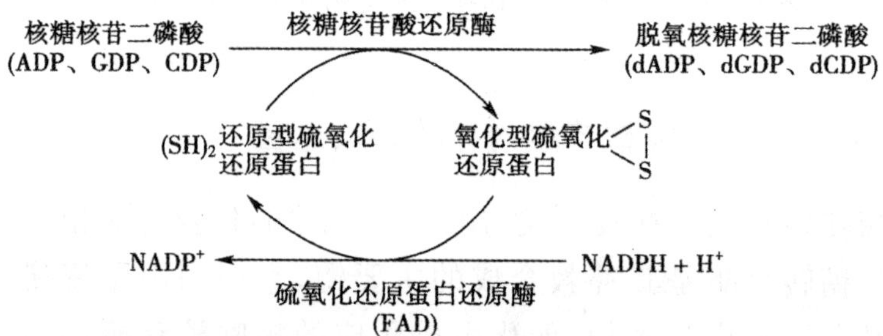

4.5.3.2 脱氧胸腺嘧啶核苷酸(dTMP)的合成

dTMP 可由 dUMP 甲基化而形成。反应由胸腺嘧啶核苷酸合成酶催化,甲基由 $N^5,N^{10}—CH_2—FH_4$ 提供。$N^5,N^{10}—CH_2—FH_4$ 提供甲基后生成的 FH_2 可以再经二氢叶酸还原酶作用,重新生成 FH_4,FH_4 又可再携带“一碳单位”。反应过程如下:

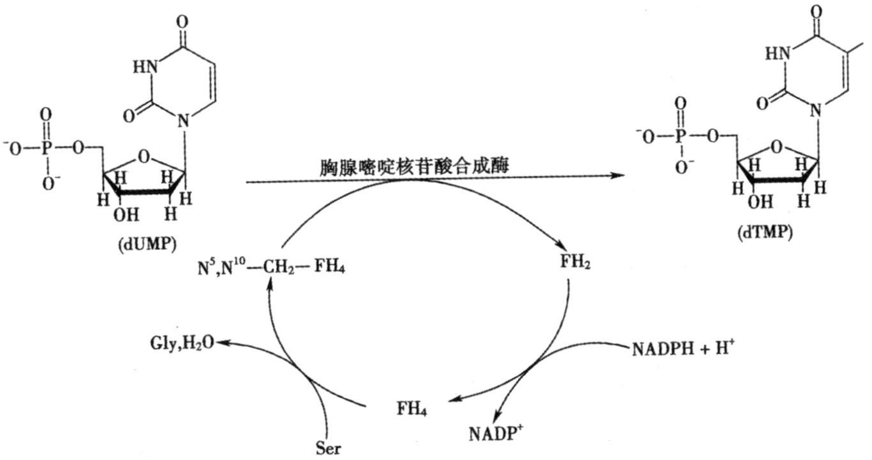

4.6 体内核苷酸的相互转化

4.6.1 核糖核苷酸二磷酸还原脱氧核糖核苷酸

合成 DNA 所需的 dNTP 在非增殖细胞中的浓度是相当低的,但是在细胞发生复制和修复时可迅速大量合成。脱氧核苷并非先自行合成,而后与相应碱基和磷酸分子连接的,而是由相应核糖核苷酸在 D-核糖的 C-2′处直接还原得到的。该反应是在 NDP 水平上由核糖核苷酸还原酶催化下进行的,还原型辅酶Ⅱ($NADPH+H^+$)是[H]供体。核糖核苷酸还原酶从 NADPH 获得电子时,需要硫氧化还原蛋白作为电子载体,所含的巯基在核糖核苷酸还原酶作用下氧化为二硫键。后者再经硫氧化还原蛋白还原酶的催化,重新生成还原型的硫氧化还原蛋白,由此构成一个复杂的酶体系(见图 4-22)。在 DNA 合成旺盛、分裂速度较快的细胞中,核糖核苷酸还原酶体系活性较强。核糖核苷酸还原酶本身结合并有 Mg^{2+} 存在时才能发挥酶活性。核糖核苷酸还原酶存在酶活性调节位点,ATP 结合时可使酶活化,dATP 可抑制该酶活性。同时还存在底物特异性位点，使得该酶受到底物激活调控。

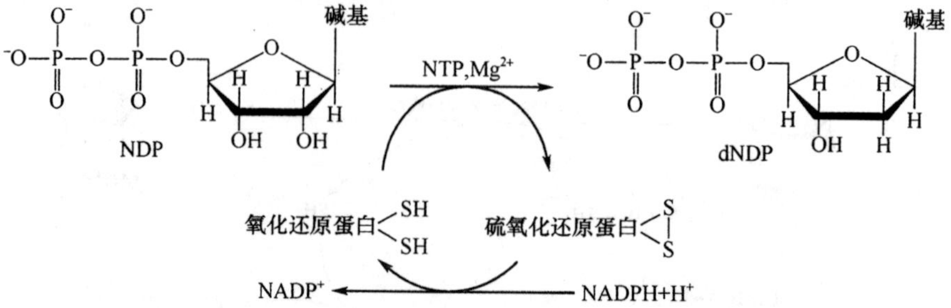

图 4-22　脱氧核糖核苷酸还原反应

实际上，体内 4 种 NDP(A、G、C、U)就是经上述还原反应生成相应的 dNDP，再磷酸化得到 dNTP 的。而 dTMP 是由 dUMP 在 dTMP 合酶催化下进行甲基化反应转变得到的，该反应发生在核苷一磷酸水平(见图 4-23)。

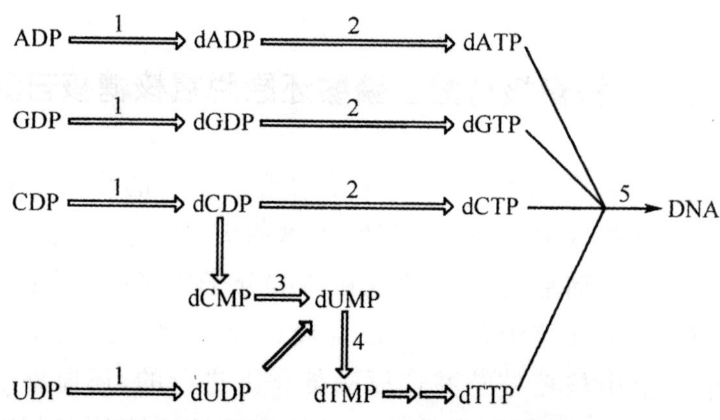

图 4-23　DNA 合成过程中各种核糖核苷酸酶类的作用

1—核糖核苷酸还原酶；2—核苷激酶；3—脱氧胞嘧啶脱氨酶；
4—胸腺嘧啶合成酶；5—DNA 聚合酶

dATP 是以上 4 个反应的负调控信号。当某个特定的 NDP 在核糖核苷酸还原酶催化下还原成 dNDP 时，需要特异 NTP 来促进该反应的发生，同时其他的 NTP 又能抑制该酶的活性，以此维持各种脱氧核糖核苷酸合成反应的平衡进行。

4.6.2 核苷二磷酸和核苷三磷酸的相互转化

体内很多反应都需要核苷三磷酸或二磷酸的参加，而核苷激酶就可催化核苷一磷酸转化为核苷二磷酸，并且将核苷二磷酸转化为核苷三磷酸。不同的核苷(或脱氧核苷)一磷酸可以分别在特异的核苷一磷酸激酶作用下，由 ATP 供给磷酸基，而转变成核苷(或脱氧核苷)二磷酸。在各种生物体内都已经可以分离纯化出上述功能的激酶来催化此类反应。例如，AMP 激酶可以使 AMP 转化为 ADP。

$$\text{AMP}+\text{ATP}\xrightarrow{\text{AMP 激酶}}\text{ADP}+\text{ADP}$$

核苷二磷酸与核苷三磷酸可在核苷二磷酸激酶的催化下实现相互转变。核苷二磷酸激酶的特异性较低，NDP 激酶可以催化所有嘌呤、嘧啶的核糖或脱氧核糖核苷二、三磷酸之间的转化。

$$\text{XDP}+\text{YTP}\xrightleftharpoons{\text{核苷二磷酸激酶}}\text{XTP}+\text{TDP}$$

4.7 抗核苷酸代谢物

4.7.1 抗核苷酸代谢物的药用机制

嘌呤和嘧啶核苷酸的从头合成对正常细胞的复制、维持和功能都至关重要。多种化合物和植物、细胞或真菌的天然产物由于其在结构上与代谢反应中的重要底物或辅酶十分相似而呈现出细胞毒性。这些抗代谢物可以相对特异性地抑制核苷酸合成或核苷酸的相互转化，可用于很多疾病的治疗，如 6-巯基嘌呤、6-硫鸟嘌呤用于治疗急性淋巴细胞白血病，硫唑嘌呤用于器官移植时的免疫抑制，别嘌呤醇用于治疗高尿酸血症等。肿瘤治疗中所使用的抗代谢药物其作用机制主要在于阻断核苷酸的合成。常见的抗核苷酸代谢药物包括嘌呤、嘧啶、氨基酸、核苷和叶酸的类似物等。

4.7.2 抗核苷酸代谢物的双刃剑效应

抗核苷酸代谢物可竞争性抑制和干扰核苷酸合成代谢，或“以假乱真”掺入核酸中，从而阻止核酸以及蛋白质的生物合成。这些核苷酸类似物是研究代谢途径的有效工具，也可用于肿瘤的治疗，也就是通常所说的化疗药物。在此疗法中，肿瘤细胞生长代谢旺盛，因而抗核苷酸代谢物可有效杀伤肿瘤细胞。但是，同时也会摧毁体内代谢旺盛的正常组织细胞(如生殖细胞)，用时需谨慎。

4.7.3 常见抗核苷酸代谢物及其作用机制

常见核苷酸代谢物有6-巯基嘌呤、5-氟尿嘧啶、阿糖胞苷、氨基蝶呤和氨甲蝶呤。

4.7.3.1 嘌呤类似物6-巯基嘌呤

6-巯基嘌呤(6-MP)是次黄嘌呤类似物，可反馈抑制PRPP酰胺转移酶，从而阻断嘌呤核苷酸的从头合成；它经过磷酸化可得到6-MP核苷酸，抑制IMP脱氢酶和腺苷酸琥珀酸合成酶活性，从而阻断IMP向AMP和GMP的转化；同时还可以抑制HGPRT活性，阻断补救合成途径。主要用于急性淋巴细胞白血病的维持治疗，大剂量对绒毛膜上皮癌亦有较好的疗效。

4.7.3.2 嘧啶类似物5-氟尿嘧啶

5-氟尿嘧啶(5-FU)是一种嘧啶类似物，它在体内通过转变为脱氧氟尿嘧啶核苷一磷酸(FdUMP)和氟尿嘧啶核苷三磷酸(FUTP)而发挥抗代谢活性。FdUMP是胸腺核苷酸合酶的抑制剂，可使 dTMP 合成受阻，DNA 中所必需的胸腺嘧啶核苷酸合成受到影响；FUTP 掺入 RNA 分子后，异常的结构会破坏 RNA 的功能，使得 45S 前体 rRNA 无法转变为成熟的 28S 和 18S rRNA，因而干扰蛋白质的合成。在 5-FU 作用下，DNA 和 RNA 正常功能的发挥都受到严重影响，细胞出现周期停滞和凋亡现象。

临床上使用 5-FU 进行肿瘤治疗已有近 50 年历史，对消化系统肿瘤（食管癌、胃癌、肠癌、胰腺癌、肝癌）和乳腺癌疗效较好。另外，可用于眼科手术，抑制手术中过量瘢痕的产生，局部应用还可治疗日光性角化症。

4.7.3.3　核苷类似物阿糖胞苷(AraC)

核苷结构类似物也是一类重要的抗肿瘤药物。阿糖胞苷核苷能抑制 CDP 还原为 dCDP，从而阻碍 DNA 的合成，也可深入 DNA 中干扰其复制。临床上用于治疗成人急性粒细胞性白血病或单核细胞白血病。

4.7.3.4　叶酸类似物氨基蝶呤和氨甲蝶呤

氨基蝶呤和氨甲蝶呤（MTX）都是叶酸类似物，能竞争性抑制二氢叶酸还原酶（DHFR）活性，使二氢叶酸无法还原为四氢叶酸，嘌呤核苷酸和 dTMP 的合成受阻，DNA 合成障碍，从而抑制了嘌呤和嘧啶核苷酸的合成，干扰蛋白质的合成，在哺乳动物细胞培养中很低的药物浓度即可对细胞起到杀伤作用。临床上可用于治疗儿童急性白血病和绒毛膜上皮癌。此外，在类风湿关节炎中 MTX 的治疗效果也很出色。

第 5 章　物质代谢调节与细胞信号转导

本章主要对物质代谢的相互关系、物质代谢的调节以及细胞信号转导的相关知识进行讨论。

5.1　物质代谢的相互关系

细胞内的生物分子数以万计，代谢途径复杂多样。但这些分子、途径之间并不是孤立的、互不相关的，而是相互协调和紧密相关的。各代谢途径之间的这种相关性、协调性主要通过交叉点上的关键性中间代谢物来实现，即共同的中间代谢物使各条代谢途径得以沟通，形成了经济有效、运转良好的代谢网络通路。其中 3 个最关键的中间代谢物是：葡萄糖-6-磷酸、丙酮酸和乙酰 CoA。这里主要讨论细胞内的 4 类主要物质：糖类、脂类、蛋白质和核酸的相互转变关系。

5.1.1　糖代谢与脂代谢的相互关系

糖类与脂类物质在体内可以互相转变。糖转变为脂类的大致步骤是：糖经过酵解，生成磷酸二羟丙酮及丙酮酸。磷酸二羟丙酮可还原为磷酸甘油。丙酮酸经氧化脱羧后转变为乙酰 CoA，然后再缩合生成脂肪酸。脂类也可以转变为糖。脂类分解产生的甘油可以经过磷酸化生成 α-磷酸甘油，再转变为磷酸二羟丙酮。后者沿糖异生途径可生成糖。而机体中的脂肪酸转变为糖的过程，则有一定的限度。脂肪酸通过 β-氧化，生成乙酰 CoA。在植物或微生物体内，乙酰 CoA 可缩合成三羧酸循环中的有机酸，可经乙醛酸循环生成苹果酸，苹果酸再通过三羧酸循环转变为草酰乙酸，经糖异生作用转变成糖。但在动物体内，不存在乙醛酸循环，通常情况下，乙酰 CoA 都是经三羧酸循环而氧化成二氧化碳和水，生成糖的机会很少。

在某些病理状态下，也可以观察到糖代谢与脂代谢之间的密切关系。例如，糖尿病患者的糖代谢发生了障碍，同时也常伴有不同程度的脂类代谢紊乱。由于糖的利用受阻，体内必须依靠脂类物质的氧化来供给能量。因此，大量动用体内贮存的脂肪，运到肝脏组织内进行氧化，结果产生大量酮体，再经血液运到其他组织，如肌肉组织被氧化。当饥饿时，体内无糖可利用，也会产生与糖尿病相类似的情况，大量动用脂肪，并造成酮体过多。酮体物质本身为酸性物质，血液中酮体浓度升高时，常常有酸中毒的危险。

5.1.2 糖代谢与蛋白质代谢的相互关系

糖类是生物机体重要的碳源和能源物质，可用于合成各种氨基酸的碳链结构，经氨基化或转氨后即生成相应的氨基酸。例如，葡萄糖-6-磷酸在分解代谢过程中的中间产物丙酮酸、α-酮戊二酸、草酰乙酸等可通过相应的加氨酶或转氨酶催化，生成相应的丙氨酸、谷氨酸和天冬氨酸。20 种氨基酸中的多数都可以在机体内通过这些氨基酸转变生成。此外，糖在分解代谢过程中产生的能量，可供氨基酸和蛋白质的合成之用。

此外，蛋白质酶促水解生成的氨基酸，在体内可以转变为糖。很多氨基酸脱去氨基后的 α-酮酸可通过糖异生途径转变成糖，此类氨基酸称为生糖氨基酸。如甘氨酸、丙氨酸、丝氨酸、苏氨酸、缬氨酸、组氨酸、谷氨酸、谷氨酰胺、天冬氨酸、天冬酰胺、精氨酸、半胱氨酸、甲硫氨酸及脯氨酸等，都是生糖氨基酸。此外，苯丙氨酸、酪氨酸、色氨酸和异亮氨酸也能产生糖。

5.1.3 脂类代谢与蛋白质代谢的相互关系

脂类与蛋白质之间可以相互转变。脂类分子中的甘油可先转变为丙酮酸,再转变为草酰乙酸及 α-酮戊二酸,然后接受氨基而转变为丙氨酸、天冬氨酸及谷氨酸。脂肪酸可以通过 β-氧化生成乙酰 CoA,乙酰 CoA 与草酰乙酸缩合进入三羧酸循环,从而与天冬氨酸及谷氨酸相联系。但这种由脂肪酸合成氨基酸碳链结构的可能性是受限制的。当乙酰 CoA 进入三羧酸循环,从而形成氨基酸时,需要消耗三羧酸循环中的有机酸,如无其他来源补充,反应便不能进行。在植物和微生物中存在乙醛酸循环,可以由 2 分子乙酰 CoA 合成 1 分子苹果酸,用以增加三羧酸循环中的有机酸,从而促进脂肪酸合成氨基酸。在动物体内不存在乙醛酸循环,故不易利用脂肪酸合成氨基酸。

蛋白质转变成脂肪的方式是蛋白质分解为氨基酸,其中生酮氨基酸能生成乙酰乙酸。由乙酰乙酸经乙酰 CoA 再缩合成脂肪酸。至于生糖氨基酸,通过丙酮酸可以转变为甘油,也可以在氧化脱羧后转变为乙酰 CoA,进而合成脂肪酸。

5.1.4 核酸代谢与糖、脂、蛋白质代谢之间的相互联系

体内许多游离核苷酸在代谢中起着重要的作用。例如,ATP 是能量和磷酸基团转移的重要物质,GTP 参与蛋白质的生物合成,UTP 参与多糖的生物合成,CTP 参与磷脂的生物合成。体内许多辅酶或辅基含有核苷酸组分,如辅酶Ⅰ、辅酶Ⅱ、辅酶 A、FAD、FMN 等。反之,核苷酸的嘌呤和嘧啶环是由几种氨基酸作为原料合成的,核苷酸的核糖又是从糖代谢的磷酸戊糖通路而来的。核酸参与了蛋白质生物合成的几乎全过程,而核酸的生物合成又需要许多蛋白质因子参与作用。

总之,糖、脂、蛋白质和核酸等代谢彼此相互影响、相互联系

和相互转化，而这些代谢又以三羧酸循环为枢纽，其成员又是各种代谢的共同中间产物。现将糖、脂、蛋白质和核酸代谢的相互联系总结如图 5-1 所示。

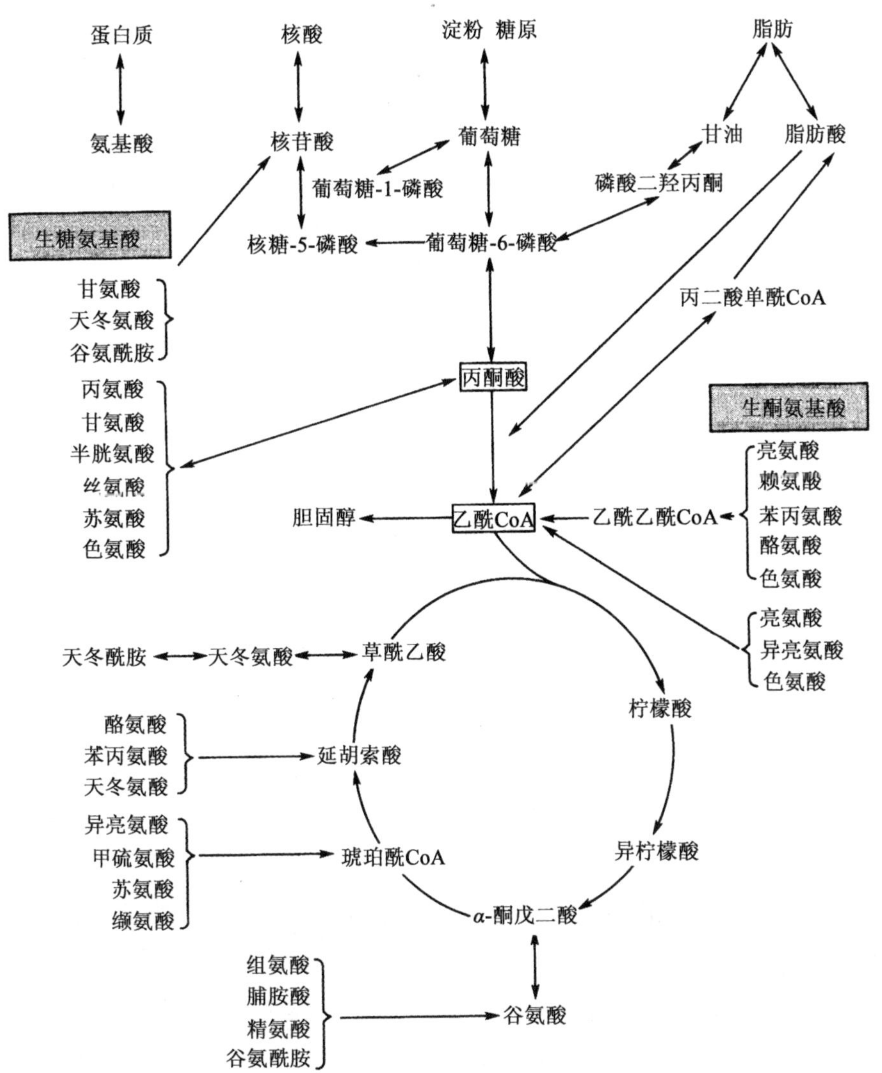

图 5-1　糖、脂、蛋白质和核酸代谢的相互联系

5.2 物质代谢的调节

代谢调节是生命在长期进化过程中形成的适应能力。生命进化程度越高,其代谢调节机制越复杂。生物体内存在三个层次的代谢调节机制,即细胞水平、激素水平和整体水平。这三个层次的调节机制相互协作,使机体适应内外环境的变化,维持各种代谢物的适宜水平,保证生命活动的能量供求;使整体代谢保持动态平衡。代谢调节是维持细胞功能、保证机体正常生长发育的重要条件。代谢失控是许多疾病的发病原因。研究代谢调节可以阐明代谢失控的病理,认识激素、药物的作用机制,为药物应用、药物研发提供理论支持。

5.2.1 细胞水平的代谢调节

5.2.1.1 细胞内酶的隔离分布

体内的物质代谢几乎都是在细胞内进行,而且是由一系列酶促反应组成的代谢途径完成。组成每条代谢途径的酶类在细胞内都有一定区域或亚细胞分布(见表 5-1)。酶系在细胞内隔离分布的意义在于使相关联而又不同的代谢途径间既有联系又不互相干扰,保证各条代谢途径按各自方向顺利进行。例如,脂酸合成酶系定位胞液,而脂酸 β-氧化酶类分布于线粒体。脂酸合成原料(底物)之一——乙酰 CoA 正好是脂酸 β-氧化的产物,如果两条途径共处同一区域,则会造成乙酰 CoA 的无意义循环。

表 5-1 某些代谢途径(酶体系)在细胞内的分布

代谢途径	酶分布
糖酵解	胞液
有氧氧化	胞液和线粒体
磷酸戊糖途径	胞液
糖原合成	胞液
糖原分解	胞液
糖异生	线粒体和(或)胞液
三羧酸循环	线粒体
氧化磷酸化	线粒体
脂酸活化与 β-氧化	胞液和线粒体
酮体生成与利用	线粒体
胆固醇合成	胞液和内质网
磷脂合成	内质网
尿素合成	线粒体和胞液
血红素合成	线粒体和胞液
核酸合成	细胞核
蛋白质合成	内质网、胞液

5.2.1.2 代谢途径的关键酶

通过调节酶活性而控制代谢速度和代谢方向是代谢调节的重要方式。调节酶活性时不必改变代谢途径中所有酶的活性,只需要调节其中关键酶的活性即可。例如,以下代谢途径:

$$A \xrightarrow[E_1]{} B \xrightarrow[E_2]{} C \xrightarrow[E_3]{} D$$

代谢物 A 由三种酶催化生成 D,其中 E_1 活性较低,E_2 和 E_3 活性较高,B →C 及 C→D 进行的速度分别受其底物 B 和 C 浓度的限制。显然,只要 A 能快速生成 B,整个代谢速度则快,反之则慢。A 生成 B 的速度取决于 E_1 的活性,所以,细胞可以通过调节 E_1 的活性来控制整个代谢途径的速度,E_1 就是这个代谢途径的关键酶。关键酶的作用就像控制水管的阀门,阀门开启程度决定着放水的速度。每个代谢途径都有一种或几种关键酶,各主要代谢途径的关键酶见表 5-2。

表 5-2　主要代谢途径的关键酶

代谢途径	关键酶
糖酵解	己糖激酶、磷酸果糖激酶-1、丙酮酸激酶
糖有氧氧化	己糖激酶、磷酸果糖激酶-1、丙酮酸激酶、丙酮酸脱氢酶复合体、柠檬酸合酶、异柠檬酸脱氢酶、α-酮戊二酸脱氢酶复合体
磷酸戊糖途径	6-磷酸葡萄糖脱氢酶
糖原合成	糖原合酶
糖原分解	糖原磷酸化酶
糖异生	丙酮酸羧化酶、磷酸烯醇式丙酮酸羧激酶、果糖-1,6-二磷酸酶 1、葡萄糖-6-磷酸酶或糖原合酶
脂肪动员	激素敏感性三酰甘油脂肪酶
脂酸 β-氧化	肉碱脂酰转移酶 Ⅰ
脂酸合成	乙酰 CoA 羧化酶
胆固醇合成	HMG-CoA 还原酶
胆汁酸生成	7α-羟化酶
血红素合成	δ-氨基-γ-酮基戊酸(ALA)合酶

(1)关键酶的特点

①关键酶所催化的反应通常位于代谢途径的上游,或者是代谢分支上的第 1 步反应。

②关键酶所催化反应的速度在代谢途径中最慢,所以控制着整个代谢途径的代谢速度。

③关键酶所催化的反应多数是不可逆反应。

④关键酶是调节酶,其活性受多种因素调节。

(2)关键酶的调节

①结构调节,即改变酶的结构,从而改变其活性。这种调节方式产生效应快,又称为快速调节。

②数量调节，即改变酶的数量，从而改变其总活性。这种调节方式产生效应慢，又称为迟缓调节。

5.2.1.3　酶活力的调节

酶活性的调节主要有以下几种方式。

(1)酶原激活

有些酶在刚刚合成时并无活性，需要通过其他酶作用切除部分肽片段后才被活化。最熟知的例子是消化酶的激活。胃和胰腺合成的蛋白酶类，如胃蛋白酶、胰凝乳蛋白酶、胰蛋白酶、羧肽酶和弹性蛋白酶，刚合成时都是以酶原的形式存在，当分泌到消化道后才被酶切激活。这些合成之初无活性的酶的前体称为酶原，酶原切除部分寡肽或多肽片段后剩余部分变为具有活性酶的过程称为酶原激活。这种机制对机体具有保护作用，因为这些酶都具有很大的水解蛋白的能力，如果在胰脏中就以活化的形式存在，那么胰脏就会被它们水解而破坏。酶原在胰脏中提早活化是胰腺炎的特征，严重的可以致命。常见的几种酶原激活情况见表 5-3。

表 5-3　常见的几种酶原激活情况

激活作用	激活剂
胃蛋白酶原→胃蛋白酶＋42 肽	H^+、胃蛋白酶
胰蛋白酶原→胰蛋白酶＋6 肽	肠激酶、胰蛋白酶
胰凝乳蛋白酶原→α-胰凝乳蛋白酶＋2 个二肽	胰蛋白酶、胰凝乳蛋白酶
羧肽酶原→羧肽酶 A＋几个小肽碎片	胰蛋白酶
弹性蛋白酶原→弹性蛋白酶＋几个小肽碎片	胰蛋白酶

酶原激活机理是通过去掉分子中部分肽片段，引起酶分子空间结构的变化，从而形成或暴露出酶的活性中心，转变为具有活性的酶。不同的酶原在激活过程中去掉的肽片段大小及数目不同。使酶原激活的物质称为激活剂。虽然不同的酶原激活剂不完全相同，但有的激活剂可以激活多种酶原，如胰蛋白酶可以激

活消化系统的多种酶原(见图 5-2)。

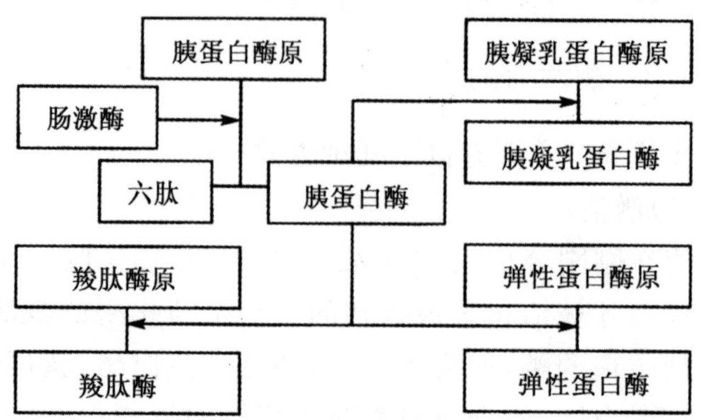

图 5-2　胰蛋白酶对各种胰脏蛋白酶原的激活作用

(2)化学修饰调节

化学修饰调节又称为共价修饰调节,是指酶蛋白的某些氨基酸残基在另一种酶的催化下发生可逆的共价修饰,从而引起酶活性的变化。化学修饰调节是体内又一种重要的快速调节方式,主要有磷酸化和脱磷酸化、乙酰化和脱乙酰化、甲基化和脱甲基化等,以磷酸化和脱磷酸化为主。通过化学修饰,酶在有活性和无活性之间互变,见表 5-4。

表 5-4　磷酸化修饰对酶活性的影响

酶	化学修饰类型	酶活性的变化
糖原磷酸化酶	磷酸化/脱磷酸	激活/抑制
磷酸化酶 b 激酶	磷酸化/脱磷酸	激活/抑制
三酰甘油酯酶	磷酸化/脱磷酸	激活/抑制
6-磷酸果糖激酶	磷酸化/脱磷酸	抑制/激活
丙酮酸脱氢酶	磷酸化/脱磷酸	抑制/激活
HMG-CoA 还原酶	磷酸化/脱磷酸	抑制/激活
乙酰 CoA 羧化酶	磷酸化/脱磷酸	抑制/激活

酶促化学修饰是体内快速调节酶活性的另一种重要方式,磷

酸化是常见的修饰方式。脱辅酶分子中丝氨酸、苏氨酸及酪氨酸的羟基是磷酸化修饰的位点。酶蛋白的磷酸化是在蛋白激酶的催化下，由 ATP 提供磷酸基及能量完成的，而脱磷酸则是由蛋白磷酸酶催化的水解反应。磷酸化与脱磷酸反应均不可逆（图 5-3）。

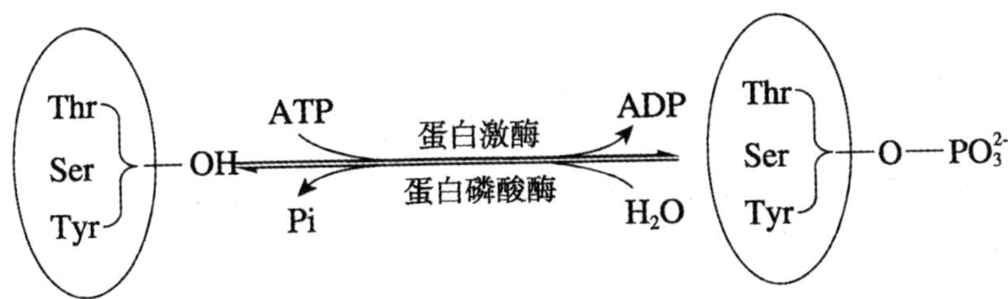

图 5-3 酶的磷酸化与脱磷酸化

促进糖原分解的磷酸化酶的非磷酸化形式，称为磷酸化酶 b。磷酸化酶 b 无催化活性，它可在一种丝氨酸/苏氨酸蛋白激酶，即磷酸化酶 b 激酶的催化下，被磷酸化成为有催化活性的磷酸化酶 a。磷酸化酶 a 在另一种酶，即磷酸化酶磷酸酶的催化下，将磷酸基水解下来，重新转变为非磷酸化形式的磷酸化酶 b，具体过程如图 5-4 所示。

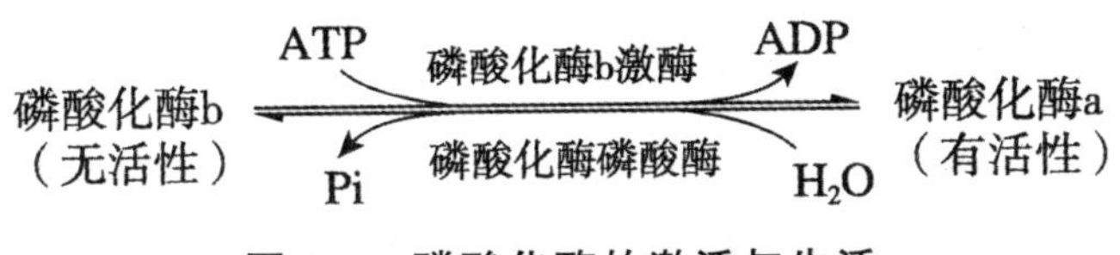

图 5-4 磷酸化酶的激活与失活

糖原磷酸化酶是磷酸化修饰调节的典型例子。糖原磷酸化酶是同二聚体，有高活性的 a 型和低活性的 b 型两种典型构象：糖原磷酸化酶 b 的 Ser14 羟基由糖原磷酸化酶 b 激酶催化磷酸化，转换成高活性的磷酸化酶 a，由 ATP 提供磷酸基。糖原磷酸化酶 a 的 Ser14 由糖原磷酸化酶 a 磷酸酶催化脱去磷酸基，转换成低活性的磷酸化酶 b（见图 5-5）。

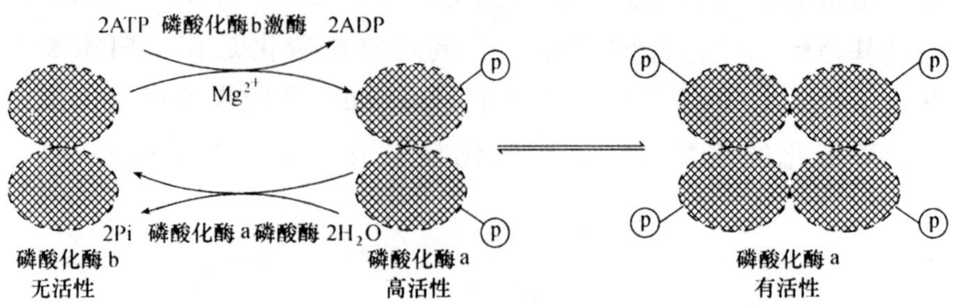

图 5-5 糖原磷酸化酶的激活与失活

化学修饰调节有以下几个特点。

①化学修饰调节是一个化学反应过程,改变酶的共价键结构。

②化学修饰调节有放大效应,因此调节效率高于变构调节,例如,一个蛋白激酶A分子可以磷酸化修饰几十个至上百个酶分子。

③化学修饰调节属于快速调节,在几秒钟到几分钟内显效。

④化学修饰调节消耗高能化合物ATP,但消耗量远少于酶蛋白合成的消耗量。

⑤有的酶分子只有一个修饰位点,有的酶分子有几个甚至十几个修饰位点。

(3)别构调节

别构调节又称为变构调节,是指某些小分子化合物与酶分子活性中心以外的某一部位特异结合,引起酶蛋白分子构象变化,从而改变酶的活性。受别构调节的酶称为别构酶或变构酶。小分子调节物质称为别构效应剂,能增强酶活性的称为别构激活剂,反之被称为别构抑制剂。别构效应剂可以是反应的底物、产物或其他小分子代谢物。产物作为效应剂对酶的别构调节在生物界普遍存在,是体内快速调节酶活性的主要方式。代谢途径中的关键酶大多数是别构酶。现将一些重要代谢途径中的别构酶和别构效应剂列于表5-5。

别构酶通常由两个以上的亚基组成,包括催化亚基和调节亚基。底物与催化亚基结合起催化作用。调节亚基与别构效应剂结合起调节作用(见图5-6)。别构效应剂通过非共价键与调节亚基结合，引起酶蛋白构象改变，变得致密或疏松，导致酶活性的变化（激活或抑制）。有时调节亚基和催化亚基是同一亚基。

表 5-5　一些重要代谢途径中的别构酶和别构效应剂

代谢途径	别构酶	别构激活剂	别构抑制剂
糖酵解	己糖激酶 磷酸果糖激酶 丙酮酸激酶	AMP、ADP、2，6-二磷酸果糖 1,6-二磷酸果糖	6-磷酸葡萄糖 ATP、柠檬酸 ATP、乙酰 CoA 脂肪酸
三羧酸循环	异柠檬酸脱氢酶 柠檬酸合酶	ADP	ATP ATP、长链脂酰 CoA
糖原合成	糖原合酶	6-磷酸葡萄糖	ATP、6-磷酸葡萄糖
糖异生	丙酮酸羧化酶	乙酰 CoA、ATP	长链脂酰 CoA
脂酸合成	乙酰 CoA 羧化酶	柠檬酸、异柠檬酸	AMP
氨基酸代谢	L-谷氨酸脱氢酶	ADP、亮氨酸、蛋氨酸	GTP、ATP、NADH
嘌呤合成	PRPP 酰胺转移酶	—	AMP、GMP
嘧啶合成	天冬氨酸氨基甲酰转移酶	—	CTP、UTP
核酸合成	脱氧胸苷激酶	dCTP、dATP	dTTP

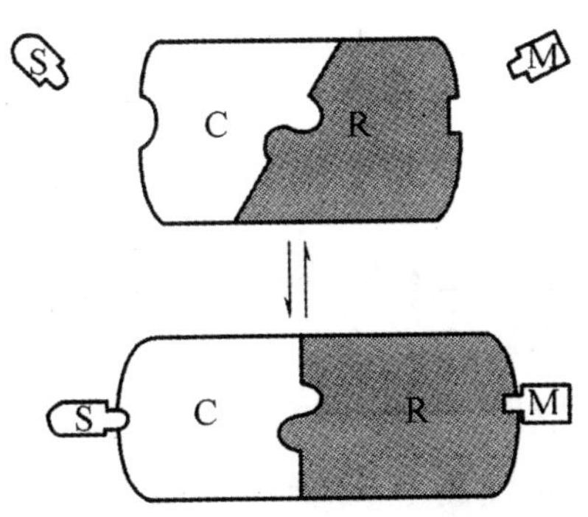

图 5-6　别构调节示意图

C—别构酶催化亚基；R—别构酶调节亚基；
S—底物；M—别构效应剂

例如，依赖 cAMP 的蛋白激酶 A(PKA)由两个催化亚基(C)与两个调节亚基(R)构成。当它们处于聚合状态时没有催化活性，而当别构激活剂 cAMP 与调节亚基结合时，调节亚基与催化亚基解聚，游离状态的催化亚基表现催化活性。但也有别构酶，如依赖 cGMP 的蛋白激酶 G，其催化部位与调节部位处于同一亚基。

别构调节是细胞水平代谢调节中一种较常见的快速调节方式。代谢途径终产物常可使催化该途径起始反应的酶受到抑制，即反馈抑制。过量生成多余产物，不仅是浪费，而且对机体有害。

例如，长链脂酰 CoA 可反馈抑制乙酰 CoA 羧化酶，从而抑制脂肪酸的合成。这样可使代谢物的生成不致过多。别构调节还可使能量得以有效利用，不致浪费。另外，别构调节还可使不同代谢途径相互协调，例如，柠檬酸既可别构抑制磷酸果糖激酶，又可别构激活乙酰 CoA 羧化酶，使多余的乙酰 CoA 合成脂肪酸。

别构调节与代谢系统、生理系统相统一，在不同的代谢系统中，别构调节有所不同，有的代谢系统有多个别构环节；有的别构酶受多种效应物的调节；有的别构酶还具有多种同工酶，分别受不同效应物的调节，由此对整个细胞的代谢平衡进行协调。

(4)ATP、ADP 和 AMP 的调节

代谢途径中酶所催化的反应速度，除由最终产物的反馈调节外，还可由其他代谢物来进行调节，例如，ATP、ADP 和 AMP 等。这些化合物实际上也是一种变构剂，通过它们对变构酶的抑制或激活而对各个代谢途径起着协调作用，现以糖代谢的 3 个代谢途径为例说明其调节作用。

一般来说，合成代谢或分解代谢终产物可作为变构抑制剂，抑制合成代谢或分解代谢起始步骤的变构酶。细胞内各个代谢途径的酶有些依赖于 ATP/ADP 或 ATP/AMP 浓度之比值，其比例的变化往往反映了某种代谢途径的趋向。在机体内葡萄糖转化为 6-磷酸葡萄糖，通过酵解和有氧氧化分解生成 CO_2 和 ATP(途径 1)或通过 1-磷酸葡萄糖合成糖原储存起来(途径 2)，

当需要时糖原可通过磷酸化酶再进行分解(途径 3)。

$$糖原 \underset{途径2}{\overset{途径3}{\rightleftharpoons}} 葡萄糖 \xrightarrow{途径1} CO_2 + H_2O + ATP$$

当处于运动过程时需要较多的能量,ATP 消耗转变成 ADP 和 AMP,使 AMP 和 ADP 浓度升高,可激活途径 1 的磷酸果糖激酶和途径 3 的糖原磷酸化酶,而途径 2 的糖原合成酶呈抑制状态,整个代谢途径趋向于分解,即经糖原分解、糖酵解和有氧氧化,生成 CO_2 和 ATP。当处于休息状态时,能量消耗减少,ATP 浓度升高,途径 1 和 3 的酶呈抑制状态,而途径 2 的糖原合成酶被激活,整个代谢途径趋向合成,维持体内糖代谢相对平衡。

5.2.1.4　酶含量的调节

酶含量的调节主要包括对酶的合成与降解的调节。

根据细胞内酶的合成对环境影响反应的不同,酶可分为两大类:一类称为组成酶,如糖酵解和三羧酸循环的酶系等,其酶蛋白合成量十分稳定,通常不受代谢状态的影响,这些用于保持机体能源供给的酶系常常是组成酶;另一类酶,它的合成量受环境营养条件及细胞内有关因子的影响,称为诱导酶和阻遏酶。诱导酶是在正常代谢条件下不存在,当有诱导物诱导时才产生的酶,常与分解代谢有关。阻遏酶是在正常代谢条件下存在,当有辅阻遏物存在时其合成被阻遏,常与合成代谢有关。酶含量的调节也就是基因表达的调节。

(1)酶蛋白合成的诱导和阻遏

一些底物、产物、激素、药物等都可影响某些酶的合成。从转录水平改变酶合成量增加或减少酶蛋白的合成有两种方式,即能加速酶合成的化合物称为诱导剂,诱导剂诱发酶蛋白合成的作用称为诱导作用;能减少酶合成的化合物称为阻遏剂,阻遏剂可与无活性的阻遏蛋白结合,调节基因的转录,从而减少酶蛋白的合成称为阻遏作用。上述调节作用是通过影响从转录到翻译的有关环节实现的,一旦酶被诱导合成之后,由于酶量增加,这时即使除去诱导剂仍可保持酶活性和调节效应。常见的诱导或阻遏方式有底物对酶合成的诱导和阻遏、产物对酶合成的阻遏、激素对酶合成的诱导、药物对酶合成的诱导。酶合成的诱导和阻遏的模型,如图 5-7 所示。

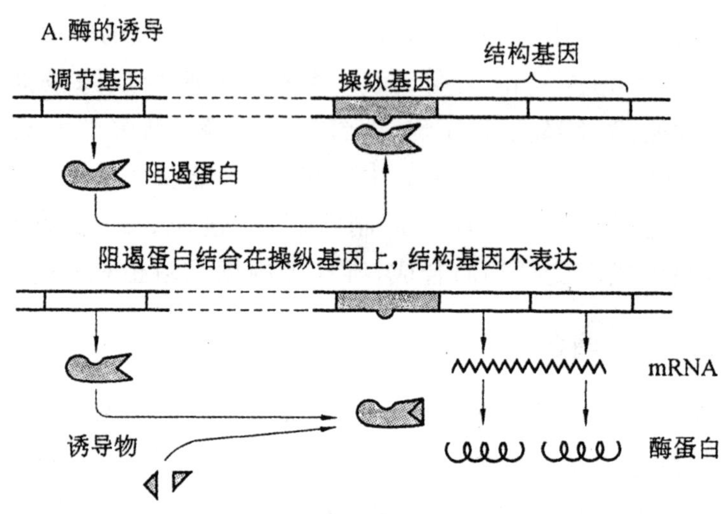

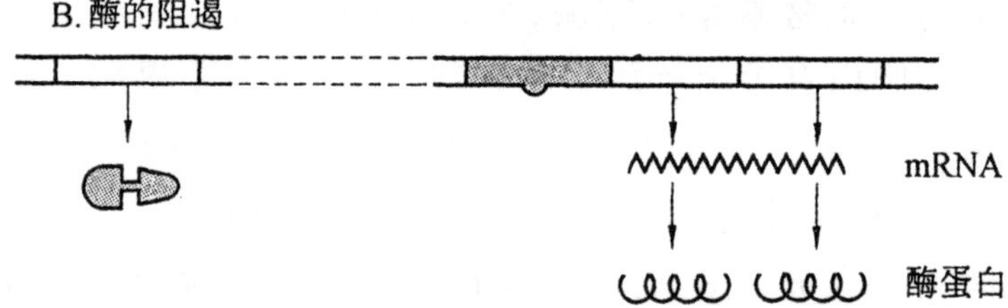

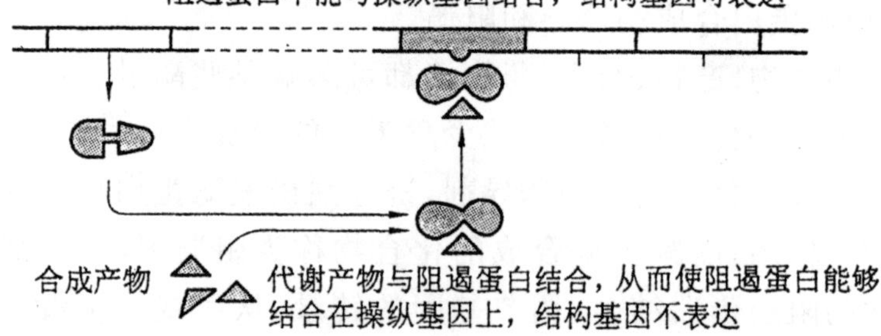

图 5-7 酶合成的诱导和阻遏的模型

(2)酶蛋白降解

细胞中酶的含量也与酶的降解速度密切相关。在同一细胞内,不同酶的降解速度不同;即使同一种酶,其降解速度也因生理状态和环境条件的不同而异。酶的降解是通过蛋白水解酶的作用实现的。蛋白水解酶主要存在于溶酶体中,所以,凡能影响蛋白水解酶活性或影响蛋白水解酶从溶酶体释放的因素都可影响酶蛋白的降解。通过酶蛋白降解调节酶的含量,远不如酶蛋白的诱导和阻遏重要。

除溶酶体外,细胞中还存在着由多种蛋白酶组成的蛋白酶体,即蛋白酶复合物。蛋白酶体在待降解的蛋白与泛素结合(泛素化)后,即可将酶蛋白降解。泛素是由 76 个氨基酸组成的分子量为 8.5kDa 的小分子蛋白质。需要指出的是,泛素化作用是一个十分复杂的过程,需要多种识别蛋白和连接酶的参与。

5.2.2　激素水平的代谢调节

激素是内分泌细胞产生的一类微量调节物质,通过体液运输,作用于一定组织和细胞(即靶组织和靶细胞),对整体代谢进行综合调节。动物和植物都需要激素调节使不同组织细胞内的代谢彼此协调。在动物激素中,胰岛素、胰高血糖素和肾上腺素在代谢调节中作用最为突出。

5.2.2.1　激素的分类

激素按来源不同,可分为高等动物激素、植物激素和昆虫激素。

(1)高等动物激素

按照化学本质,高等动物激素分为三类:

①含氮激素,包括氨基酸衍生物类激素(如甲状腺素、肾上腺素等)、肽类激素(如加压素、催产素等)和蛋白质类激素(如生长

素、胰岛素等)。

②类固醇衍生类激素(如肾上腺皮质激素、性激素等)。

③脂肪酸衍生物激素(如前列腺素等)。

(2)植物激素

植物激素是指一些对植物生长发育(发芽、开花、结果和落叶等)及代谢有控制作用的有机化合物,现常用含义更广泛的“植物生长调节物质”来代替“植物激素”的名称。目前国际上公认的高等植物激素有植物生长素、赤霉素、细胞分裂素、脱落酸及乙烯等五大类。

(3)昆虫激素

昆虫激素包括昆虫的内激素和昆虫的外激素。

①昆虫的内激素。昆虫的内激素是由昆虫体内腺体分泌的激素,对昆虫的生长发育有很大影响,包括保幼激素、蜕皮激素和脑激素。保幼激素和蜕皮激素两者协调作用控制昆虫从卵到成虫的发育阶段,它们又受脑激素的控制。

②昆虫的外激素。昆虫的外激素是由昆虫的成虫分泌的化学物质,分泌后分散在空气中,对同种的异性昆虫产生刺激和吸引。另外,蜜蜂的蜂王产生的“母蜂物质”也属于外激素,它通过蜜蜂之间的相互接触而沾染到幼蜂身上,从而抑制雌性幼蜂的卵巢发育,使这些幼蜂变成工蜂。

5.2.2.2 蛋白质激素的作用机制

氨基酸、肽和蛋白质类激素从内分泌腺分泌出来后,经血液运送到靶细胞,它首先与细胞膜上的特异受体(通常为特异膜蛋白)非共价结合,这种激素-受体复合物刺激同样处于膜上的腺苷酸环化酶活化,活化的腺苷酸环化酶催化 ATP 转变成 cAMP,cAMP 再影响某些酶的活性和膜的通透性等,以发挥这一激素的生理、生化效应。在这里,激素作为细胞外的一种信号对细胞的代谢进行调节,而 cAMP 作为细胞内的一种信息影响代谢,所以,将激素等胞外信号称为第一信使,而将 cAMP 等胞内信号称为第二信使。这就是 20 世纪 50 年代 E. W. Stherland 提出的第二信使学说。之后，随着细胞信号转导研究的进展，起“第二信使”作用的除 cAMP 外，相继发现还有 cGMP、Ca^{2+}、IP_3（三磷酸肌醇）和 DG（二酰甘油）等。

cAMP 如何调节细胞的代谢呢？以肾上腺素促进糖原分解为例，见图 5-8 所示。

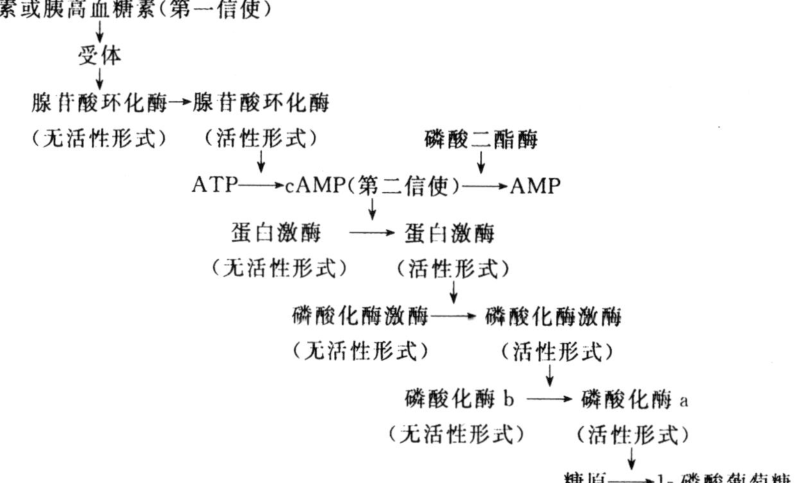

图 5-8　糖原分解的激素调节

从图 5-8 中可知，肾上腺素（第一信使）一旦与靶细胞膜上的相应受体结合，即可促进细胞内 cAMP（第二信使）的产生，从而引起细胞内一系列酶的激活，最后导致糖原分解成葡萄糖，进入血液引起血糖升高。当血糖达到一定浓度后，细胞内还有一种特异磷酸二酯酶，促使 cAMP 分解成 AMP，从而不再起第二信使的作用。所以，细胞内 cAMP 的浓度受到腺苷酸环化酶和磷酸二酯酶两个酶的活性的调节。

cAMP 为一种胞内信号，在细胞内的含量虽然很少（约 10^{-6} mol/L），但它在细胞内具有很重要、很广泛的生理效应。它促进糖原分解，抑制糖原合成，促进糖异生；促进三酰甘油及胆固醇酯水解，抑制脂类合成；促进类固醇激素合成及分泌；它可增强细胞膜的通透性;促进基因转录及蛋白质合成,促进细胞分化等。一般来说,cGMP 的作用与 cAMP 相拮抗。

5.2.2.3 类固醇激素的作用机制

类固醇激素(又称为甾类激素)一般相对分子质量较小,约 300 左右,又是疏水性分子,它可以通过简单扩散进入细胞内,然后与相应受体结合后作用于基因系统。因此,肽类和蛋白质类激素受体通常存在于细胞膜表面,称为表面受体,而类固醇激素存在于细胞内,称为胞内受体。甲状腺素也是一种疏水性小分子,其作用机理与类固醇激素相同。甲状腺素和类固醇激素这些疏水性信号分子比肽和蛋白质这些水溶性信号分子在体内存留时间长,且通过调节基因表达起作用,所以它们常常引起长期生理效应,调节生长发育等生理过程。

不少类固醇激素调节基因活性存在两级效应:

①初级效应。激素对基因活性的直接诱导作用,产生蛋白质。这种效应的基因较少。

②次级效应。初级效应的基因产物再激活其他基因。这种调节方式可以对激素的初级效应起放大的作用,因而是重要的。

不管是氨基酸衍生物类、肽类和蛋白质类激素还是类固醇激素,它们对代谢的调节作用有两个显著的特点。

①组织细胞特异性。一定的激素只作用于一定的靶细胞,激素与靶细胞的受体结合是特异的。

②效应特异性。一定的激素只调节一定的生化反应,产生一定的生理效应。

最后总结归纳细胞信号转导模式如图 5-9 所示。

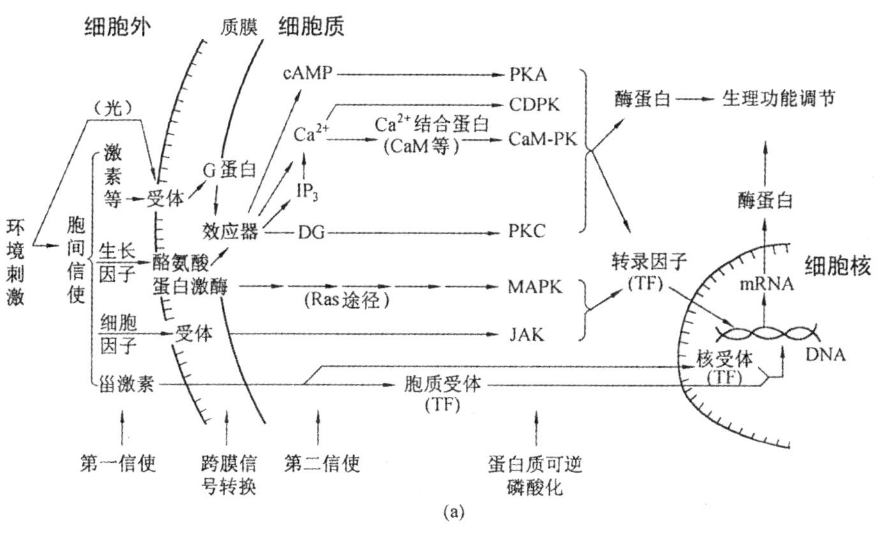

(a)

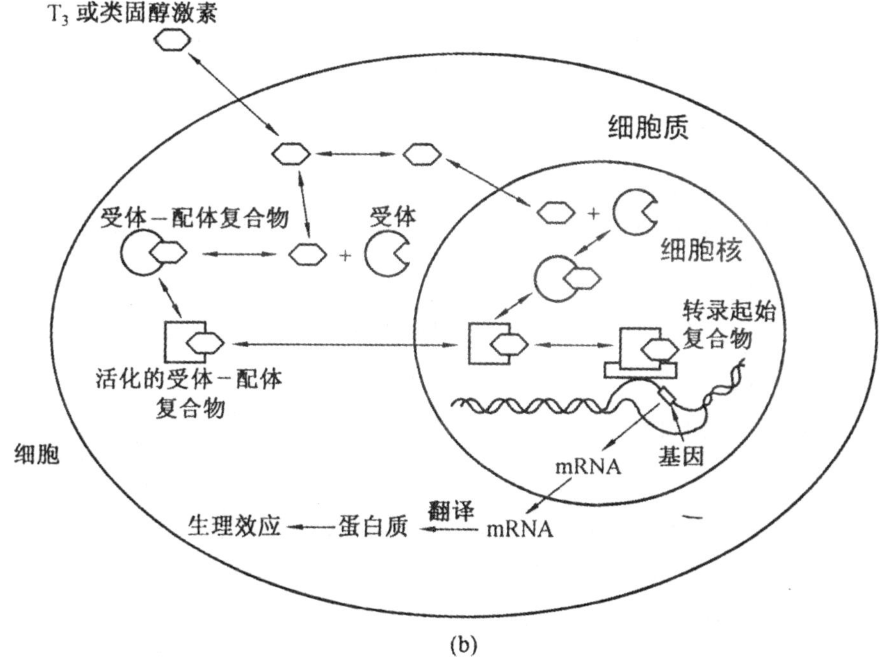

(b)

图 5-9　各类途径的细胞信号转导主要模式

5.2.3 整体水平的代谢调节

人体所处的内环境总是不断地发生着变化，因而体内各代谢途径中的关键酶（或调节酶）活性、激素的分泌及神经系统的活动都会发生相应的变化，使各种物质代谢的强度、速度及方向与内外环境的变化相适应，从而保证机体的能量供求，维持机体的正常生理活动和内环境的相对恒定。现以饥饿和应激为例讨论物质代谢的整体调节。

5.2.3.1 饥饿

（1）短期饥饿

饥饿的第1～2d，机体主要依靠肝糖原分解来维持血糖水平恒定。继之，血糖水平下降至一定程度后，引起胰高血糖素分泌增加和胰岛素分泌减少。这两种激素的增减可引起体内的代谢发生如下“三增强一减弱”为主要特征的变化。

①蛋白质分解增强，氨基酸释放增多：释放的氨基酸中主要是转变成丙氨酸（约占输出总氨基酸量的30%～40%）和谷氨酰胺，以便为糖异生提供原料。

②糖异生作用增强：糖异生的原料主要来自蛋白质分解释放的氨基酸，其次是乳酸，还有少部分来自脂肪动员产生的甘油。生成葡萄糖约150g/d，其中80%由肝生成，余下在肾皮质中产生。

③脂肪动员增强，酮体生成增多：脂肪动员释放出的脂酸经β-氧化后约25%的乙酰CoA在肝内转变成酮体。饥饿初期，主要被心、肌、肾所利用。释放出的甘油可被肝异生为葡萄糖。

④组织氧化葡萄糖减弱：由于胰岛素分泌减少，葡萄糖进入组织细胞减少，葡萄糖氧化的关键酶活性降低，加之，心、肌、肾摄取氧化脂酸和酮体增加，因而葡萄糖的氧化减弱。但饥饿初期，大脑仍以氧化葡萄糖为主。

因此，如果在饥饿初期，及时补充葡萄糖，不仅可以减少酮体生成，降低酸中毒发生，同时也可减少体内蛋白质的消耗（每输入100g 葡萄糖约可节省 50g 蛋白质的消耗），避免造成负氮平衡。

（2）长期饥饿

长期饥饿时代谢的改变与短期饥饿不同：

①因肌肉蛋白分解减少，负氮平衡有所改善。

②肌肉以脂酸为主要能源，以保证酮体优先供应脑组织。

③肌肉蛋白质分解减少，肌肉释出氨基酸减少，乳酸和丙酮酸成为肝糖异生的主要来源。

④肾糖异生作用明显增强，每天生成约 40g 葡萄糖，占饥饿晚期糖异生总量的一半，几乎和肝相等。

⑤脂肪动员进一步加强，肝生成大量酮体，脑组织利用酮体增加，超过葡萄糖，占总耗氧量的 60%。

5.2.3.2 应激

应激是人体受到创伤、剧痛、冻伤、中毒、严重感染等强烈刺激时所作出的一系列反应的总称。

应激状态时，人体的交感神经系统兴奋，肾上腺髓质和皮质激素分泌增多，同时胰高血糖素和生长激素分泌增加，胰岛素分泌减少，使肝糖原分解和糖异生加速，血糖升高，脂肪动员和蛋白质分解加强，糖原合成和脂肪合成受到抑制，使血中葡萄糖、脂酸、氨基酸、酮体代谢等中间产物增多，以有效的应对紧张状态。

应激时物质代谢的特点是分解代谢增强、合成代谢受到抑制。应激状态下，体内代谢的变化见表 5-6。

表 5-6 应激时体内的代谢变化

激素分泌	代谢改变	血中中间代谢产物的含量
肾上腺皮质激素	蛋白质分解增多 糖异生作用增强 葡萄糖利用减少	氨基酸增多 葡萄糖增多 葡萄糖增多

续表

激素分泌	代谢改变	血中中间代谢产物的含量
胰岛素	蛋白质分解增多 糖异生作用加强 葡萄糖利用减少 糖原分解增多	氨基酸增多 葡萄糖增多 葡萄糖增多 乳酸增多
胰高血糖素	糖原分解增多	乳酸增多
生长激素	脂肪分解增多 糖异生作用加强	有力脂肪酸增多,酮体增多 葡萄糖增多

5.3 细胞信号转导

细胞通讯和细胞信号转导是高等生物生命活动的基本机制。细胞信号转导是指特定的化学信号在靶细胞内的转导过程。细胞的信号分子通过与存在于靶细胞膜上或细胞内的受体特异性的识别并结合,启动特定的信号放大系统,使靶细胞产生相应的生物学效应。细胞信号转导的异常与许多常见疾病如肿瘤、内分泌代谢性疾病以及心血管疾病等密切相关。

5.3.1 细胞信号分子

5.3.1.1 细胞外信号分子

依据细胞间通讯途径的多样性及差异,细胞外信号分子分为以下几类。

(1)内分泌激素

内分泌激素又称为内分泌信号,是由特殊分化的内分泌细胞合成并释放的化学信号分子。这些激素包括氨基酸衍生物类,如甲状腺激素等;蛋白质和多肽类,如胰岛素等。它们都是水溶性的,很难直接通过细胞膜的脂质双层进入细胞,必须与靶细胞表面的受体结合而引发细胞的应答反应。脂溶性信号分子主要有类固醇衍生物类，如肾上腺皮质激素、性激素等；脂肪酸衍生物类，如前列腺素等。脂溶性化学信号分子的主要受体位于胞浆或细胞核内。

(2)神经递质

神经递质是神经突触所释放的化学信号分子，它们只在突触间隙将信号转导给突触后膜的靶细胞，其作用时间较短。目前已发现的神经递质有 30 余种，以脑中最多。按化学本质的不同，神经递质可分为：氨基酸类，如甘氨酸、谷氨酸等；有机胺类，如多巴胺、5-羟色胺等；神经肽类，如脑啡肽、内啡肽等。各种神经递质的分布及作用有较高的组织特异性，如甘氨酸主要在脑干和脊髓起抑制作用，谷氨酸及天冬氨酸起有兴奋作用。

(3)局部化学介质

局部化学介质又称为旁分泌信号。由某些细胞产生并分泌的生理活性物质，如组胺、前列腺素、绝大部分的生长因子和细胞因子等。此类信息物质不进入血液，而是通过扩散及细胞外液的介导作用于附近的靶细胞。局部化学介质也需与细胞膜受体结合而引发细胞的应答反应，除生长因子外，局部化学介质的作用时间均较短。

(4)气体信号分子

气体信号分子包括一氧化氮和一氧化碳。前者是由一氧化氮合酶(NOS)通过氧化 L-精氨酸的胍基而产生的，它是结构简单、半衰期短、化学性质活泼的气体信号分子。后者是最近发现的另一种与一氧化氮相似的气体信号分子，它是在血红素加单氧酶氧化血红素的过程中产生的。

(5)自分泌信号分子

自分泌信号分子多见于胚胎、新生儿组织和器官发育中以及成人的免疫和炎症应答系统中。一些肿瘤细胞存在着生长因子的自分泌作用以保证持续增殖。

(6)细胞膜表面结合的信号分子

每个细胞都有众多的蛋白质、糖蛋白、蛋白聚糖等各类分子分布于细胞膜的外表面，这些表面分子可以作为细胞的“触角”与相邻细胞的膜表面分子特异性地识别和相互作用，以达到功能上的相互协调。这种细胞通讯方式称为膜表面分子接触通讯，属于这一类通讯的有相邻细胞间黏附因子的相互作用、T 淋巴细胞与 B 淋巴细胞表面分子的相互作用等。

5.3.1.2 细胞内信号分子

细胞内信号分子主要有两类：一类是被称为第二信使的小分子化学物质；另一类是大分子蛋白质和多肽类，它们在信号转导通路上起“开关分子”或“接头分子”的作用。

(1)第二信使

在细胞内转导细胞信号转导通路的化学物质称为细胞内信号转导相关分子。细胞内信号转导相关分子主要包括无机离子，如 Ca^{2+}；核苷酸，如 cAMP、cGMP；脂类衍生物，如甘油二酯(DG)、神经酰胺；糖类衍生物，如三磷酸肌醇(IP_3)等。通常将 Ca^{2+}、cAMP、cGMP、三磷酸肌醇、甘油二酯等在细胞内转导信号的小分子化合物称为第二信使。此外。近年发现一些气体如 NO、CO、H_2S 也具有第二信使的作用。

细胞内小分子第二信使具有以下共同特点：

①该分子类似物可模拟细胞外信号的作用。

②在完整细胞中，该分子的浓度或分布，在细胞外信号的作用下发生迅速改变。

③阻断该分子的变化可阻断细胞外源信号的反应。

④作为别构效应剂在细胞内有特定的靶蛋白分子。

第二信使在信号转导过程中的主要变化是浓度变化，其浓度在细胞接收信号后变化非常迅速，可以在几分钟内被检测出来，并且在细胞内会很快被水解它们的酶清除，使信号迅速终止，细胞回到初始状态，再接收新的信号。

(2)信使作用主要靶分子

一些调控细胞生长增殖的信号转导到细胞内后，还需向细胞核转导。负责细胞核内外信号转导的物质称为第三信使。第三信使是一类可与靶基因特异序列结合并能调节基因转录的核蛋白，因此又称为 DNA 结合蛋白。细胞内信息物质在转导信号时绝大部分通过酶促级联反应方式进行，它们最终通过改变细胞内有关酶的活性、开启或关闭细胞膜离子通道及细胞核内基因的转录等，达到调节细胞代谢和控制细胞生长、繁殖与分化的目的。

由于细胞内信息的组成呈多样性，其本身作用方式不同，作用途径和特点对代谢的影响也存在很大的差异，如表 5-7 所示。

表 5-7　细胞内信息物质的组成及对细胞功能的影响

信息物质化学本质	细胞内信使	引起的细胞内变化	在信号转导中的作用
无机离子	Ca^{2+}	PKC、CaM 激活	第二信使
脂类衍生物	二酯酰甘油（DAG）	PKC 激活	第二信使
糖类衍生物	三磷酸肌醇（IP_3）	胞内 Ca^{2+} 升高	第二信使
核苷酸	cAMP、cGMP	PKA、PKG 激活	第二信使
蛋白质（含激酶）	Ras（P21 蛋白）	蛋白激酶活性	受体和蛋白激酶

5.3.2　信号转导受体

受体是指存在于靶细胞膜上或细胞内的一类特殊蛋白质分子，它们能够识别与结合信号分子，并触发靶细胞产生特异的效应。受体的化学本质大多为糖蛋白或脂蛋白。将能与受体特异性结合的生物活性分子称之为配体，信号分子是最常见的一类配体。

5.3.2.1　受体的分类

根据细胞定位的不同，受体可以分为膜受体和胞内受体两大类。

（1）膜受体

膜受体是指在细胞膜上分布的，大多为糖蛋白的受体类型。

膜受体主要包括G蛋白耦联型受体、酶耦联受体、耦联胞质蛋白酪氨酸激酶型受体以及离子通道型受体四大类。这四种膜受体的结构如图5-10所示。

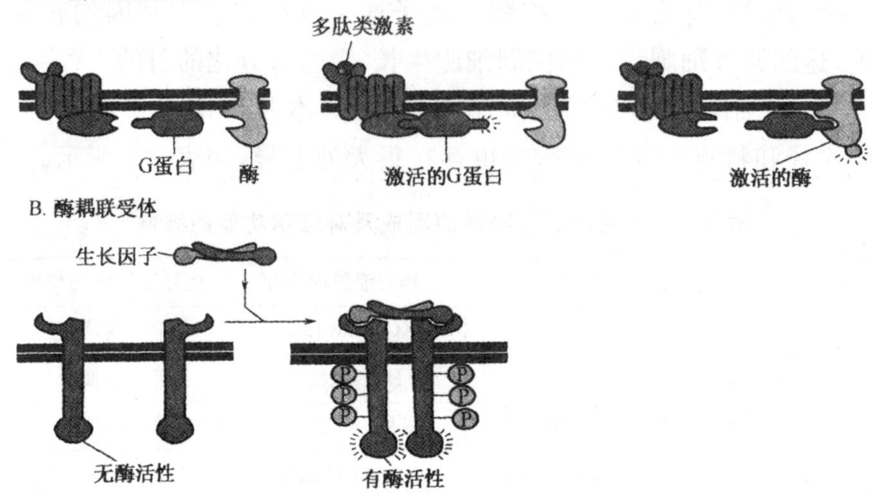

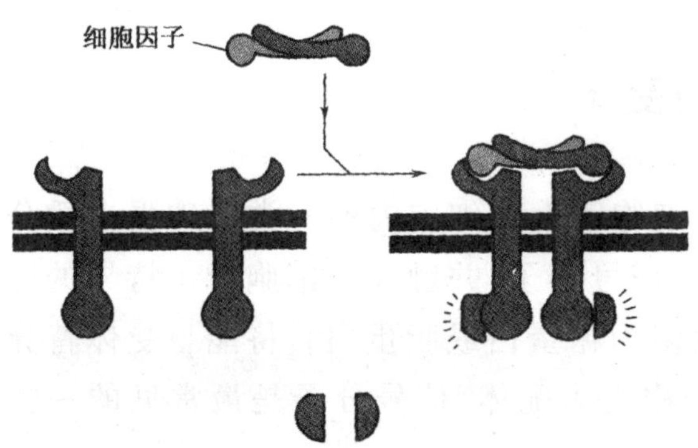

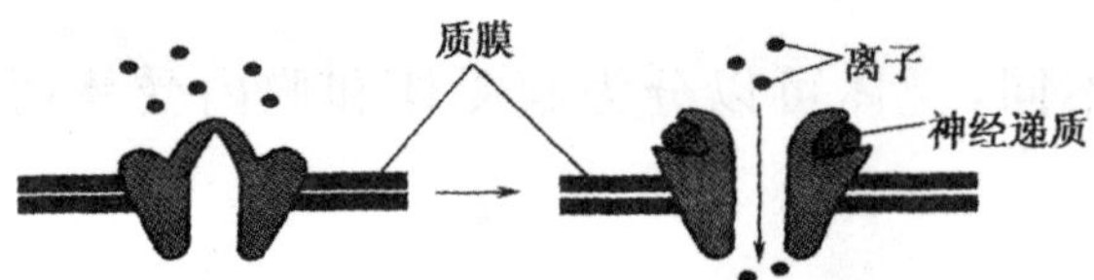

图 5-10　四类膜受体的结构示意图

①G 蛋白耦联型受体。G 蛋白耦联型受体是指在胞外信号分子对细胞膜中的效应蛋白产生调节活性的作用过程中发挥作用的特异受体(图 5-10 中 A)。例如,一些肽类激素(促肾上腺皮质激素、胰高血糖素、甲状旁腺素、降钙素等)、肾上腺素、多巴胺、5-羟色胺、乙酰胆碱等,作用于靶细胞膜特异受体并发生相互作用后,必须经过 GTP 结合蛋白的介导,才能调节膜中的效应蛋白(或酶)的活性。目前知道的 G 蛋白耦联型受体已经达到了数百种,它们拥有相似的结构特征,都由一条经过 7 次跨膜的 α-螺旋构成,因此,我们又称 G 蛋白耦联型受体为 7 次跨膜受体。在 G 蛋白耦联型受体的每个跨膜的 α-螺旋结构中,都存在 20～25 个疏水性氨基酸残基,这些疏水性氨基酸残基通过细胞外部同细胞内第三个环进行连接。当胞外侧与相应配体发生特异结合后,G 蛋白耦联型受体别构活化,通过其胞内侧第三环部位与 G 蛋白相互作用,进而影响膜中的效应蛋白或酶活性,引起细胞内生成第二信使物质,第二信使物质负责将信号向下转导。

②酶耦联受体。酶耦联受体(图 5-10 中 B)中包括两种结构类型,其中一种是胰岛素受体,它是由 2α 亚基和 2β 亚基构成的四聚体;另一种结构类型就是除了胰岛素受体之外其他的酶耦联受体,它们都只有一条 α-螺旋肽链横跨细胞膜一次,胞外侧肽链为配体结合部位,胞内侧肽链具有潜在的酶活性。常见的酶耦联受体有受体型蛋白酪氨酸激酶,包括大多数生长因子受体 NGF-R、EGF-R、I-R、FGF-R、PDGF-R 等,以及受体型蛋白丝/苏氨酸激酶和受体型鸟苷酸环化酶等。

酶耦联受体在一般情况下不会表现出活性,但是当与受体的胞外侧识别特异配体结合并发生相互作用后,就会引起细胞膜中相邻两个受体分子发生位移从而形成二聚体,受体构象就会被改变,进而引起受体胞内侧肽链某些氨基酸残基发生自磷酸化修饰而激活酶活性。通过受体胞内侧底物结合区结合胞质效应蛋白(或酶),并且催化效应蛋白或酶分子氨基酸残基发生磷酸化修饰而改变后者活性,从而继续信号的转导。

生长因子受体的信号转导发生异常时，会导致细胞发生增殖、分化等现象，这些现象都是最终引发癌变的重要原因。

③耦联胞质蛋白酪氨酸激酶型受体。耦联胞质蛋白酪氨酸激酶型受体（图 5-10 中 C）本身不含有激酶活性区，它们主要通过与配体相结合，发生别构、二聚化等反应之后，与胞质中另一种蛋白酪氨酸激酶结合并激活其活性，然后实现信号的向下转导。

④离子通道型受体。离子通道型受体（图 5-10 中 D）最常在神经末梢突触后膜中见到，是一些神经递质受体，主要包括 N-乙酰胆碱受体（N-Ach-R）、谷氨酸受体亚型之一——N-甲基-D-天冬氨酸受体（NMDA-R）、γ-氨基丁酸受体（$GABA_A$-R）、5-羟色胺受体（5-HT_3-R）和甘氨酸受体（Gly-R）等。

离子通道型受体属于跨细胞膜的寡聚蛋白，通过各个亚基的肽链跨细胞膜 4～5 次形成环状的亲水性孔道。当神经递质与特异受体相结合之后，会改变受体的构象，开启一条专一性离子通道，从而促进无机离子的跨膜流动，如 Na^+、K^+、Ca^{2+} 等，最终对突触后细胞（靶细胞）的兴奋性产生影响。

（2）胞内受体

胞内受体识别和结合的是一些疏水性很强的、可以通过扩散进入靶细胞，并且与细胞之中的受体或核内受体相结合的信号分子。胞内受体主要有类固醇激素、甲状腺激素、维生素 D 等。

胞内受体的氨基酸残基数约在 400～1000 个，彼此之间有相当数量的氨基酸残基是同源的，它们在一起构成了胞内受体的超家族。胞内受体的共同结构特点在于它们都包含三个重要的结构域，分别是激素结合域、DNA 结合域以及转录激活域。

①激素结合域。激素结合域主要位于胞内受体的 C 端，由大约 250 个氨基酸残基组成，可以同激素发生特异结合，从而引起受体的别构和活化现象的发生。

②DNA 结合域。DNA 结合域主要集中在胞内受体中靠近肽链中部的位置，由 66～68 个氨基酸残基组成，富含碱性和半胱氨酸残基，可以形成两个或两个以上的锌指结构，可以方便地插

入靶基因 DNA 的相邻大沟内。

③转录激活域。转录激活酶是作用于靶基因的一段被称为激素反应原件的特异核苷酸序列，通常还需要其他转录因子的相互作用，转录激活酶的功能是调节基因的转录活性。

5.3.2.2　受体的作用特点

不同的信号分子作用于靶细胞时会产生不同的调节效应，这是由于各种靶细胞存在的特异受体导致的。研究数据表明，受体和配体相结合的相互作用同酶和底物之间的相互作用类似，特点主要表现在以下几个方面。

(1)可逆性

受体与配体通过非共价键可逆地结合在一起，这些化学键的键能均较低，当生物效应发生后，配体即与受体解离，从而导致信号转导的终止。

(2)亲和性

受体与配体间的亲和力极强，体内信息物质的浓度非常低，通常$\leqslant 10^{-8}$ mol/L，但却具有显著的生物学效应，足见两者间的亲和力之高。通常用其解离常数(K_d)来表示亲和力的大小，解离常数越小，受体与配体结合时所需浓度越低，两者的亲和力越高。一般受体的解离常数在 $10^{-11} \sim 10^{-9}$之间。

(3)饱和性

在一定条件下，存在于靶细胞表面或细胞内的受体数目是一定的。因此，受体与其配体的结合反应也是可饱和的，即随着配体浓度的增高，结合了配体的受体数目也会增多，当全部受体被配体占据以后，就可使其生理效应达到最大。

(4)高度专一性

高度专一性是指受体只能选择性与相应配体结合的性质，这种选择性是由受体与配体分子的几何形状决定的，即通过两者反应基团的定位和分子构象的相互契合来实现，这一性质使靶细胞只能对其周围环境中的特定信号分子产生反应。

(5)特定的作用模式

受体以不同的密度存在于靶细胞的不同区域,其在细胞内从数量到种类上均表现出组织特异性,并出现特定的模式。这种特定的模式可提示某类受体与配体结合后能引起特定的某种生物效应,如表 5-8 所示。

表 5-8 不同受体作用的比较

	离子通道受体	G-蛋白偶联受体	单跨膜 α-螺旋受体	GC 活性受体	胞内受体
别名	配体门控离子通道受体	七跨膜受体	酶耦联受体	DNA 结合蛋白	—
信息物质	乙酰胆碱、谷氨酸、γ-氨基丁酸	多种肽类激素、趋化因子、神经递质	生长因子、细胞因子	感觉刺激等	类固醇激素、甲状腺素、维甲酸
所属种类	膜受体	膜受体	膜受体	膜受体	胞内受体
细胞应答	去极化与超级化	去极化与超级化、蛋白质功能及表达	细胞分化与增殖	蛋白质的功能	调节基因转录
受体功能	离子通道开闭	激活 G 蛋白	激活蛋白激酶	激活 GC	与 DNA 结合

5.3.2.3 受体的调节

无论位于细胞膜还是细胞内的受体都不是固定不变的,它们需要进行正常的新陈代谢,不断地发生合成和降解反应,由于生理、病理或药物等因素的影响,受体的数量或活性常常受到调节。受体的调节主要包括两部分内容,一部分是受体数目的调节;另一部分是受体活性的调节。

(1)受体数目的调节

受体数目的调节存在两种情况,一种是向上调节,就是指受体数目会随血液中配体浓度的下降而上调；还有一种是向下调节，就是指受体数目在某些特定信号刺激下，可以随血液中配体浓度的增高而下调。受体数目的调节可看作是细胞维持内环境相对稳定的一种保护措施。当膜受体与配体结合后，可通过内化方式使受体移入胞内被溶酶体降解。

(2)受体活性的调节

受体分子中的丝氨酸/苏氨酸残基或酪氨酸残基被磷酸化修饰后，往往会导致受体的失活或激活，从而减弱或加强信号转导。例如，横跨细胞膜的胰岛素受体或表皮生长因子受体，它的胞内侧肽链上的酪氨酸残基发生磷酸化修饰后可以使受体的活性被激活，而当被激活的 β_2-肾上腺素受体胞内侧肽链丝氨酸残基发生磷酸化修饰后又会导致受体与 G 蛋白脱耦联，从而降低细胞对外界信号刺激的反应能力，称这种现象为受体的脱敏。

5.3.3　细胞信号转导途径

不同的信号分子通过与相应的受体结合，经过不同的信号转导途径，会产生不同的效应。一些亲水性信号分子与膜受体结合之后会产生第二信使，第二信使将细胞外的信息传入靶细胞内，从而导致细胞内的一系列变化，这是跨膜信号转导；而亲脂性信号分子可以通过简单的扩散直接进入细胞内部，通过与细胞内部受体的结合，实现对基因表达的调节作用。本节将从膜受体和胞内受体两种介导模式入手，探讨几种主要的细胞信号转导途径。

5.3.3.1　膜受体介导的信号转导途径

膜受体介导的信号转导又可以称为跨膜信号转导，通常情况下，一些水溶性信号分子无法通过细胞膜，只能通过膜受体将信号接收、放大并最终转导到细胞内部，对细胞的生理活动起到调节的作用。跨膜信号转导从膜受体与配体相结合开始，经过 G 蛋白的介导，在细胞内部催生第二信使，由第二信使完成信号的转导工作，从而引起功能蛋白质或调节蛋白质的激活或失活。下面将讨论几种主要的膜受体介导的信号转导途径。

(1)CAMP-蛋白激酶 A 途径

20 世纪 50 年代末，Sutherland 等通过体外实验发现肾上腺素可以引起肝糖原分解。但亲水性强的肾上腺素不能通过细胞膜，只能作用于肝细胞膜表面。那么，肾上腺素通过什么机制引起肝糖原分解？他们发现肾上腺素作用于肝细胞膜后，可诱导细胞内产生 cAMP。cAMP 在细胞内作为肾上腺素的第二信使，进一步将信号下传。cAMP 首先激活蛋白激酶 A，然后由蛋白激酶 A 通过级联反应使多种酶蛋白发生磷酸化修饰而被激活，直至引起肝糖原分解。此信号转导过程以 cAMP 的产生和蛋白激酶 A 激活为特点，被称为 cAMP-蛋白激酶 A 途径。

胞外许多信号分子都可以影响靶细胞内 cAMP 水平，如胰高血糖素、促甲状腺激素(TSH)、促肾上腺皮质激素(ACTH)、促黄体素(LH)和甲状旁腺素(PTH)等。这些激素作用于靶细胞膜后，均可以诱导胞内产生 cAMP，再通过 cAMP-蛋白激酶 A 途径在胞内进一步转导信号，直至产生生物学效应。因此 cAMP-蛋白激酶 A 途径广泛存在于动物细胞内，长期以来一直被人们作为研究细胞信号转导途径的参照模式。

腺苷酸环化酶(AC)是催化生成 cAMP 的关键酶，在 cAMP 信号转导中自成一系统。这一系统由 4 部分组成，即激素、受体、G 蛋白和 AC 催化活性亚单位(C)。当激素与膜受体结合后，改变了受体的带电性，并使受体构象改变，使受体在膜上位移，受体与 G 蛋白结合催化 Gs 的 GDP 与 GTP 交换，释出 Gs-GTP，后者能激活 AC，AC 催化 ATP 转化成 cAMP。

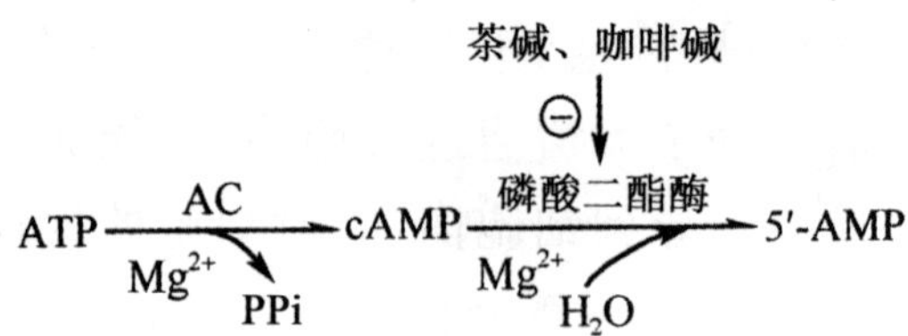

cAMP 在磷酸二酯酶(PDE)的催化下降解为 5′-AMP 而失活。cAMP 的正常细胞浓度为 0.1～1.0μmol/L,但在激素作用下可升高 100 倍以上,但静脉注射 cAMP 时不引起任何效应。

AC 分布广泛,除红细胞外,几乎分布在所有细胞膜上。而 PDE 分布于肝脏、心脏、血管平滑肌、血小板、单核细胞和脂肪细胞,而且具有多种亚型,不同组织中 PDE 活性不同,以脑皮层活性最高。某些药物如茶碱,可抑制 PDE 的活性,使细胞内 cAMP 浓度增高。G 蛋白在 AC 激活中分为参与激活型受体(RS)活化 AC 的兴奋性 G 蛋白(Gs)和参与抑制型受体(Ri)抑制 AC 的抑制性 G 蛋白(Gi)。GTP 和 Mg^{2+} 可以促进 α、β 和 γ 亚基与质膜的结合。

cAMP 的作用机制如下:

①肾上腺素作用于靶细胞膜 β 受体。肾上腺素(A)是由肾上腺髓质分泌的一种激素,结构上属于酪氨酸衍生物。β 肾上腺素受体(β-AR)属于具有典型的 7 次跨膜 α-螺旋结构的 GPCRs。其胞外侧肽链含有结合肾上腺素的结构域,胞内侧肽链有若干个可被磷酸化的丝氨酸/苏氨酸残基,与受体的脱敏或失活有关,胞内第三环是 G 蛋白结合位点。肾上腺素与 β-AR 结合并发生相互作用后可引起受体别构活化。

②Gs 蛋白介导、激活腺苷酸环化酶。G 蛋白是一类与鸟苷酸结合的蛋白质(GTP 结合蛋白),由 α、β 和 γ 三个亚基构成的异三聚体,分子量大约为 100kDa。G 蛋白通过共价连接的脂链锚定在细胞膜内侧面,目前已鉴定出的 G 蛋白有 20 多种,其中 α 亚基结构各异,β、γ 亚基同源性较高。各类 G 蛋白可以介导不同的活化受体和膜中效应蛋白(或酶)之间的信号转导。现知受 G 蛋白介导的膜中效应蛋白(或酶)主要有磷脂酶 C(PLC)、腺苷酸环化酶(AC)、cGMP 依赖的磷酸二酯酶(cGMP-PDE)和某些离子通道等。其中介导 AC 活性的 G 蛋白有抑制性 G 蛋白(Gi)和激活性 G 蛋白(Gs)两类。Gs 蛋白耦联兴奋性受体(Rs),激活 AC,使胞内 cAMP 水平增高;Gi 蛋白耦联抑制性受体(Ri),抑制 AC

活性，使胞内 cAMP 水平下降。另有 Gq 蛋白介导 PLC 活性，使 PIP_2 水解产生 DAG 和 IP_3。Gt 蛋白介导 cGMP-PDE 活性，使 cGMP 水平下降。Go 蛋白介导某些细胞膜中离子通道，改变胞内 K^+、Ca^{2+} 浓度等，见表 5-9。

表 5-9 常见的几类 G 蛋白及其效应蛋白或酶

G 蛋白类型	效应蛋白(酶)	胞内信使物质的变化
Gs	AC↑	cAMP↑
Gi	AC↓	cAMP↓
Gq	PLC_β↑	DAG↑、IP_3↑、Ca^{2+}↑
Gt	cGMP-PDE↑	cGMP↓
Go	激活某些离子通道(如 K^+、Ca^{2+})	改变膜电位

基础状态下，G 蛋白 α 亚基与 GDP 结合(Gα-GDP)，并与 $\beta\gamma$ 二聚体构成无活性的异三聚体形式存在于细胞膜内侧面。当肾上腺素作用于靶细胞膜 β-AR 并通过相互作用使之别构活化后，活化 β-AR 作用于 Gs 蛋白，引起 G 蛋白变构而释出 GDP 结合 GTP，同时与 $\beta\gamma$ 二聚体分离转变为有活性的 Gα-GTP 形式。Gα-GTP 激活膜中的 AC，后者催化 ATP 生成 cAMP。G 蛋白 α 亚基有 GTP 酶活性，能将结合的 GTP 水解为 GDP 并释出 Pi，从而使 Gα-GTP 转变为 Gα-GDP 而失去活性。$\beta\gamma$ 二聚体与无活性的 Gα-GDP 结合重新构成异三聚体形式而恢复原来的基础状态，称此过程为 G 蛋白循环，具体过程参看图 5-11。

G 蛋白的功能除了某些情况下由 $\beta\gamma$ 二聚体执行外，大多数情况下是由 α 亚基发挥作用。α 亚基活性受 GTP 和 GDP 调节，两者之间的变换又受活性受体和 GTP 酶的作用，从而实现 G 蛋白的中介作用。

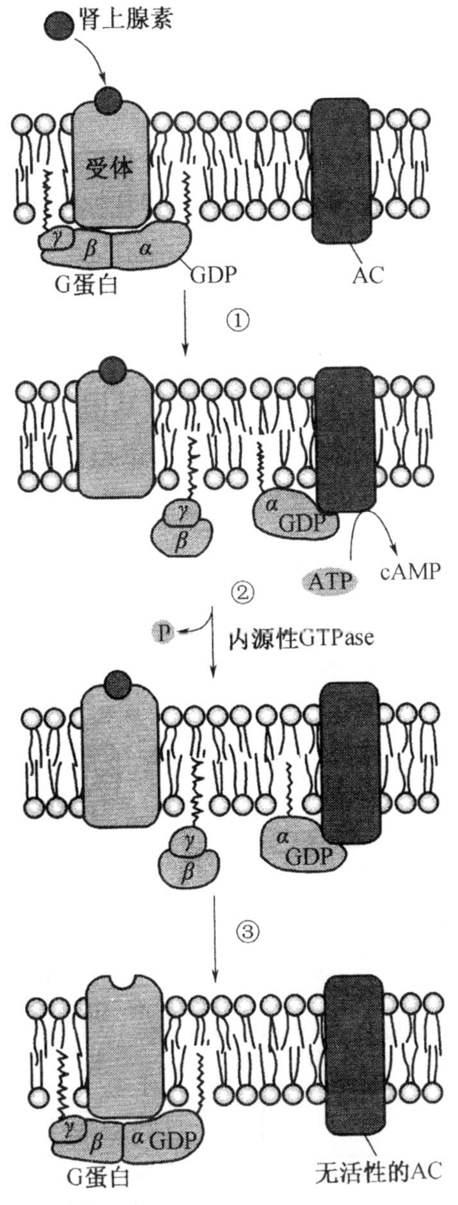

图 5-11　G 蛋白循环

③AC 催化 cAMP 的生成。正常情况下,细胞内的 cAMP 浓度$<10^{-7}$mol/L。在激素刺激作用下,胞膜 AC 可以催化胞质内的 ATP 环化生成 cAMP,一般在几秒钟内即可使胞质内 cAMP

水平改变 5 倍之多。一旦 cAMP 发挥第二信使作用后，胞内磷酸二酯酶(PDE)会将其迅速水解使其恢复原来的水平。因此，胞质内 cAMP 的产生与灭活是在 AC 和 PDE 的交替作用下维持动态平衡的。

$$\mathrm{ATP}\xrightarrow[\mathrm{Mg^{2+}}\quad\curvearrowright\ \mathrm{PPi}]{\mathrm{AC}}\mathrm{cAMP}\xrightarrow[\mathrm{H_2O+Mg^{2+}}]{\mathrm{PDE}}5'\text{-}\mathrm{AMP}$$

④cAMP 激活蛋白激酶 A。细胞内有一类能催化蛋白质或酶发生磷酸化修饰的蛋白激酶，其活性依赖于 cAMP 的激活，此类酶被称为 cAMP 依赖性蛋白激酶(PKA)。在动物细胞内，cAMP 主要是通过激活 PKA 来发挥其第二信使的作用。PKA 是由两个催化亚基(C)和两个调节亚基(R)构成的四聚体(C_2R_2)。如图 5-12 所示，PKA 以四聚体形式存在时无激酶活性，当两个调节亚基分别与两个 cAMP 结合后，引起酶蛋白别构使催化亚基与调节亚基解离，PKA 被激活。

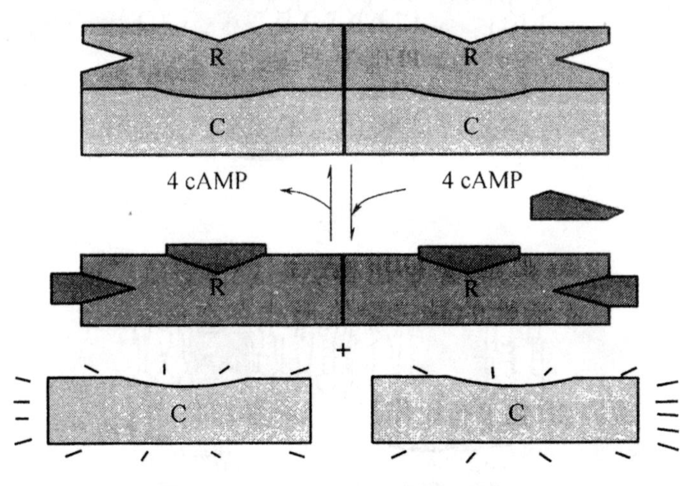

图 5-12 cAMP 激活蛋白激酶 A

⑤PKA 使多种靶蛋白(酶)发生磷酸化修饰。如图 5-13 所示，PKA 属于蛋白丝氨酸/苏氨酸激酶，能够催化 ATP 末端的磷酸基团转移到靶蛋白肽链中的丝氨酸或苏氨酸残基上，

进而影响多种关键酶或功能蛋白的活性，直至产生相应的生物学效应。

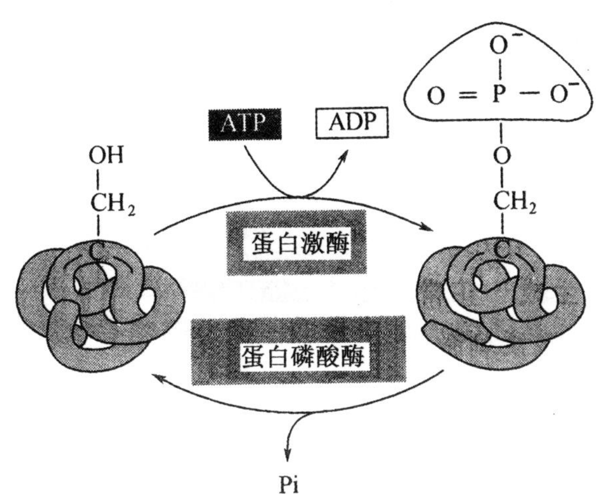

图 5-13　PKA 催化靶蛋白(酶)使丝氨酸/苏氨酸残基发生磷酸化修饰

肾上腺素可以通过上述 cAMP-PKA 信号转导途径调节肝糖原分解。机体在应激状态下，对能量需求会有所增加。此时肾上腺髓质分泌肾上腺素增加，通过血液循环作用于肝细胞膜 β-AR，经过激素-受体相互作用而使受体别构活化，活化受体经 Gs 蛋白介导，激活膜上 AC，AC 催化胞内 ATP 产生 cAMP，cAMP 作为第二信使进一步激活 PKA。PKA 一方面通过催化磷酸化酶 b 激酶发生磷酸化而使其活化，促进肝糖原降解为 1-磷酸葡萄糖；另一方面 PKA 又使糖原合酶 Ⅰ 发生磷酸化而使之失活，以抑制肝糖原的合成。通过 PKA 的双重调节作用，确保肝糖原分解以提供血糖。cAMP-PKA 途径参与基因表达的调节如图 5-14 所示。

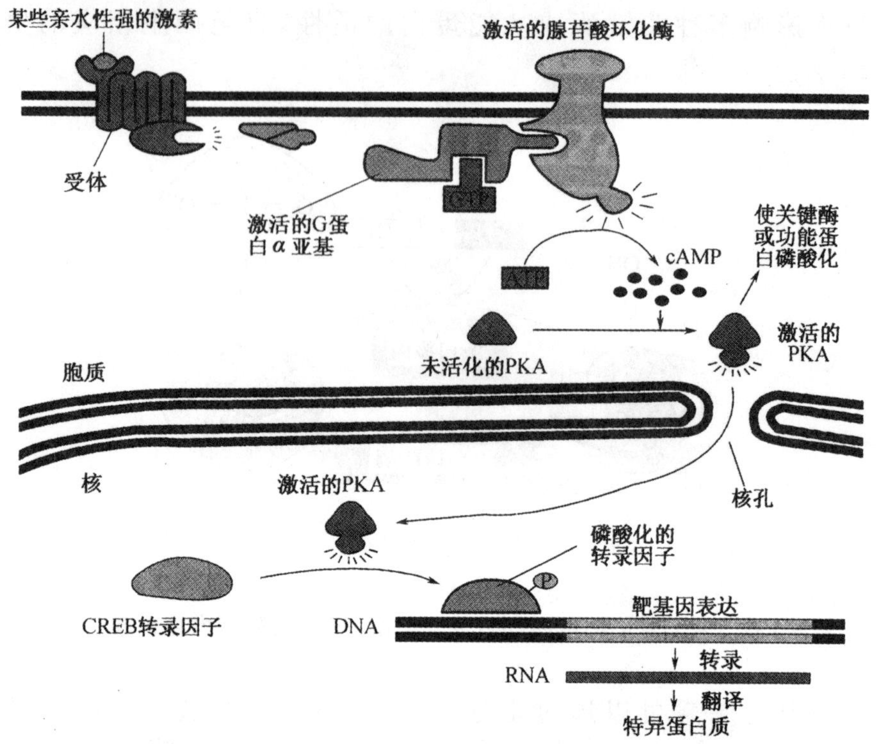

图 5-14　cAMP-PKA 途径参与基因表达的调节

(2)cGMP-蛋白激酶途径

继 cAMP 发现之后,Goldberg 于 1963 年首先发现了 cGMP。cGMP 与鸟苷酸环化酶(GC)一起构成细胞信号转导中的另一条重要的环核苷酸类第二信使系统,心钠肽(ANP)、脑钠肽(BNP)、血管活性肽和细菌内毒素等分子通过此途径发挥调节作用。cGMP 的产生是由 GC 在二价离子存在下,催化 GTP 环化而成的,cGMP 在磷酸二酯酶作用下降解为 5′-GMP。cGMP 能激活 cGMP 依赖性蛋白激酶 G(PKG),后者催化相关蛋白质的丝/苏氨酸残基磷酸化。这一系统组成包括配体、G 蛋白、GC、cGMP、PKG。在视觉信号转导及 NO 介导的信号转导中具有重要的特殊作用。

$$\mathrm{GTP} \xrightarrow[\mathrm{Mg^{2+}}\ \ \ \mathrm{PPi}]{\mathrm{GC}} \mathrm{cGMP} \xrightarrow[\mathrm{H_2O}]{\mathrm{PDE}} 5'\text{-}\mathrm{GMP}$$

①鸟苷酸环化酶 GC 的激活。如图 5-15 所示，鸟苷酸环化酶 GC 有两大类，一类为膜结合型 GC，另一类为胞质可溶性 GC。膜结合型 GC 又至少有三个亚型，即 GC-A、GC-B 和 GC-C，它们受不同的肽类配体激活。已知心钠素受体（ANP-R）分布于肾小管细胞和血管平滑肌细胞等质膜上，是横跨质膜的单链糖蛋白，属于 A 型 GC（GC-A）受体。ANP-R 胞外侧含有 ANP 结合域，胞内侧含有激酶样结构域和 GC 催化活性区，激酶样结构域对酶活性具有调节作用。当 ANP-R 胞外侧与配体 ANP 特异结合后，引起受体别构，形成同二聚体，进而激活胞内侧 GC 活性，后者催化胞质内 GTP 环化形成 cGMP。cGMP 通过作用于 PKG，进一步使相关蛋白或酶发生磷酸化修饰，产生生物学效应。如引起血管平滑肌松弛，排钠利尿，并且间接影响交感神经系统和肾素-血管紧张素-醛固酮系统，抑制血管收缩，使血管扩张、血压下降。

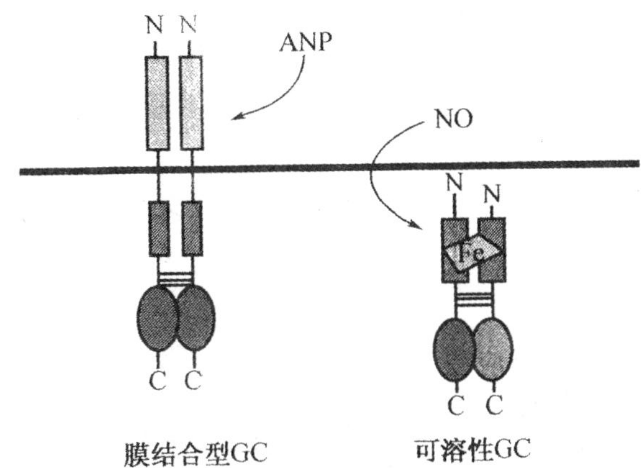

图 5-15　两类鸟苷酸环化酶结构示意图

胞质可溶性 GC 是由 α、β 两个亚基构成的异二聚体，分子中含有与膜结合型 GC 同源的催化活性区，其活性受 NO 激活。在 GC 肽链的 N 末端含有血红素结构，NO 可以结合到血红素结构上，引起 GC 蛋白别构活化，催化 GTP 环化为 cGMP。

②cGMP 参与 NO 舒血管的信号转导过程。NO 是一种特殊的信使物质，细胞内可溶性 GC 是其重要的靶酶。当乙酰胆碱

(Ach)作用于血管内皮细胞 M-AchR，经 Gq 蛋白介导，刺激 PLG_{β} 水解质膜内层中的 PIP_2 产生 DAG 和 IP_3，后者引起胞内 Ca^{2+} 水平增高。Ca^{2+} 与 CaM 结合成活性复合物，进一步激活血管内皮细胞 NOS，NOS 催化精氨酸分解释出 NO。NO 通过旁分泌作用进入血管平滑肌细胞内，激活胞质内可溶性 GC，致使胞内 cGMP 含量大幅度升高。cGMP 进一步激活 PKG，活性 PKG 催化细胞膜和肌浆网膜钙泵发生磷酸化修饰，通过钙泵作用使 Ca^{2+} 子移出胞质，随着胞质内 Ca^{2+} 水平的降低，引起平滑肌松弛而使血管舒张，如图 5-16 所示。乙酰胆碱作用于血管内皮细胞 M 型受体到引起平滑肌松弛过程中，至少包括 4 种信使分子(IP_3、Ca^{2+}、NO 和 cGMP)参与的级联式的信号转导过程，从而快速调节血管舒张。硝酸甘油是临床使用有上百年历史的一种缓解心绞痛的药物，其作用机制直到最近几年发现了 NO 的舒血管作用后才搞清楚。硝酸甘油进入体内转化为 NO，NO 通过上述途径引起心肌舒张，使血管内血流恢复畅通，缓解心绞痛症状。

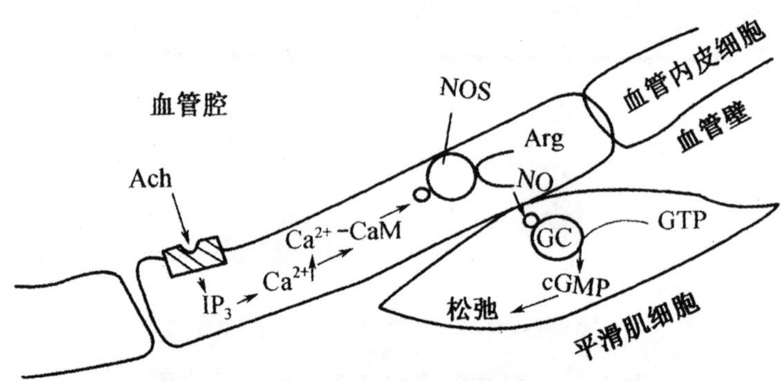

图 5-16　cGMP 参与 NO 舒血管的信号转导过程

③cGMP 参与视杆细胞光信号转导过程。在脊椎动物视杆细胞内，cGMP 可以直接作用于细胞膜 Na^{+}/Ca^{2+} 通道将其开启，使胞外 Na^{+} 与 Ca^{2+} 可以进入视杆细胞内，胞内 Na^{+} 与 Ca^{2+} 浓度的增高使细胞发生去极化，从而释放神经递质。而在光刺激下，视紫红质(Rh)经转导素(Gt)介导，激活 cGMP 依赖性磷酸二酯

酶(cGMP-PDE)活性，使 cGMP 水解而降低视杆细胞内 cGMP 水平，进而关闭细胞膜 Na^{+}/Ca^{2+} 通道，引起细胞超极化，神经递质释放减少而产生视觉反应。因此，cGMP 在光信号转导中起着重要作用。

④cGMP 参与 NO 调节大脑海马区域 LTP 的形成。大脑海马等区域在受到反复刺激后可产生一种持续增强的突触效应，称此为长时程增强(LTP)。LTP 的形成涉及神经元与神经元之间的突触连接与重构，这一过程既需要突触前神经元释放递质作用于突触后膜，又需要突触后神经元将信号反馈给突触前神经元，NO 作为一种特异的逆行信使在此过程中充当着这一特殊角色。

(3)酪氨酸蛋白酶途径

胰岛素、生长因子以及一些细胞因子、生长激素等都是通过该途径发挥作用的。酪氨酸蛋白激酶(TPK)介导的信号转导在细胞生长、增殖、分化等过程中起重要的调节作用，并且与肿瘤的发生密切相关。根据受体本身是否具有 TPK 活性将其分为通过受体 TPK(受体型 TPK)及胞浆内 TPK(非受体型 TPK)两种不同的方式来传导信号。

①受体型 TPK-Ras-MAPK 途径。受体型 TPK-Ras-MAPK 途径中受体本身具有酪氨酸蛋白激酶催化活性，胰岛素受体、表皮生长因子受体及某些原癌基因的受体均属于此类受体，这类受体具有蛋白激酶催化部位、底物作用部位、ATP 结合部位。当配体与催化型受体结合后，受体发生自身磷酸化并磷酸化生长因子受体结合蛋白 2(Grb2，属于接头蛋白的一种)和 SOS(属于鸟苷酸释放因子的一种)。它们的 SH_2 结构域识别并与磷酸化受体的磷酸-酪氨酸残基结合，形成受体 Grb2-SOS 复合物，激活 Ras 蛋白。

胰岛素与受体进行结合以后，受体的酪氨酸蛋白激酶被激活，同时，受体一定部位的酪氨酸自身发生磷酸化，并促使胰岛素受体底物-1(IRS-1)磷酸化，活化的胰岛素受体底物-1(IRS-1)可激活磷酸肌醇-3 激酶(PI-3K)、Ras 等。蛋白激酶 B(PKB，又称为

Akt)是 PI-3K 主要下游信号转导途径，PKB 具有丝氨酸/苏氨酸蛋白激酶活性，调节多种酶的活性，最有调节细胞骨架重组、蛋白质和糖原合成等细胞反应，如图 5-17 所示。

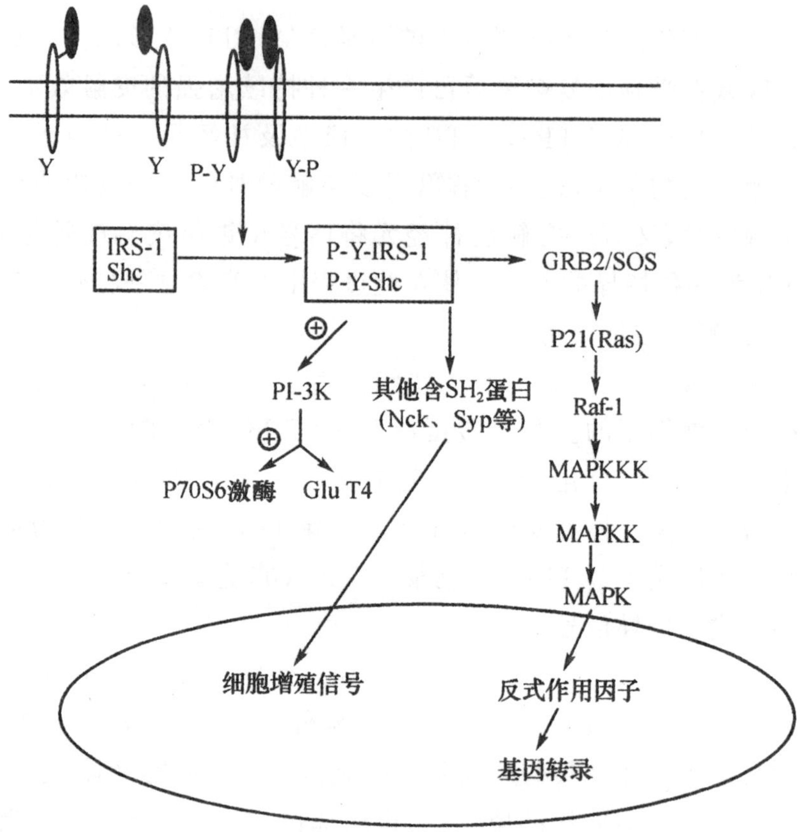

图 5-17 胰岛素的信号转导过程

如图 5-17 所示，胰岛素分泌后，受体二聚化，Ras 蛋白通过 Grb 和 SOS 的相互作用激活。Grb 和 SOS 均具有 SH_2 和 SH_3 结构域。在静息细胞中 Grb 通过 C 末端的 SH_3 与 SOS 结合成复合物游离在胞质中，当胰岛素与受体结合后，受体表现出 TPK 活性并使受体磷酸化，为具备 SH_2 的底物提供结合位点，吸引 Grb-SOS 复合物向质膜移动，使质膜区的 SOS 增加并导致 SOS 与 Ras 的靠近，使 Ras 结合 GTP 活化；Ras 进一步活化 Raf 蛋白，Raf 具有丝氨酸/苏氨酸蛋白激酶活性，可激活有丝分裂原激活蛋白激酶(MAPK)系统。该系统包括 MAPKK 激活因子(MAPKKK)、MAPK 激酶(MAPKK)和 MAPK。活化的 MAPK 可进入细胞核内发挥其广泛的催化活性，催化核内诸多的转录因子磷酸化，调节基因转录，而发挥调节作用。

当胰岛素分泌减少或其受体活性降低时，影响其相关的代谢调节过程，导致糖类代谢、细胞能量代谢、脂肪代谢等功能紊乱，导致糖尿病。

肥胖型 2 型糖尿病的发生的主要因素在于胰外因素，胰岛素受体及受体后缺陷，内生胰岛素明显增加，胰岛细胞功能逐渐衰竭，为多基因遗传与环境共同作用的结果。

上述 Ras-MAPK 途径是 EGFR 的主要信号通路之一，即生长因子→生长因子受体(如 RTK)→接头蛋白→SOS→Ras 蛋白→Raf 蛋白(S/T 激酶)→MEK(T/Y 激酶)→MAPK→蛋白和转录因子。因 EGFR 的胞内段具有多个酪氨酸磷酸化位点，除 Grb2 外还可通过其他 SH_2 结构域信号转导分子形成如 PLC-IP_3/DAG-PKC、PI-3K 通路等。还可以通过激活 AC、多种磷脂酶(如磷脂酶 A、PI-PLC 和鞘磷脂酶等)发挥调控基因表达的作用。

总之，此途径作用十分复杂，除调节代谢引起其调节效应外，还在细胞骨架的形成、细胞分化、细胞增殖、细胞生存等方面发挥着重要作用，如图 5-18 所示。

②JAK-STAT 途径。大部分的激素和细胞因子、一部分生长因子的单次跨膜受体本身都缺乏 TPK 活性，但是它们可以借助细胞里存在的 TPK，如 JAK、Src 等实现信号的转导。JAK 是 Janus Kinase 的简称，原本是罗马神话中一位可以眼观八方的门神，在生物学领域表示可以转导信号的酶。干扰素等信号分子与其受体相结合之后，可以激活各自的 JAK。被激活的 JAK 一方面可以磷酸化上游的二聚体受体，另一方面还能识别并磷酸化具有 SH_2 结构域的下游蛋白分子。STAT 是指转录激活因子，在 JAK 的激活下，信号转导和 STAT 分子中的酪氨酸残基会发生

磷酸化而被激活，进入细胞核内，对基因的转录产生调节作用。图 5-19 为 JAK-STAT 途径的示意图。

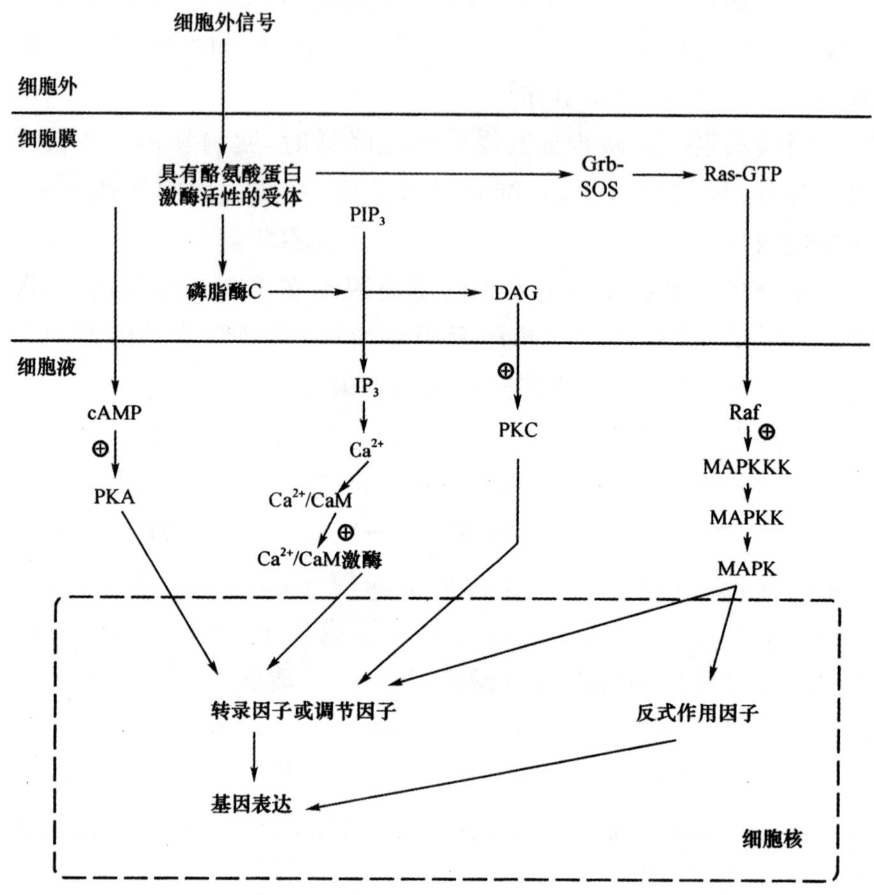

图 5-18 催化型受体 TPK 途径作用模式

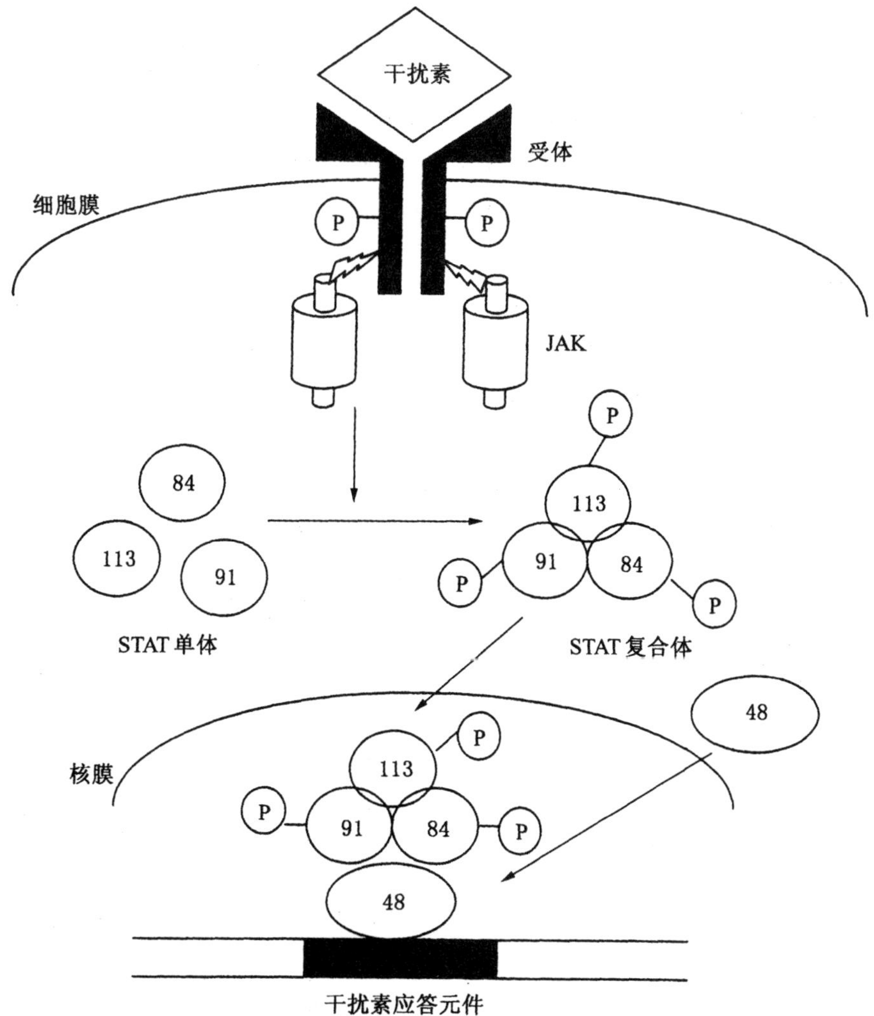

图 5-19　JAK-STAT 途径示意图

(4)钙调蛋白途径

有些信号分子作用于靶细胞膜特异受体(如乙酰胆碱作用于 M_1-AchR、肾上腺素作用于 α_1-AR、5-HT 作用于 5-HT_2-R、组胺作用于 H_1-R 等),经相互作用使受体别构活化后,经过 Gq 蛋白介导,激活膜中磷脂酶 C_β(PLC_β)。PLC_β 催化细胞膜内层的磷脂酰肌醇-4,5-二磷酸(PIP_2)水解产生 IP_3 和 DAG。IP_3 和 DAG 可分别作为第二信使,进一步转导信号。其中,IP 主要引起胞内 Ca^{2+} 水平增高,后者进一步与钙调蛋白(CaM)结合形成 Ca^{2+}-钙调蛋白(Ca^{2+}-CaM)活性复合物,再激活其下游的多种靶蛋白或酶,直至产生生物学效应,称之为 Ca^{2+}-CaM 途径。DAG 则留在膜中,在磷脂酰丝氨酸(PS)和 Ca^{2+} 参与下,通过激活 PKC,以进一步转导信号,称此途径为 DAG-PKC 途径。

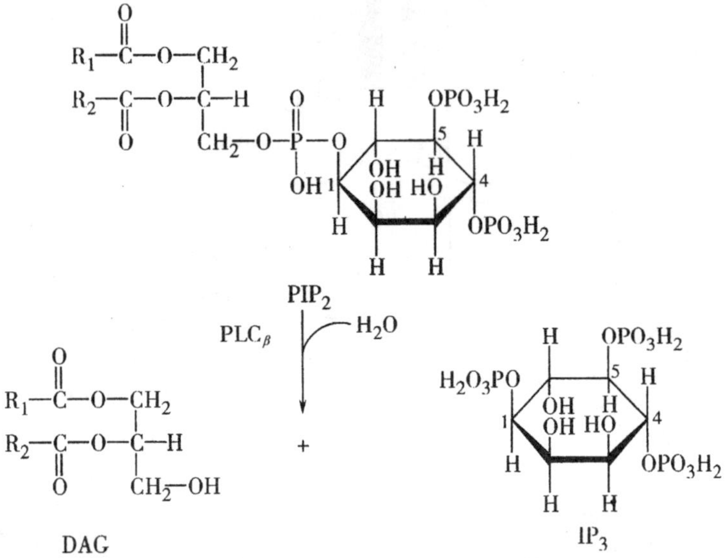

PIP_2

PLC_β H_2O

DAG + IP_3

①Ca^{2+}-CaM 途径。

a. IP_3 引起胞质内 Ca^{2+} 水平增高。IP_3 是水溶性小分子,它从细胞膜释出进入胞质后,通过扩散与内质网(肌细胞内称为肌浆网)膜上的 IP_3 受体(IP_3R)结合。IP_3R 是由 4 个相同亚基构成的钙离子通道蛋白,在 IP_3 作用下,IP_3R 别构使通道打开,钙库释放 Ca^{2+} 进入胞质。同时,IP_3 磷酸化为 IP_4,IP_4 进一步引起细胞膜钙通道开启,使胞外 Ca^{2+} 内流。结果使胞质内 Ca^{2+} 水平从基础的 10^{-7} mol/L 很快上升到 10^{-6} mol/L,图 5-20 为 IP_3 引起细胞质内 Ca^{2+} 水平增高示意图。Ca^{2+} 作为第二信使发挥调节功能后,有两种机制使胞内 Ca^{2+} 浓度下降,一是启动内质网膜钙泵,将 Ca^{2+} 重新摄入内质网钙库使之再充盈;二是开启细胞膜钙泵(如 Ca^{2+}-ATP 酶和 Na^+-Ca 交换系统),将 Ca^{2+} 泵出细胞,使胞内 Ca^{2+} 浓度快速恢复至基础水平。在某些情况下 Ca^{2+} 不能及时泵出时,胞内 Ca^{2+} 浓度持续升高超过 10^{-5} mol/L 以上时,易引起高

Ca^{2+} 的毒性作用。

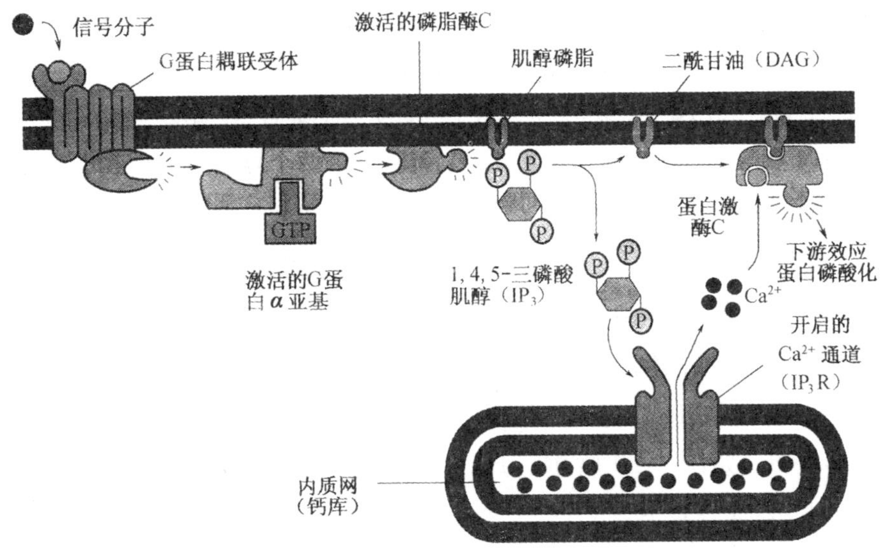

图 5-20 IP_3 引起细胞质内 Ca^{2+} 水平增高

b. Ca^{2+} 与钙调蛋白结合形成 Ca^{2+}-CaM 活性复合物。胞质内 Ca^{2+} 浓度达到 10^{-6} mol/L 时，Ca^{2+} 即可发挥调节功能。Ca^{2+} 可以诱导神经末梢细胞分泌神经递质，多条代谢途径中的关键酶被激活，比如丙酮酸激酶、糖原合酶、丙酮酸羧化酶等。此外，绝大多数情况下，Ca^{2+} 作为第二信使，需要与胞内多种钙结合蛋白（如 CaM、肌钙蛋白 C、膜联蛋白、蛋白激酶 C、磷脂酶 A_2 等）结合起来形成复合物。其中 CaM 几乎存在于所有真核细胞中，Ca^{2+} 与 CaM 结合成活性复合物后，可以进一步激活其下游多种靶蛋白或酶，引起广泛的生物学效应。因此，CaM 既是 Ca^{2+} 的受体又是重要的调节蛋白。CaM 是由 150 个氨基酸残基组成的单一肽链，含有较多酸性氨基酸残基。CaM 通过肽链盘绕、折叠形成 4 个钙离子结合域。当胞内 Ca^{2+} 浓度从基础水平增高到 10^{-6} mol/L 时，Ca^{2+} 即与 CaM 的钙离子结合域中酸性氨基酸残基以离子键结合，Ca^{2+} 结合量可以 1～4 个不等，形成不同空间构象的 Ca^{2+}-CaM 活性复合物，进而识别并结合胞内不同的靶蛋白或酶，将信号下传。

$$Ca^{2+} + CaM \rightleftharpoons CaM\text{-}(Ca^{2+})_n \ (n=1\sim4)$$

（Ca^{2+}-CaM 活性复合物）

目前发现细胞内至少有20多种重要的酶或蛋白受Ca^{2+}-CaM活性复合物的调节，如PDE、AC、糖原磷酸化酶激酶(GPK)、钙调磷酸酶(CaN)、钙调蛋白激酶(CaMK)、肌球蛋白轻链激酶(MLCK)、NOS、钙泵(Ca^{2+}-ATPase)、细胞骨架相关蛋白、核内转录因子CREB等。因而Ca^{2+}-CaM信号转导途径可以参与调节细胞的分裂、分化、分泌、基因转录等，产生广泛生物学作用。

②DAG-PKC信号转导途径。PIP_2的另一水解产物是DAG。DAG的作用表现在两个方面：一是DAG进一步分解产生花生四烯酸，后者代谢转变为前列腺素、白三烯和血栓素等活性物质；二是DAG在Ca^{2+}存在下进一步激活蛋白激酶C(PKC)，将信号下传，如图5-20所示。PKC是由600～800个氨基酸残基构成的单一肽链，PKC家族至少有12种亚型。PKC的N端调节结构域可以结合Ca^{2+}、DAG和磷脂，C端有丝氨酸/苏氨酸激酶活性区。PKC被活化后，可以使多种酶蛋白、生长因子受体、转录因子等肽链中的丝氨酸/苏氨酸残基发生磷酸化修饰而改变活性，使其表现出多种调节功能。

a. 参与蛋白酪氨酸激酶型受体活性的调节。PKC可使多种生长因子受体(蛋白酪氨酸激酶型受体)如IR、EGFR等胞内侧肽链上的丝氨酸/苏氨酸残基发生磷酸化修饰而使受体失活，进而参与蛋白酪氨酸激酶型受体的跨膜信号转导调节。

b. 参与调节糖原代谢。PKC可使糖原合酶磷酸化而失活，使磷酸化酶b激酶磷酸化而激活，从而抑制糖原合成、促进糖原分解。

c. 通过TPA反应元件(TRE)途径调节基因转录活性。受DAG-PKC调控的一段DNA碱基序列“…TGAGTCA…”被称为TPA反应元件。TPA(12-O-tetradecanoyl phorbol-13-acetate，TPA)简称佛波醇酯，是从巴豆种子中提取的一种致癌剂，具有与DAG相似的结构性质，可以代替DAG激活PKG。

(5)核因子κB途径

核因子κB(NF-κB)是细胞中非常重要的转录调节因子，首先在β细胞中被发现。核因子κB是一种分布广泛、由Rel蛋白家族的成员以同源或异源二聚体形式组成的转录因子。核因子 κB 途径在全身炎症反应综合征的信号转导过程中发挥着重要的作用。

核因子 κB 包括核因子 $κB_1$、核因子 $κB_2$、RelA 等癌基因蛋白等。核因子 κB 在多数细胞中会和抑制性蛋白质结合生成没有活性的复合物。当肿瘤坏死因子等在相应的受体的作用下通过第二信使 Cer 的转导使 IκB 磷酸化时，IκB 的结构会被改变，会使核因子 κB 脱落下来，从而促使核因子 κB 被激活。

此外，病毒感染、脂多糖、活性氧中间体、TPA、PKC 等都可以直接参与到核因子 κB 的激活系统当中，图 5-21 是核因子 κB 途径的信号转导过程示意图。

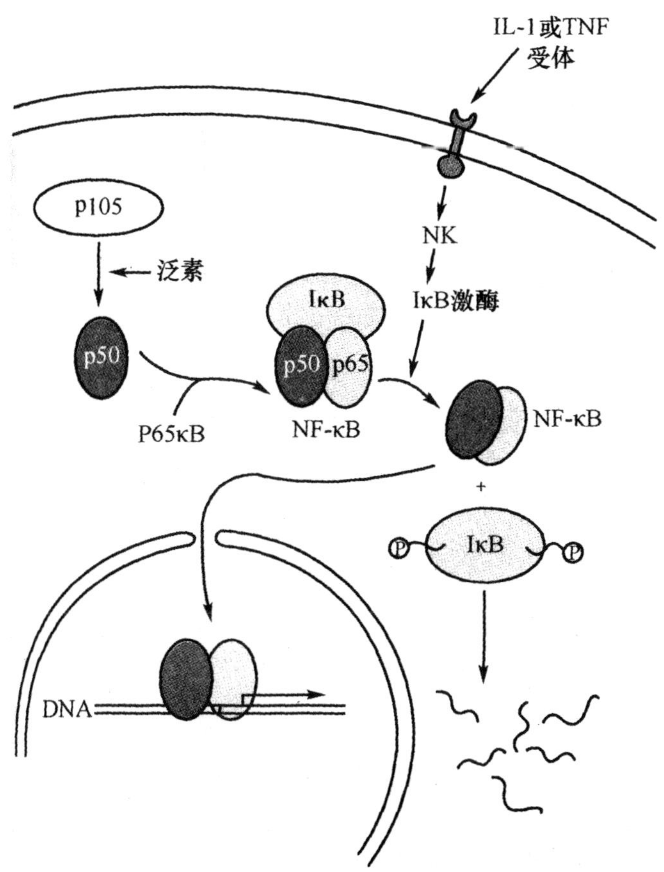

图 5-21　核因子 κB 信号转导途径示意图

(6)TGF-β 途径

转化因子家族包括转化生长因子-β(TGF-β)、骨形态蛋白(BMPs)、活化素等信号分子,它们的受体属于跨膜丝氨酸/苏氨酸蛋白激酶受体。

TGF 受体分为Ⅰ型和Ⅱ型,配体与受体结合后使Ⅰ型和Ⅱ型受体聚合,Ⅱ型受体使Ⅰ型受体胞内区发生磷酸化,进而激活 Smad。Smad 分 Smad 1～8 亚型,Smad 激活可通过不同亚型的相互作用调节基因的表达。如图 5-22 所示为 TGF 和 BMP 通过 Smad 的激活将信号向细胞内转导的过程。TGF-β 主要参与调节增殖、分化、迁移和凋亡等多种细胞反应。

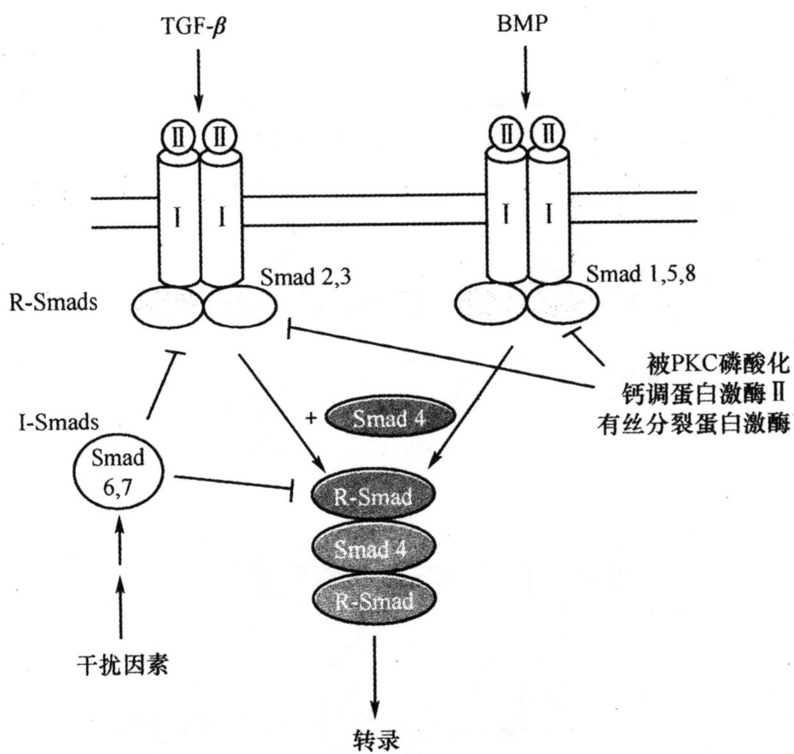

图 5-22　TGF-β 超家族受体信号转导和 BMP 的信号转导

5.3.3.2　胞内受体介导的信号转导途径

目前已经确定可以通过细胞内的受体实现信号转导的激素包

括甾体激素、甲状腺激素以及 1,25$(OH)_2$-D_3 等非极性分子,它们通过细胞内的受体完成信号转导的同时,也会对细胞内的活动起到调节作用。细胞内受体分为胞浆内受体和胞核内受体两种。

已经知道的核受体包括上百种,是一个超家族,在细胞的生长、发育、分化过程中起到重要的调节作用。核受体内部存在一段极为保守的区段,即使是不同的激素,它们之间也存在 40%～60% 的相似,并且都会形成锌指结构,称为 DNA 结合部位。与很多转录调节的因子相似的地方是,DNA 结合部位的结构一旦被改变,就会失去生物活性,并且会保留 100%的结合特性,这说明这一区域同受体识别激素没有太大的关系。

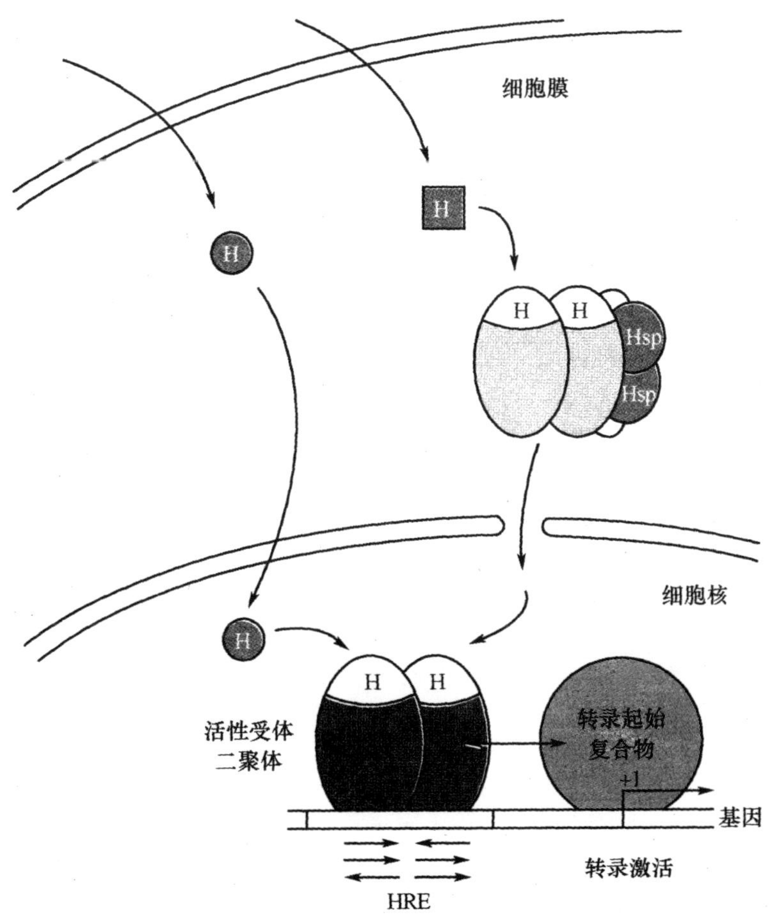

图 5-23　细胞核受体作用以及激素应答单元

甾体激素通过其受体在不同的水平上对基因的表达发挥作用。受体首先同甾体激素结合,并通过二聚体形式穿过核孔进入细胞核内部,在细胞核内部与特定基因结合,形成激素应答单元,对基因的转录起到调节作用。图 5-23 所示是细胞核受体的作用,有些甾体激素在还没有和受体完成结合的情况下就进入到了细胞核内部,并与热休克蛋白结合,处于静止状态。热休克蛋白对受体和激素的结合起到促进作用,并且能遮蔽受体和 DNA 的结合部位,使受体只能和 DNA 完成疏松结合,当激素和受体完成结合之后,受体会释放出热休克蛋白,暴露与 DNA 的结合部位,与 DNA 紧密结合,并对基因表达起到调节作用。

第 6 章　生物体内核酸生物合成机理

核酸是由许多核苷酸聚合成的生物大分子化合物，为生命的最基本物质之一。根据化学组成不同，核酸可分为核糖核酸（简称 RNA）和脱氧核糖核酸（简称 DNA）。因此，本章分别对 DNA 的生物合成机理和 RNA 的生物合成机理进行探讨。

6.1　DNA 的生物合成机理

6.1.1　DNA 复制的基本方式

Watson 和 Crick 于 1953 年提出双螺旋模型时就推测了 DNA 复制的基本方式，并认为碱基配对原则使 DNA 复制和修复成为可能。现已阐明，在绝大多数生物体内，DNA 复制的基本方式是相同的。

6.1.1.1　半保留复制

DNA 复制最重要的特征是半保留复制。DNA 复制时，亲代 DNA 双螺旋解开成为两条单链，各自作为模板，按照碱基互补配对原则合成一条与模板互补的新链，形成两个子代 DNA 分子。每一个子代 DNA 分子中都保留有一条来自亲代 DNA 的链。这种 DNA 复制的方式称为半保留复制，如图 6-1 所示。

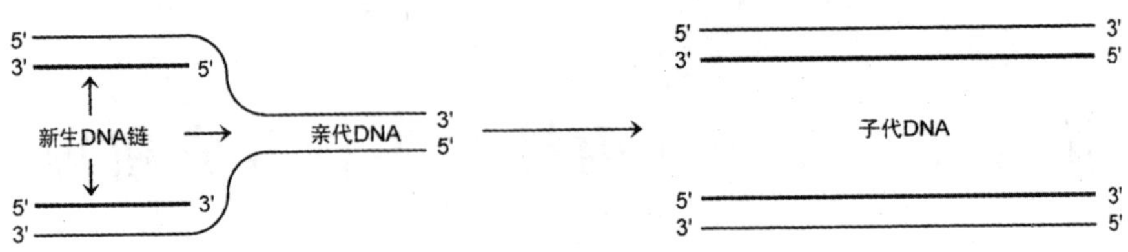

图 6-1　半保留复制

1953 年在建立了双螺旋模型之后，Watson 和 Crick 提出了半保留复制的设想。1958 年，Messelson 和 Stahl 设想通过用^{15}N标记大肠埃希菌 DNA 的实验证实上述半保留复制的假想。他们将大肠埃希菌(*E. coli*)放在含$^{15}NH_4Cl$的培养液中培养若干代后，DNA 全部被^{15}N标记而成为“重”DNA(^{15}N-DNA)，密度大于普通^{14}N-DNA(“轻”DNA)，经 CsCl 密度梯度超速离心后，出现在靠离心管下方的位置。但如果将含^{15}N-DNA 的 *E. coli* 转移到$^{14}NH_4Cl$的培养液中进行培养，按照 *E. coli* 分裂增殖的世代分别提取 DNA 进行密度梯度超速离心分析，发现随后的第一代 DNA 只出现一条区带，位于^{15}N-DNA(“重”DNA)和^{14}N-DNA(“轻”DNA)之间；第二代的 DNA 在离心管中出现两条区带，其中上述中等密度的 DNA 与“轻”DNA 各占一半。随着 *E. coli* 继续在$^{14}NH_4Cl$的培养液中进行培养，就会发现“重”DNA 不断被稀释掉，而“轻”DNA 的比例会越来越高。实验过程如图 6-2 所示。

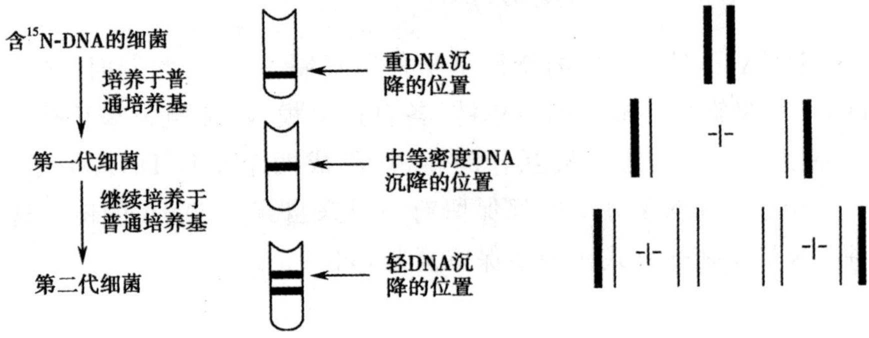

图 6-2　DNA 的半保留复制实验

随后的许多实验研究也证明 DNA 的半保留复制机制是正确的，对于保证遗传信息传递的准确性有着重要的意义。

6.1.1.2 双向复制

复制时，DNA 从复制起始点向两个方向解链，形成两个延伸方向相反的复制叉，称为双向复制。习惯上把两个相邻起始点之间的复制区称为一个复制子。复制子是独立完成复制的功能单位。

在原核生物中，环状 DNA 的双向复制是从一个复制起始点开始，向两个相反方向延伸形成两个复制叉。而在真核生物中，每个染色体有多个复制起始点，每个起始点产生两个移动方向相反的复制叉，复制完成时，复制叉相遇并汇合连接。真核生物的双向复制是多点复制，如图 6-3 所示。

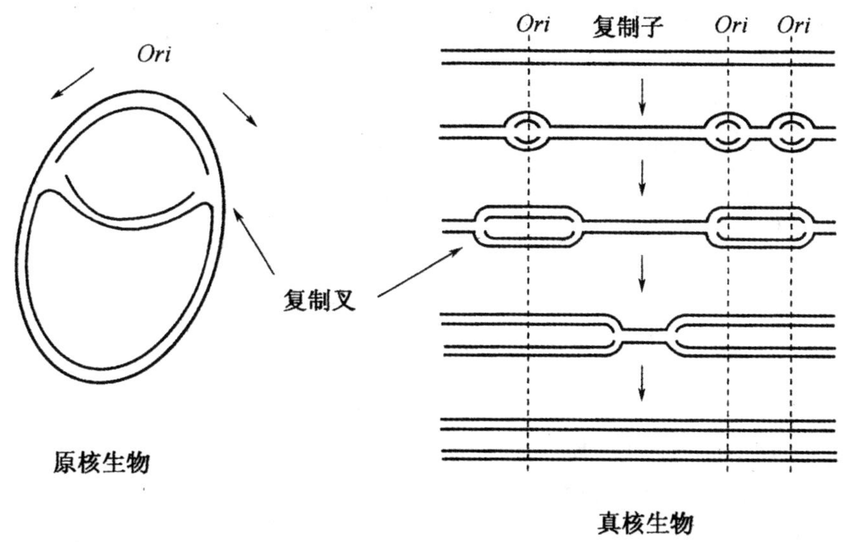

图 6-3 DNA 的双向复制

6.1.1.3 半不连续复制

1968 年，冈崎等人通过利用大肠杆菌为实验材料，将含有^3H标记的胸苷的培养基培养几秒钟后，然后杀死细菌，分离 DNA，测定新合成的DNA放射性。发现核素出现在长度为1000～2000个核苷酸残基的片段上,后来称为冈崎片段(真核生物中,冈崎片段长度为100～200个核苷酸残基)。若培养时间延长到1min或2min,核素则出现在大的DNA片段上。

冈崎根据实验结果提出了DNA两条亲代链以不同方式被复制的半不连续复制模型:与复制叉移动方向一致的3′→5′模板链,按照5′→3′方向被连续合成,该连续合成的子代链称为前导链;与复制叉移动方向相反的3′→5′模板链,只能在复制叉移动暴露出后先不连续合成一些冈崎片段,然后通过DNA连接酶再将这些片段连接成一条链。通过不连续合成方式合成的链称为后随链,具体如图6-4所示。

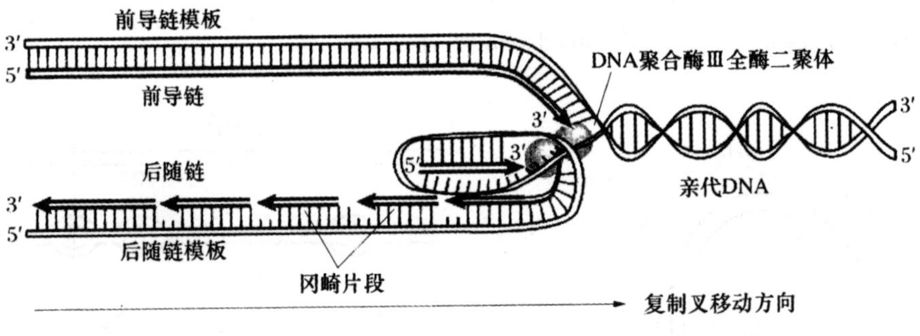

图6-4　一个DNA复制叉处于的半不连续复制模式

说明:两条子代链都是沿着5′→3′方向合成,前导链被连续合成,后随链被不连续合成。

在大肠杆菌中,由于DNA复制是在DNA聚合酶Ⅲ全酶复合物催化下完成的,复合物中的两个DNA聚合酶Ⅲ全酶分别执行前导链和后随链的合成。图中后随链模板绕成一个环,似乎两条链合成方向与复制叉移动的方向一致,好像DNA聚合酶Ⅲ全酶同时延伸两条新链,两条链合成齐头并进,实际上前导链应当先于后随链合成。

6.1.1.4　滚环复制

细菌环状DNA复制是从复制起点开始,双向同时进行,形成

θ样中间物，又称为“θ”型复制，最后两个复制方向相遇而终止复制。一些简单的环状 DNA 如质粒、病毒 DNA 或 F 因子经接合作用转移 DNA 时，采用滚环复制。

细菌质粒 DNA 在进行滚环复制时，亲代双链 DNA 的一条链在 DNA 复制起点处被切开，5′-端游离出来。DNA 聚合酶Ⅲ可以将脱氧核苷酸聚合在 3′-OH 端。这样，没有被切开的内环 DNA 可作为模板，由 DNA *pol* Ⅲ在外环切口上的 3′-OH 末端开始进行聚合延伸。另外，外环的 5′-端不断向外侧伸展，并且很快被单链结合蛋白所结合，作为模板指导另一条链的合成延伸。DNA 聚合酶Ⅰ切除 RNA 引物，并填充间隙构成完整的 DNA 链。但以外环链解开形成的模板，只能使相应的互补链不连续地合成。随着以内环链作模板进行的复制，以及外环单链的展开，意味着整个质粒环要不断向前滚动，最终得到两个与亲代相同的子代环状 DNA 分子，如图 6-5 所示。

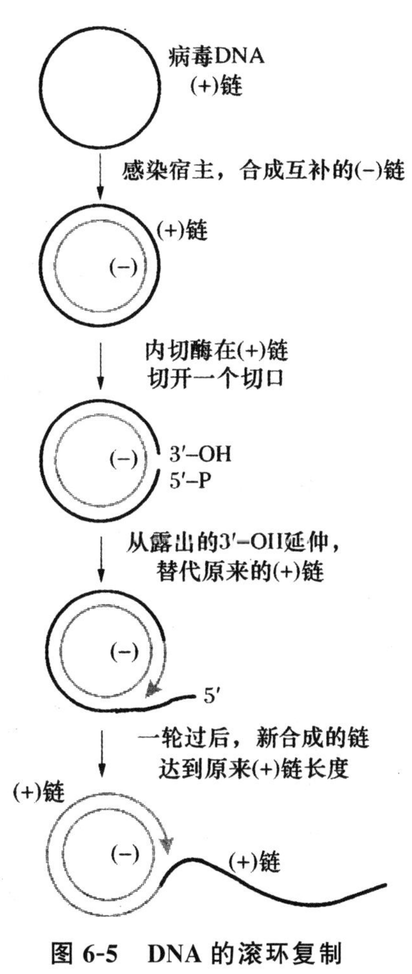

图 6-5 DNA 的滚环复制

6.1.1.5 D-环复制

线粒体 DNA 编码参与电子传递和氧化磷酸化的蛋白质以及其他一些线粒体蛋白质。线粒体 DNA 复制是一种起始很特殊的单向复制模式（见图 6-6）。

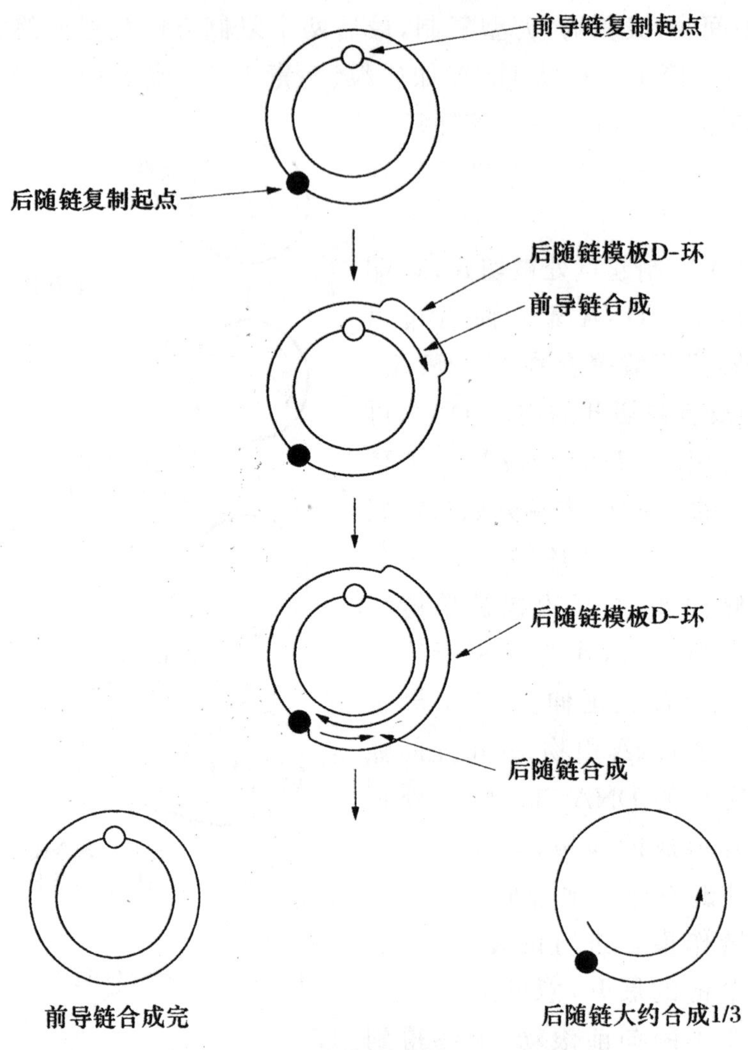

图 6-6　通过 D-环机制复制 DNA

从图 6-6 中可以看到，线粒体 DNA 有两个复制起点，分别用于每条子代链的合成。合成首先在前导链模板开始进行单向复制。随着前导链的合成，前导链取代后随链模板，形成了一个后随链模板取代环(D-环)。

当前导链合成完成 2/3 时，D-环通过并暴露出后随链模板复制的起点。此时开始后随链合成，合成方向与前导链合成方向相反，也是单向进行的。由于后随链复制推迟，所以当前导链合成已经完成时，后随链合成才进行到 1/3。无论前导链还是后随链的合成都需要 RNA 作为引物，而且每条链合成都是在 DNA 聚合酶 I 催化下连续进行的。

6.1.2　参与 DNA 复制的酶和蛋白质因子

6.1.2.1　DNA 聚合酶

DNA 聚合酶又称为依赖 DNA 的 DNA 聚合酶。1957 年，Kornberg 首次在大肠杆菌中发现 DNA 聚合酶 I 。此后，在原核生物和真核生物中相继发现了多种 DNA 聚合酶。这些 DNA 聚合酶的共同性质是：①需要 DNA 模板。②需要 RNA 或 DNA 作为引物，即 DNA 聚合酶不能从头催化 DNA 的合成。③催化反应具有方向性，催化 dNTP 加到引物的 3′-OH 末端，因而 DNA 合成的方向为 5′→3′。④属于多功能酶，有 3 种催化活性，分别在 DNA 复制和修复过程的不同阶段发挥作用(见图 6-7)。

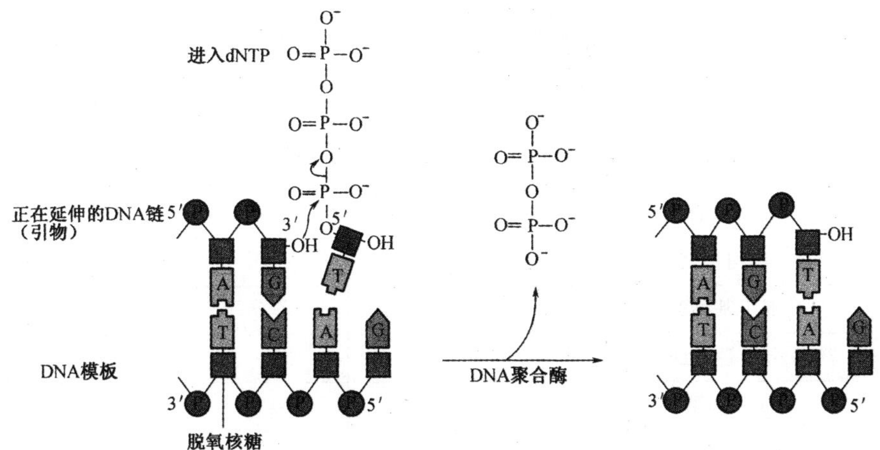

图 6-7　DNA 聚合酶的聚合作用

(1)原核细胞的 DNA 聚合酶

目前已发现的大肠杆菌 DNA 聚合酶有 5 种，但对 DNA 聚合酶Ⅰ、Ⅱ、Ⅲ研究比较明确。

①DNA 聚合酶Ⅰ。DNA 聚合酶Ⅰ是由 Kornberg 于 1956 年发现的一种多功能酶，它有 5′→3′外切酶、3′→5′外切酶、5′→3′聚合酶 3 个不同的活性中心。用枯草杆菌蛋白酶水解 DNA 聚合酶Ⅰ可以得到两个片段。其中大片段称为 Klenow 片段，含 3′→5′外切酶活性中心和 5′→3′聚合酶活性中心(常用于合成 cDNA 第二股链、标记双链 DNA 3′-端)；小片段含 5′→3′外切酶活性中心。DNA 聚合酶Ⅰ活性低，主要功能不是催化 DNA 复制合成，而是在复制过程中切除引物，填补缺口。此外，DNA 聚合酶Ⅰ还参与 DNA 修复。

②DNA 聚合酶Ⅱ。DNA 聚合酶Ⅱ是一种多酶复合体，有 5′→3′聚合酶活性中心和 3′→5′外切酶活性中心，但没有 5′→3′外切酶活性中心。DNA 聚合酶Ⅱ的功能可能是参与 DNA 修复。

③DNA 聚合酶Ⅲ。DNA 聚合酶Ⅲ是一种多酶复合体，由 α、β、γ、δ、δ'、ε、θ、τ、χ 和 ψ 共十种亚基构成，其中 α、ε 和 θ 亚甲基构成了全酶的中心。α 亚基含 5′→3′聚合酶活性中心，ε 亚基含 3′→5′外切酶活性中心，θ 亚基可能起装配作用，其他亚基各有不同作用。DNA 聚合酶Ⅲ活性最高，是催化 DNA 复制合成的主要酶。

大肠杆菌 3 种 DNA 聚合酶的结构、特点和功能总结见表 6-1。

表 6-1　大肠杆菌 DNA 聚合酶

DNA 聚合酶	Ⅰ	Ⅱ	Ⅲ
结构基因	*pol*A	*pol*B	*pol*C
亚甲基种类	1	≥7	≥10
分子量/kDa	103	88	791.5
3′→5′外切酶活性	+	+	+
5′→3′外切酶活性	+	−	−
5′→3′聚合酶活性	+	+	+
5′→3′聚合速度/(nt/s)	16～20	40	250～1000
功能	切除 DNA 的复制引物，修复 DNA	修复 DNA	复制合成 DNA

(2)真核细胞的 DNA 聚合酶

真核细胞的 DNA 聚合酶真核生物体中至少拥有 5 种 DNA 聚合酶，分别命名为 α、β、γ、δ 和 ε。它们能以 $5'\rightarrow3'$ 方向聚合 DNA 链，但各种酶的具体功能不尽相同(表 6-2)。

表 6-2　哺乳动物的 DNA 聚合酶

	α(Ⅰ)	β(Ⅳ)	γ(M)	δ(Ⅲ)	ε(Ⅱ)
存在部位	细胞核	细胞核	线粒体	细胞核	细胞核
亚基数目	4	1	2	2	>1
外切酶活性	无	无	$3'\rightarrow5'$	$3'\rightarrow5'$	$3'\rightarrow5'$
引物合成酶活性	有	无	无	无	无
持续合成能力	中等	低	高	有 PCNA 时高	高
抑制剂	蚜肠霉毒	双脱氧 TTP	双脱氧 TTP	蚜肠霉毒	蚜肠霉毒
功能	引物合成	修复	线粒体 DNA 合成	核 DNA 合成	修复

真核细胞细胞核 DNA 复制的主要聚合酶是 DNA $pol\alpha$ 和 DNA $pol\delta$，它们在 DNA 复制中相互协作，$pol\delta$ 催化前导链和滞后链合成，$pol\alpha$ 催化引物合成，$pol\delta$ 还具有 $3'\rightarrow5'$外切酶的校正功能。DNA $pol\gamma$ 是真核细胞线粒体 DNA 合成酶；DNA$pol\delta$ 是修复酶，参与 DNA 修补合成；DNA $pol\beta$ 是修复酶。

6.1.2.2　引物合成酶

引物合成酶亦称引发酶，此酶以 DNA 为模板合成一段 RNA，这段 RNA 作为合成 DNA 的引物。催化引物 RNA 合成的酶对利福平不敏感，而且在一定程度上可用脱氧核糖核苷酸代替核糖核苷酸作为底物，与经典的 RNA 聚合酶不同。大肠杆菌的引发酶为一条单链多肽，相对分子质量为 60000。引发酶只有与其他蛋白形成引发体时才有活性。

6.1.2.3 DNA 连接酶

DNA 连接酶可催化 DNA 分子中两段相邻单链片段的连接，但不能连接单独存在的 DNA 单链。DNA 连接酶催化磷酸二酯键的生成，从而将两个相邻的 DNA 片段连接起来。因为 DNA 的复制是半不连续的，在复制的一定阶段需要 DNA 连接酶将不连续的冈崎片段连接完整。DNA 连接酶催化的反应是耗能的，在真核生物中利用 ATP 供能，而在原核生物中则消耗 NAD^+（见图 6-8）。不仅复制过程需要 DNA 连接酶，在 DNA 重组修复、剪切过程、基因工程操作均需要 DNA 连接酶。

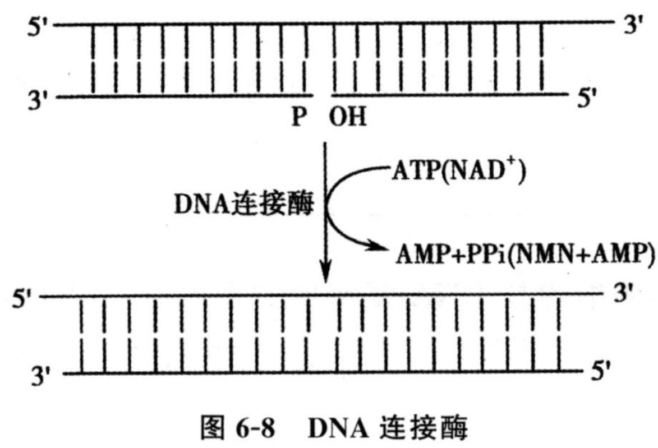

图 6-8 DNA 连接酶

6.1.2.4 解旋酶

DNA 双螺旋在复制和修复中都必须解链，以便提供单链 DNA 模板。DNA 双螺旋并不会自动打开，解螺旋酶可以促使 DNA 在复制位置处打开双链。解螺旋酶可以和 DNA 分子中的一条单链 DNA 结合，利用 ATP 分解成 ADP 时产生的能量沿 DNA 链向前运动，促使 DNA 双链打开。大肠杆菌中已发现有两类解螺旋酶参与这个过程，一类称为解螺旋酶Ⅱ或解螺旋酶Ⅲ，与后随链的模板 DNA 结合，沿 5′→3′方向运动；第二类称为 Rep 蛋白，与前导链的模板 DNA 结合，沿 3′→5′方向运动。

6.1.2.5 DNA 拓扑异构酶

拓扑是指物体或图像作弹性位移而保持物体原有的性质。在 DNA 复制过程中，需要部分 DNA 呈现松弛状态，这使其他部分的 DNA 由于呈现正、负超螺旋状态而出现打结或缠绕等拓扑学性质的改变。DNA 拓扑异构酶是一类通过催化 DNA 链的断裂、旋转和重新连接而改变 DNA 拓扑学性质的酶。在 DNA 复制、转录、重组和染色质重塑等过程中，DNA 拓扑异构酶的作用是调节 DNA 的拓扑结构，促进 DNA 和蛋白质相互作用（见图 6-9）。

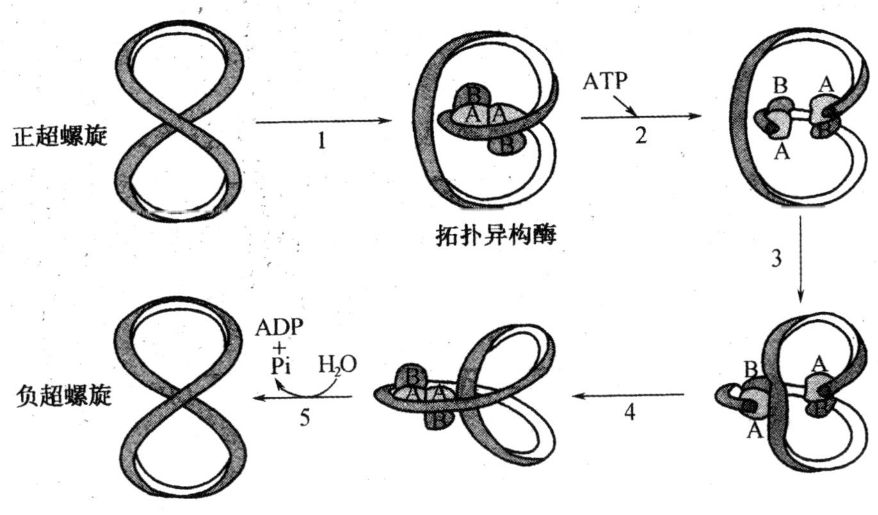

图 6-9 DNA 拓扑异构酶

6.1.2.6 单链 DNA 结合蛋白

单链 DNA 结合蛋白（SSB）能与双链 DNA 解开形成的两条单链 DNA 分别结合，防止单链 DNA 重新形成双螺旋，并保护它们不受核酸酶水解。大肠杆菌的单链 DNA 结合蛋白是同源四聚体，具有协调效应。当 DNA 聚合酶向前推进时，单链 DNA 结合蛋白就脱离 DNA 单链，使之作为模板，DNA 复制得以进行，所以 SSB 不会沿着复制叉向前移动，而是不断与模板结合、脱离，反复发挥作用。

6.1.3 DNA复制过程

6.1.3.1 原核生物的DNA复制过程

大肠杆菌染色体DNA的复制过程可分为3个阶段，即起始、延长和终止。其间的反应和参与作用的酶与辅助因子各有不同。在DNA合成的生长点，即复制叉上，分布着各种各样与复制有关的酶和蛋白质因子，它们构成的复合物称为复制体。DNA复制的阶段表现为其复制体结构的变化。[1]

(1)复制起始

在复制的起始阶段，亲代DNA从复制起点解链、解旋，形成复制叉。

①复制起点。大肠杆菌环状染色体DNA的复制起点称为*Ori*C，长度为245bp，包含两种保守序列(是指在进化过程中，DNA、RNA或蛋白质一级结构中一些保持不变或变化不大的序列)：三段串联重复排列的13bp序列，富含A—T，共有序列(是指一组DNA、RNA或蛋白质的同源序列所含的共同的碱基序列或氨基酸序列)为GATCTNTTNTTTT，是起始解链区；四段反向重复排列的9bp序列，共有序列为TTATCCACA，具体如图6-10所示，是DnaA蛋白识别区。

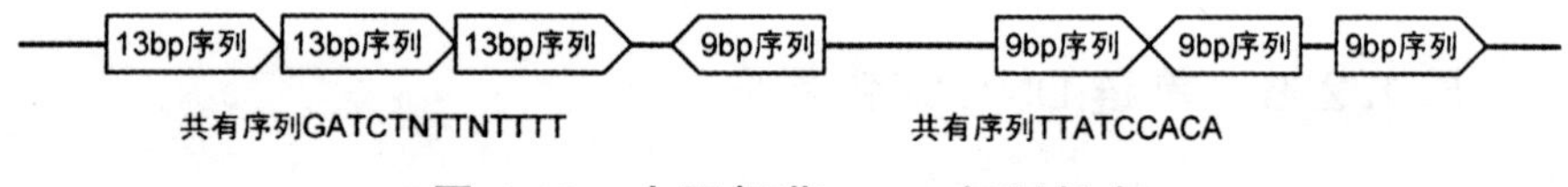

图6-10 大肠杆菌DNA复制起点

②相关酶与蛋白质。复制起始阶段需要多种酶和蛋白质，例如，DnaA蛋白(识解复制起点序列)、解旋酶(DnaB蛋白，DNA解链，装配引发体)、DnaC蛋白(协助解旋酶结合于复制起点)、HU类

[1] 王镜岩，朱圣庚，徐长法．生物化学(下册)[M]．3版．北京：高等教育出版社，2002：421.

组蛋白(DNA 结合蛋白,促进起始)、SSB(保护单链 DNA)、Ⅱ型拓扑异构酶(松解 DNA 超螺旋)、引物酶(DnaG 蛋白,装配引发体,合成引物)。它们从复制起点解开 DNA 双链,装配前引发复合体。

③起始过程。起始过程如下:

a. DnaA 蛋白与 ATP 形成复合物,约 20 个 DnaA·ATP 复合物结合于复制起点 *Ori*C 的 9bp 序列上,由 DNA 缠绕形成复合体。

b. HU 类组蛋白与 DNA 结合,使 13bp 序列解链(消耗 ATP),成为开放复合体。

c. 两个解旋酶 DnaB 六聚体在 DnaC 蛋白的协助下与开放区域结合,由 ATP 提供能量,沿着 DNA 链 5′→3′方向移动解链,形成两个复制叉,具体如图 6-11 所示。

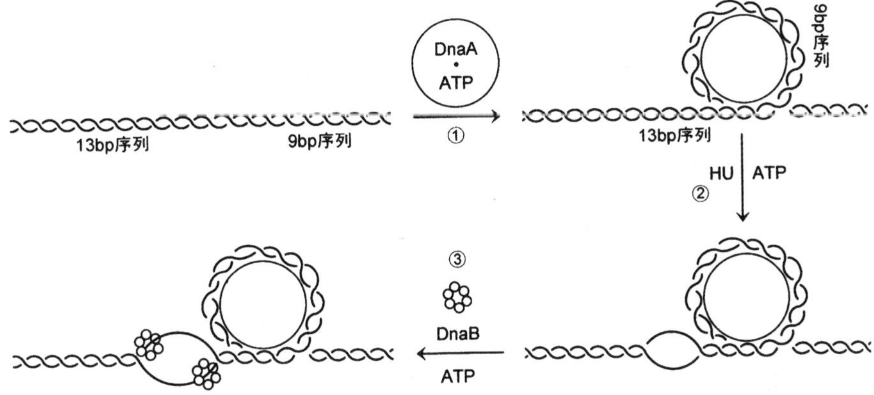

图 6-11　大肠杆菌 DNA 复制起始

随着解链进行,引物酶 DnaG 与解旋酶 DnaB、DnaC 等结合构成引发体,SSB 与单链 DNA 模板结合,Ⅱ型拓扑异构酶则负责松解 DNA 双链因解链而形成的超螺旋结构。

(2)复制延长

DNA 复制的延长阶段合成前导链和后随链。两股链的合成反应都由 DNA 聚合酶Ⅲ催化,但合成的过程有明显区别,具体如图 6-12 所示。

①前导链的合成。在启动复制之后,前导链的合成通常是一个连续过程。先由引发体在复制起点处催化合成一段长度为

10～12nt 的 RNA 引物，随后 DNA 聚合酶Ⅲ即用 dNTP 在引物 3′-端合成前导链。前导链的合成与其模板的解链保持同步。

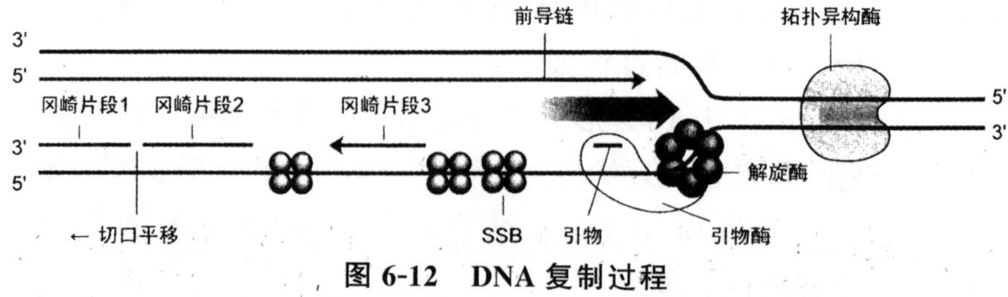

图 6-12　DNA 复制过程

②后随链的合成。后随链的合成是分段进行的。当亲代 DNA 解开一定长度时，先由引发体催化合成 RNA 引物，再由 DNA 聚合酶Ⅲ在引物 3′-端催化合成冈崎片段。当冈崎片段合成遇到前方引物时，DNA 聚合酶Ⅰ替换 DNA 聚合酶Ⅲ，通过切口平移切除 RNA 引物，合成 DNA 填补。最后，DNA 连接酶催化连接 DNA 切口。具体如图 6-12 所示，DNA 聚合酶Ⅰ通过切口平移切除引物 1，同时延伸合成冈崎片段 2，待引物 1 切除并填补之后，由 DNA 连接酶催化连接。

③前导链与后随链的协调合成。如图 6-13 所示，DNA 双链是反向互补的，而前导链和后随链是被一个 DNA 聚合酶Ⅲ复合体催化同时合成的。为此，后随链的模板必须绕成一个回环，使后随链的合成方向与前导链一致，于是它们便可在同一复制体上合成。DNA 聚合酶Ⅲ不断地与后随链的模板结合，合成冈崎片段，脱离，再结合，合成、脱离……

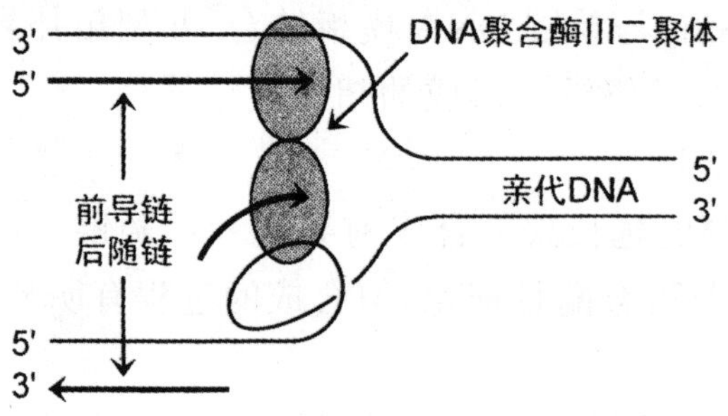

图 6-13　前导链和后随链的协调合成

④DNA 复制过程中的半保留机制。

a. 5′→3′聚合酶活性中心对底物的选择，使核苷酸的错配率仅为 $10^{-5}\sim10^{-4}$。

b. 3′→5′外切酶活性中心的校对，可以将错配率降至 $10^{-8}\sim10^{-6}$。

(3)复制终止

如图 6-14 所示，大肠杆菌环状 DNA 的两个复制叉向前推进，最后到达终止区，形成环连体，在细胞分裂前由Ⅱ型拓扑异构酶催化解离。

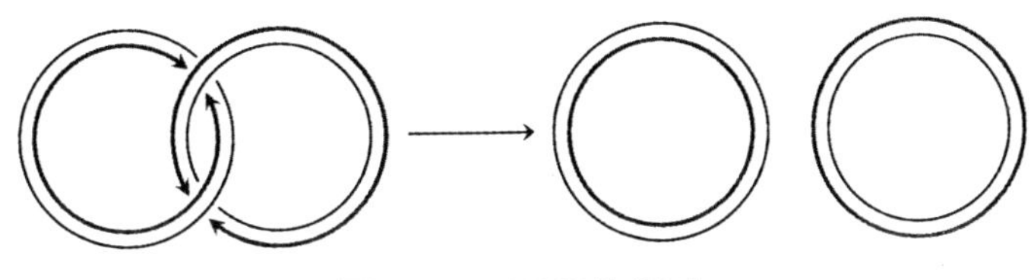

图 6-14　环连体解离

6.1.3.2　真核生物的 DNA 复制过程

真核细胞 DNA 复制在许多方面与原核生物相似，如都是以复制叉的形式进行半保留、半不连续复制。但由于真核细胞染色体中的 DNA 分子是线性的，且比原核细胞 DNA 大好几个数量级，因此它们的复制机制更为复杂。真核细胞 DNA 复制系统也包括不同的 DNA 聚合酶、拓扑异构酶、解螺旋酶、连接酶、单链结合蛋白和许多蛋白因子。

真核细胞核 DNA 是多起点双向复制的，构成了多个复制子。真核生物 DNA 复制的冈崎片段长为 100～200 个核苷酸，相当于一个核小体 DNA 的长度。真核细胞在完成全部染色体复制之前，各复制子不能再开始新一轮复制。在 DNA 复制的同时，还要组装新的核小体。同位素标记实验表明，在真核复制子上亲代染色质上的核小体被逐个打开，组蛋白八聚体可直接转移到子代前导链上，而后随链则由新合成的组蛋白组装。

(1)复制起始

真核细胞 DNA 复制的起始过程与原核细胞相似,但详细机制尚不清楚。

①在结构上,真核细胞 DNA 有多个复制起始点,而且复制起始点的特殊序列比大肠杆菌的 *Ori*C 短,同时需要克服核小体和染色质结构对 DNA 复制的障碍。

②真核细胞的 DNA 复制起始具有时序性。细胞分裂的时相变化称为细胞周期。典型的细胞周期分为 G_1 期、S 期、G_2 期和 M 期。真核生物在细胞周期的 S 期合成 DNA。已发现,转录活性高的 DNA 在 S 期的早期进行复制,高度重复序列 DNA 则在 S 期的晚期进行复制。

③细胞周期蛋白和细胞周期蛋白依赖激酶(CDK)精确地调节细胞是否进入 S 期以及 DNA 复制起始复合物的活性。

④复制的起始需要具有引物酶活性的 DNA *polα* 和具有解旋酶活性的 DNA *polδ* 参与。PCNA 在复制和延长中起关键作用。

真核生物 DNA 复制的起始分两步进行,即 ARS 的选择和复制起始点的激活。首先,在 G_1 期,由复制起始点识别复合物(ORC)的 6 个蛋白质识别并结合 ARS,只在 G_1 期合成的不稳定蛋白 Cdc6 和 ORC 结合,并允许 MCM2～7 蛋白在 DNA 周围形成环状复合体,此时由 ORC、Cdc6 和 MCM 蛋白组装形成前复制复合物(per-RC)。但复制不能在 G_1 期启动,因为 pre-RC 只能在 S 期细胞周期蛋白依赖性激酶(CDK)磷酸化激活后才起始复制。复制起始时,Cdc6 和 MCM 蛋白被替代,Cdc6 蛋白的快速降解可阻止复制的重新起始(见图 6-15)。

(2)复制延长

真核生物在复制叉和引物生成后,DNA *polδ* 在 PCNA 的协同作用下,在 RNA 引物的 3′-OH 上连续合成前导链。后随链的冈崎片段也由 DNA *polδ* 酶催化合成。已经证明,真核生物的冈崎片段的长度大致与核小体的大小(135bp)或其倍数相当。当后随链合成至核小体大小时,DNA *polδ* 酶脱落,而由 DNA *polα* 再引发下一个引物的合成。当引物合成后，DNA *polδ* 继续催化新的冈崎片段合成。与原核生物不同的是，真核生物 DNA 复制时的引物既可以是 RNA 也可以是 DNA。

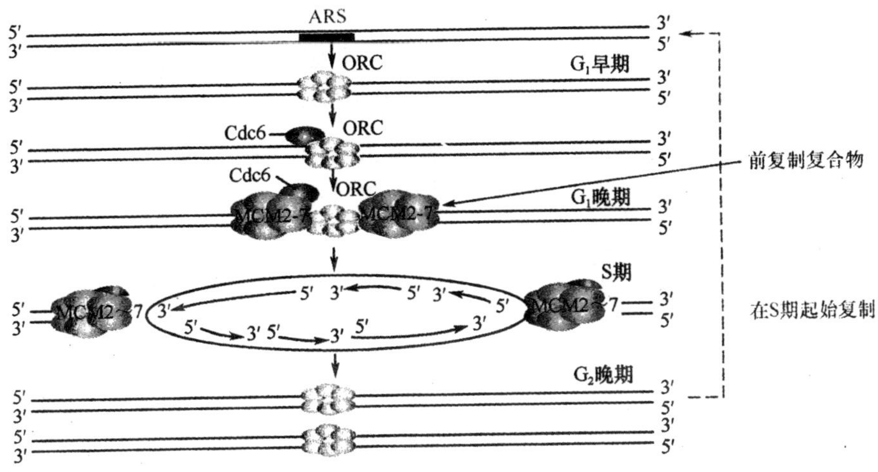

图 6-15　前复制复合物的形成及复制的起始

(3)复制终止

真核生物染色体 DNA 是线性结构，复制子内部冈崎片段的连接及复制子之间的连接均可在线性 DNA 内部完成。但问题是染色体两端新链的 RNA 引物被去除后留下的空隙如何填补？如果产生的 DNA 单链不填补成双链，就易被核内 DNase 水解，造成子代染色体末端缩短(见图 6-16)，这就是所谓的“线性染色体末端问题”。

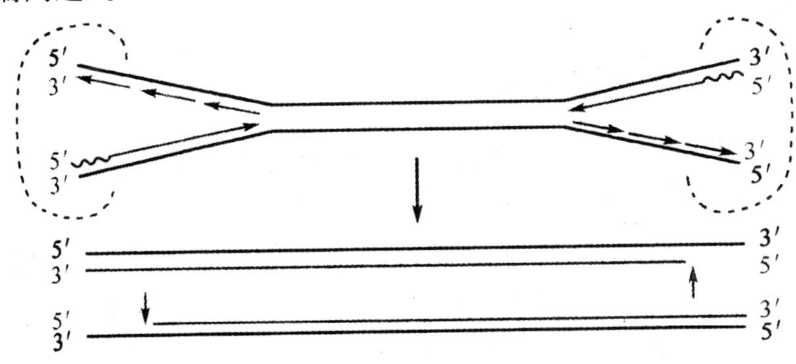

图 6-16　线性 DNA 复制的末端

事实上,大多数真核生物染色体在正常生理状况下复制,是可以保持其应有长度的,这是因为染色体的末端有一特殊结构可维持染色体的稳定性,将这种真核生物染色体线性 DNA 分子末端的特殊结构称为端粒。形态学上,染色体末端膨大成粒状,DNA 和它的结合蛋白紧密结合时,形成像两顶帽子盖在染色体两端,故有时又称之为“端粒帽”(见图 6-17)。端粒可防止染色体间末端连接,并可补偿 DNA 5′-末端去除 RNA 引物后造成的空缺,可见端粒对维持染色体的稳定性及 DNA 复制的完整性起重要作用。端粒由 DNA 和蛋白质组成,DNA 测序发现端粒的共同结构是富含 T、G 的重复序列。例如,人的端粒 DNA 含有 TTAGGG 重复序列。端粒重复序列的重复次数由几十到数千不等,并能反折成二级结构。

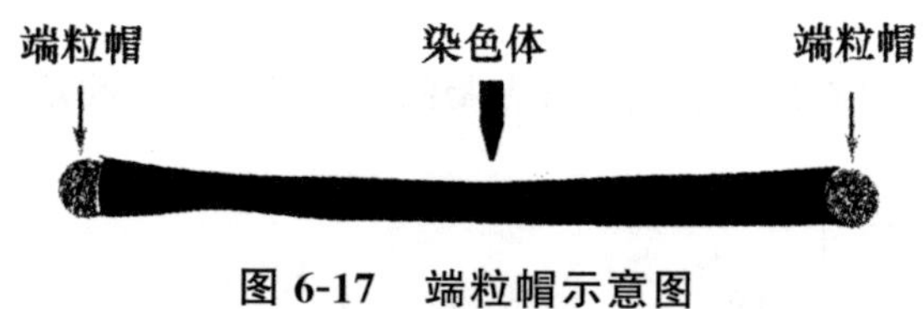

图 6-17　端粒帽示意图

6.1.4　逆转录

逆转录是以 RNA 为模板,以 dNTP 为原料,在逆转录酶的作用下合成 DNA 的过程。逆转录是一种特殊的 DNA 生物合成方式。

6.1.4.1　逆转录酶

1970 年,Baltimore 和 Temin 发现致癌 RNA 病毒能以 RNA 为模板指导合成 DNA,所以这类病毒又称为逆转录病毒。逆转录病毒的逆转录过程由逆转录酶催化进行。逆转录酶是由逆转录病毒基因编码的一种多功能酶,有 3 个不同的活性中心,催化 3 种反应(见图 6-18)。

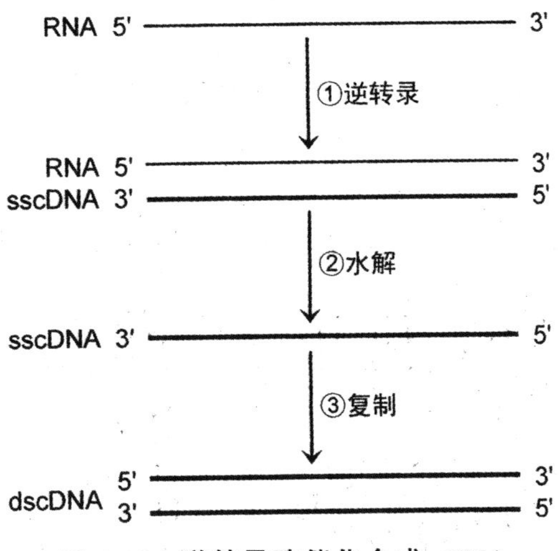

图 6-18　逆转录酶催化合成 cDNA

(1)逆转录

RNA 指导的 DNA 聚合酶活性中心以 RNA 为模板，以 $5'\rightarrow3'$ 方向合成其单链互补 DNA(sscDNA)，形成 RNA-DNA 杂交体。该合成反应需要引物提供 $3'$-羟基，该引物是逆转录病毒颗粒自带的 tRNA。

(2)水解

核糖核酸酶 H 活性中心水解 RNA-DNA 杂交体中的 RNA(所以命名为核糖核酸酶 H)，获得游离的单链互补 DNA。

(3)复制

DNA 指导的 DNA 聚合酶活性中心催化复制单链互补 DNA，得到双链互补 DNA(dscDNA)。单链互补 DNA 和双链互补 DNA 统称互补 DNA(cDNA)。

逆转录酶没有 $3'\rightarrow5'$外切酶活性和 $5'\rightarrow3'$外切酶活性，所以在逆转录过程中不能校对，错配率相对较高(为 10^{-4}，在高浓度 dNTP 和 Mg^{2+}下，错配率高达 2×10^{-3})，这可能是逆转录病毒突变率高、容易形成新病毒株的原因。

6.1.4.2 逆转录过程

以 mRNA 为模板进行的逆转录为例说明。逆转录过程可分为 3 步。首先，逆转录酶以 dNTP 为底物，以 mRNA 为模板，按 5′→3′的方向，合成一条与 mRNA 模板互补的第一条 DNA 单链。这条 DNA 单链叫做互补 DNA(cDNA)，它与 mRNA 形成 RNA-DNA 杂交体。随后，在逆转录酶具有的 RNase H 酶活性的作用下，水解掉 RNA-DNA 杂交体中的 RNA 链。再以第一条单链 cDNA 为模板合成双链 cDNA。至此，完成由 RNA 指导的双链 cDNA 合成过程(图 6-19)。

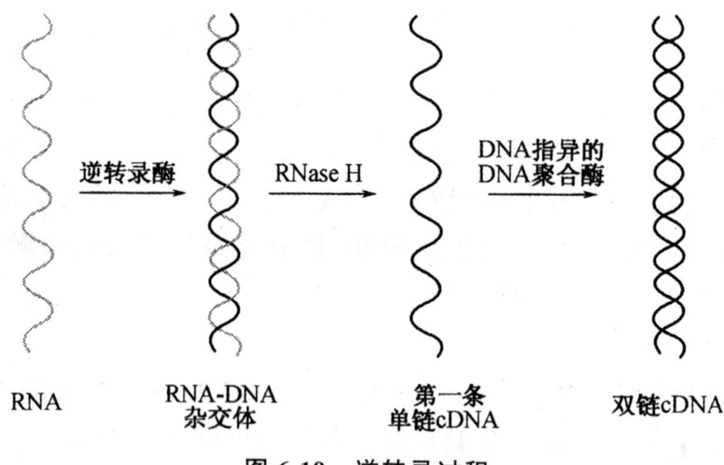

图 6-19 逆转录过程

6.1.4.3 逆转录病毒

所有已知的致癌 RNA 病毒都含逆转录酶，因此被称为逆转录病毒。当致癌病毒进入宿主细胞后，逆转录酶以 RNA 为模板，形成双链 DNA 分子(前病毒)。此双链 DNA 可进入宿主细胞核，并整合到宿主 DNA 中，随宿主 DNA 一起复制传递给子代细胞。在细胞浆中，病毒颗粒中的逆转录酶则以病毒 RNA 为模板，通过 3 个阶段合成 cDNA，如图 6-20 所示。

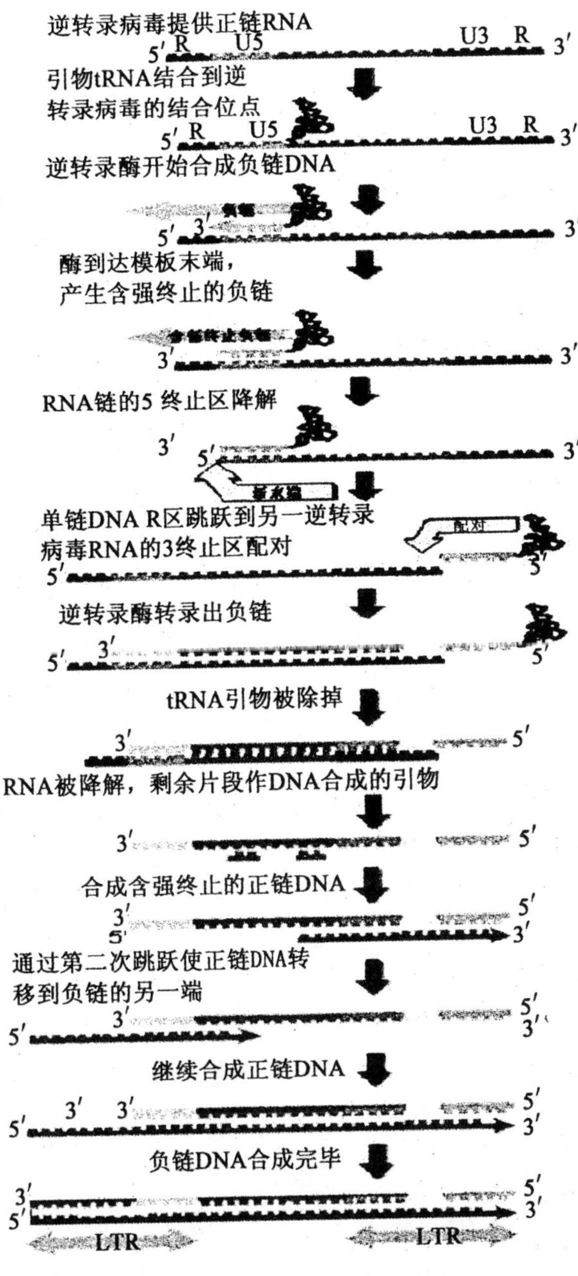

图 6-20　逆转录病毒的复制

(1)合成负链 cDNA 链的大部分

①tRNA 结合于病毒基因组 5′-端引物结合(PB)区，逆转录

酶从 tRNA 分子的 3′-OH 端开始，合成一段短的强终止负链 DNA 序列。逆转录酶的 RNase H 活性随即切除 DNA-RNA 杂交双链中的 RNA 序列。

②第一次跳跃：病毒 RNA 模板的 3′-端回转到强终止负链 DNA 一处，病毒 RNA 3′-端的 R 区与强终止负链 DNA 片段中的 R 互补区结合。tRNA 携带着新合成的 DNA 链移动到病毒模板 RNA 的 3′-端。

③逆转录酶以病毒 RNA 为模板，在 DNA 片段的 3′-端逐个加上脱氧核苷酸，合成负链 DNA，其末端与病毒基因组的 5′-端的 PB 互补。因此，第一阶段合成的负链 DNA 并不是全长的，缺 3′-端 U5 。

(2)以负链 DNA 为模板合成一小部分正链 DNA 链

负链 DNA 合成时，实际上又与模板 RNA 形成了 DNA-RNA 杂交双链。在降解杂交双链中的 RNA 时，残留的片段作为 DNA 合成的引物，合成正链 DNA。

(3)分几步完成 cDNA 的全部复制

①第二次跳跃：DNA-RNA 杂交链中的 RNA 被完全降解，强终止正链 DNA 被转移到负链 DNA 的另一末端，形成第二次跳跃。

②在逆转录酶的催化下，沿两条 DNA 链的 3′-端合成、延长 DNA 链。形成完整的双链 DNA。最终产物是含有 RNA 信息的双链 DNA。双链分子的两端序列相同，分别由 U3、R、U5 序列构成。

另外，乙型肝炎病毒，在复制周期中也需经过逆转录步骤。乙型肝炎病毒的基因组是一带缺口的环状 DNA 分子，其大小为 3200bp。病毒粒子中携带有 DNA 聚合酶(逆转录酶)和蛋白质引物。当细胞感染乙型肝炎病毒后，基因组 DNA 的缺口即由 DNA 聚合酶填补，从而形成闭环分子，并转录产生(+)链 RNA。RNA 被组装到核壳内，在那里进行逆转录，最后加上外壳成为成熟的病毒粒子。

6.1.4.4　原病毒 DNA 的整合

原病毒 DNA 并不能单独进入细胞核，它先需要与病毒 R 蛋白(VPR)、MA 和 IN 三种病毒蛋白一起组装成核蛋白的形式，然后在 IN 中的细胞核定位信号(NLS)的指导下，通过核孔复合物进入细胞核，随即可以按图 6-21 所示的机制随机整合到宿主细胞染色体 DNA 之中，成为受感染细胞的永久性遗传物质。

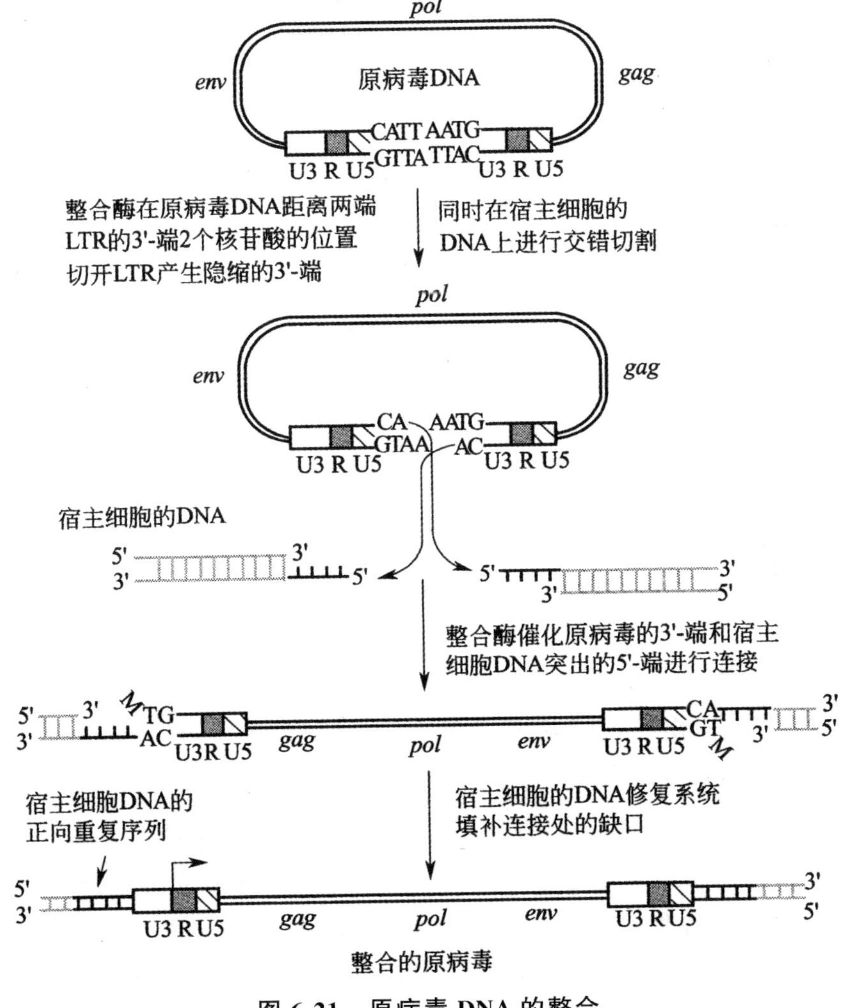

图 6-21　原病毒 DNA 的整合

①整合酶在原病毒 DNA 距离两端 LTR 的 3′-端 2 个核苷酸的位置切开 LTR，产生隐缩的 3′-端，同时在宿主细胞的 DNA 上进行交错切割。

②整合酶催化原病毒 DNA 隐缩的 3′-端和宿主细胞 DNA 突出的 5′-端进行连接。

③宿主细胞内的 DNA 修复系统填补连接处的缺口，完成整合过程。

原病毒 DNA 在整合到宿主细胞核 DNA 以后，既可以作为复制的模板而随着宿主染色体 DNA 的复制而复制，也可以作为转录的模板进行特异性的转录，以产生新的基因组 RNA，还可以以 RNA 为模板合成蛋白质。

6.1.5 DNA 的损伤与修复

DNA 分子中碱基序列的改变称为 DNA 突变或 DNA 损伤。理化因素和外源 DNA 整合导致的 DNA 突变称为诱发突变。DNA 复制过程中发生错误或一些不明原因导致的 DNA 突变称为自发突变。纠正突变所致 DNA 分子中碱基序列改变的过程，称为 DNA 损伤的修复。

6.1.5.1 DNA 的损伤

(1)DNA 损伤的意义

DNA 损伤导致的基因突变，一方面可能有利于生物进化，另一方面又可能产生不良后果。

①突变是生物进化的分子基础。遗传与变异是对立而又统一的生命现象。一般容易把突变片面地理解成会危害生命，但实际上突变在各种生物体内普遍存在，并且有其积极意义。有基因突变才有生物进化，没有突变就不会有生命世界的五彩缤纷。

②致死突变消灭有害细胞、个体。致死突变发生在对生命过程至关重要的基因上，可导致个体死亡，或消灭病原体。例如，短

指是一种隐性致死突变，其纯合子会因骨骼缺陷而死亡。

③突变是许多疾病的分子基础，例如，遗传病等。

④突变是多态性的分子基础，例如，单核苷酸多态性。

(2)DNA 损伤的类型

DNA 损伤类型多种多样，其中有些损伤导致表型改变，而且这种改变可以遗传，属于基因突变。

①错配。错配又称为点突变，包括转换和颠换。转换是两种嘌呤或嘧啶之间的互换。颠换是嘌呤换嘧啶或嘧啶换嘌呤。镰状细胞病是点突变致病的典型例子：患者血红蛋白 β 亚基基因的编码序列有一个点突变 A→T，使原来 6 号谷氨酸密码子 GAG 变成缬氨酸密码子 GTG，如图 6-22 所示。

HbA DNA	GTT	CAT	TTA	ACA	CCT	GAG	GAG	AAA
肽链 N 端	缬	组	亮	苏	脯	谷	谷	赖
HbS DNA	GTT	CAT	TTA	ACA	CCT	GTG	GAG	AAA
肽链 N 端	缬	组	亮	苏	脯	缬	谷	赖

图 6-22　镰状细胞病点突变

亚硝酸盐导致点突变的机制：亚硝酸盐使腺嘌呤脱氨基转化成次黄嘌呤，次黄嘌呤与胞嘧啶配对，结果 A—T 对在子一代转化成 I—C 对，在子二代转化成 G—C 对，如图 6-23 中①所示。

①A—T→G—C：A—T —A脱氨基→ I—T —复制→ I—C —复制→ G—C；I—C
　　　　　　　　　　　　　　　　　　　　　　→ A—T

②G—C→A—T：G—C —C脱氨基→ G—U —复制→ A—U —复制→ A—T；A—U
　　　　　　　　　　　　　　　　　　　　　　→ G—C

亲代　　子一代　　子二代

图 6-23　亚硝酸盐致突变机制

同样，亚硝酸盐使胞嘧啶脱氨基转化成尿嘧啶，尿嘧啶与腺嘌呤配对，结果 G—C 对在子一代转化成 A—U 对，在子二代转化成 A—T 对，如图 6-23 中②所示。

②插入和缺失。插入和缺失是指 DNA 序列中发生一个核苷酸或一段核苷酸序列的插入或缺失。插入和缺失会导致移码突

变,即突变位点下游的遗传密码全部发生改变。不过,插入或缺失 $3n$ 个碱基对不会引起移码突变。

具体如图 6-24 所示。

原序列:	GGG	AGT	GTA	CGT	CAG	ACC	CCG	CCC	TAT	AGC
	Gly	Ser	Val	Arg	Gln	Thr	Pro	Pro	Tyr	Ser
错　配:	GGG	AGT	GTA	CGT	CAG	ACC	CCG	TCC	TAT	AGC
	Gly	Ser	Val	Arg	Gln	Thr	Pro	Ser	Tyr	Ser
插　入:	GGG	AGT	GTA	CGT	CAG	ACC	CCG	GCC	CTA	TAG C
	Gly	Ser	Val	Arg	Gln	Thr	Pro	Ala	Leu	终止
缺　失:	GGG	AGT	GTA	CGT	CAG	ACC	CCG	CCT	ATA	GC
	Gly	Ser	Val	Arg	Gln	Thr	Pro	Pro	Ile	

图 6-24　错配、插入和缺失

③重排。重排又称为基因重排、DNA 重排、染色体易位,是指基因组中 DNA 发生较大片段的交换,但没有遗传物质的丢失与获得。重排发生在基因组中,可以在 DNA 分子内部,也可以在 DNA 分子之间。例如,Lepore 血红蛋白病就是重排的结果(见图 6-25)。

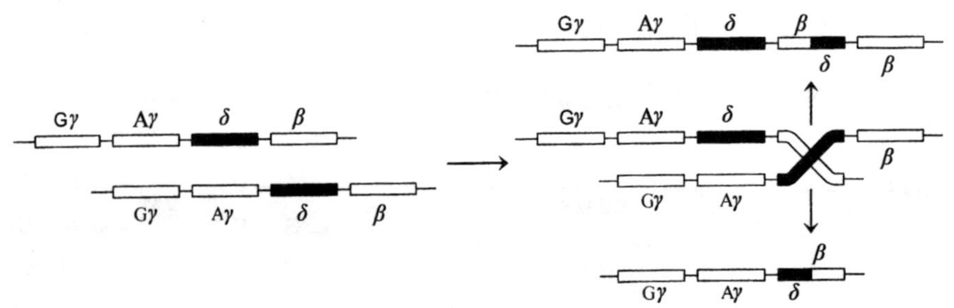

图 6-25　重排与 Lepore 血红蛋白病

④共价交联。例如,同一股 DNA 链上相邻的胸腺嘧啶发生共价交联,会形成胸腺嘧啶二聚体。

(3)引发损伤的因素

内部因素与外部因素都可以造成 DNA 损伤。内部因素如复制错误、自发性损伤会导致自发突变,特点是突变率相对稳定,例如,细菌的碱基对突变率 $10^{-10}\sim10^{-9}$/代,基因(1000bp)突变率 $10^{-6}\sim10^{-5}$/代,基因组突变率 3×10^{-3}/代。外部因素如物理因素、化学因素、生物因素会导致诱发突变。紫外线可导致同一条链两个相邻胸腺嘧啶碱基之间形成嘧啶二聚体(见图 6-26)。

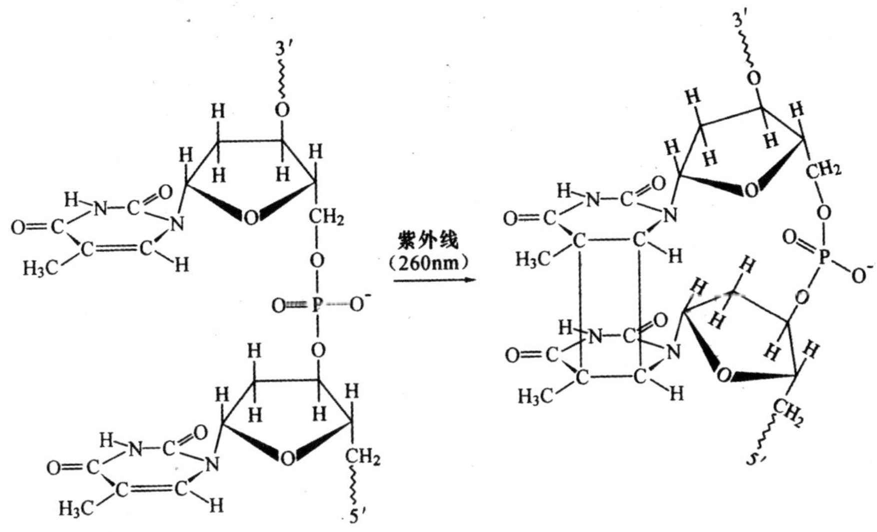

图 6-26　DNA 胸腺嘧啶二聚体的形成

①复制错误。复制错误主要导致点突变。DNA 复制虽然高度保真,但还是会出错的。DNA 聚合酶选择核苷酸的错误率为 $10^{-5}\sim10^{-4}$,经过 3′→5′外切酶活性校对降至 $10^{-8}\sim10^{-6}$。

②自发性损伤。DNA 分子可以由于各种原因发生化学变化。碱基发生酮-烯醇互变异构是导致自发突变的主要原因,此外,还有碱基修饰、碱基脱氨基甚至碱基丢失等。这些变化会影响碱基对氢键,从而影响碱基配对。如果这些变化发生在 DNA 复制过程中,就会造成错配。

③物理因素。紫外线和其他辐射可以引起突变。紫外线通常使 DNA 链上相邻的胸腺嘧啶形成二聚体，在局部扭曲 DNA 双螺旋结构，使复制及转录均受阻遏。其他辐射可以使 DNA 主链的磷酸二酯键或碱基对氢键发生断裂。

④化学因素。常见的化学因素有亚硝酸盐、烷化剂和芳香烃类等。一些化学诱变剂大多数是致癌物。从化工原料、化工产品和副产品、工业排放物、农药、食品防腐剂或添加剂、汽车废气等检出的致突变化合物已有 6 万多种，而且还以每年上千新品种的速度增加。

⑤生物因素。生物因素有逆转录病毒及可以整合到染色体 DNA 上的 DNA 病毒，如乙肝病毒等。

6.1.5.2 DNA 损伤的修复

如果所有 DNA 损伤都不修复，则致死突变的积累和依赖于 DNA 完整性的一些关键过程被抑制（这些过程包括复制和转录），细胞将很快死亡。根据损伤后 DNA 修复的机制不同，将 DNA 损伤的修复分为直接修复、错配修复、切除修复、重组修复和 SOS 修复等。

（1）直接修复

对于有的 DNA 损伤，生物体不切断 DNA 或切除碱基，而是直接实施修复，这样的损伤修复机制称为直接修复。例如，DNA 损伤之一的胸腺嘧啶二聚体的形成可以通过直接修复机制修复。

由于紫外线和离子辐射会诱导同一条链上相邻胸腺嘧啶之间形成环丁基环，即形成胸腺嘧啶二聚体，如图 6-27 所示。这种二聚体使得碱基配对结构扭曲，造成 DNA 损伤，影响复制和转录。在原核生物中存在一种光复活酶，它结合在胸腺嘧啶二聚体部位，在可见光存在下，光复活酶使胸腺嘧啶二聚体解离，直接恢复到胸腺嘧啶单体形式。

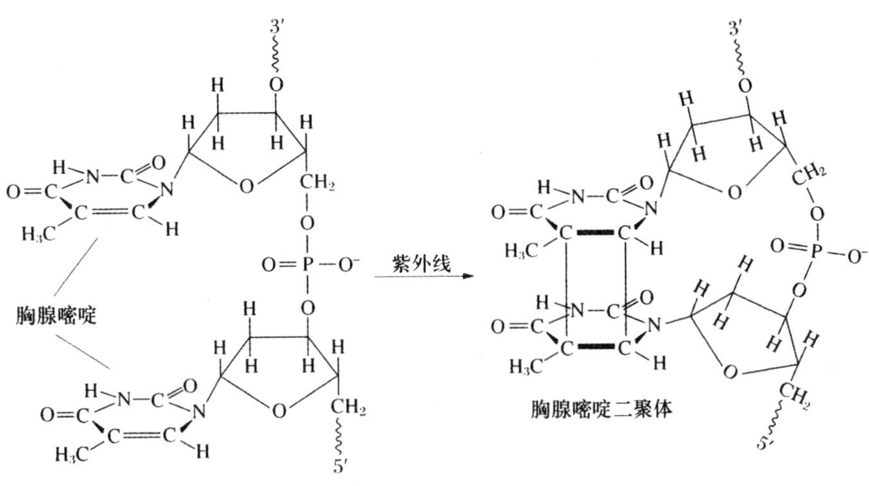

图 6-27　胸腺嘧啶二聚体的形成

另外一个直接修复的例子是甲基转移酶修复被烷化剂损伤的 DNA。在真核生物和原核生物中都存在这种转移酶。

由于烷化剂作用会使鸟嘌呤甲基化，结果在复制过程中会造成胸腺嘧啶代替鸟嘌呤传到子代。O^6-甲基鸟嘌呤-DNA 甲基转移酶将甲基鸟嘌呤的甲基转移到该酶上的一个半胱氨酸残基的巯基上，不需要切除核苷酸而直接恢复为鸟嘌呤，如图 6-28 所示。接受了甲基后转移酶失活，不能再催化其他甲基转移反应。但甲基化的转移酶作为一个转录的调节物又可刺激该转移酶基因的表达，所以根据需要可以生产更多的修复酶。

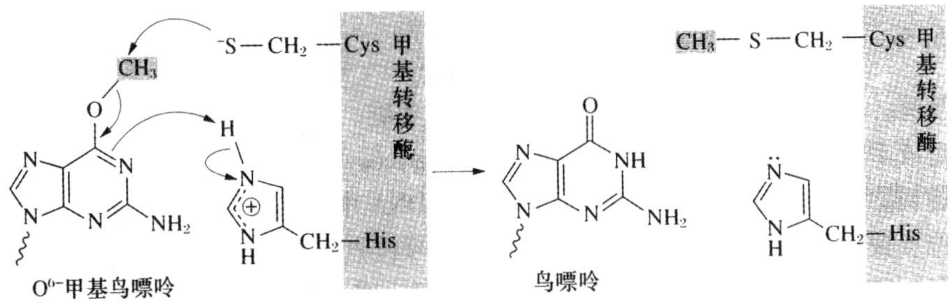

图 6-28　直接修复

(2)错配修复

虽然 DNA 聚合酶具有 3′→5′核酸外切酶活性;在 DNA 复制中具有校正的功能,但是这并不能保证 DNA 复制的绝对正确,难免有 dNTP 错误掺入的现象。细胞可以通过错配修复机制修复单个 dNTP 的错误掺入。

错配修复的关键在于如何区分模板链和新合成链。细菌借助半甲基化 DNA 区分"旧链"和"新链"。细菌有一类 DNA 腺嘌呤甲基化酶,简称 Dam 甲基化酶,它能使 DNA 的 GATC 序列中的腺嘌呤 N_6 位甲基化,甲基化普遍存在于细菌细胞 DNA 分子中。甲基化的 DNA 双链复制时,新链在合成后的短时间内(数分钟)还没有来得及甲基化,因此新形成的 DNA 双链为半甲基化状态。当新链中出现错配碱基时,半甲基化位点作为识别标记,由错配修复系统将未甲基化链的一段核苷酸链切除,并以甲基化链为模板修复。一般 GATC 与错配碱基之间距离为 1kb 或略多时,错配碱基最易被修复。

大肠杆菌的错配修复系统包括至少 12 种蛋白质,它们有的参与识别过程,有的参与修复过程。如 MutS 蛋白二聚体识别错配位点并与之结合,而后 MutL 蛋白二聚体与 MutS 蛋白二聚体结合形成复合体"MutS-MutL";在 ATP 供应能量的条件下,复合体沿双链向前移动,DNA 由此在 GATC 序列与错配碱基之间形成一个突环(见图 6-29)。随后,MutH 核酸内切酶结合到 MutS-MutL 复合体上,并在未甲基化链 GATC 位点的 5′-端切开。最后在解旋酶、SSB、DNA 聚合酶Ⅲ以及 DNA 连接酶等作用下完成错配修复。错配修复机制能够使 DNA 的复制准确率升高几百乃至上千倍。

(3)切除修复

切除修复是细胞内最重要和有效的修复机制,其过程包括切除损伤的 DNA 片段、填补空隙和连接。分为两种方式:碱基切除修复和核苷酸切除修复。

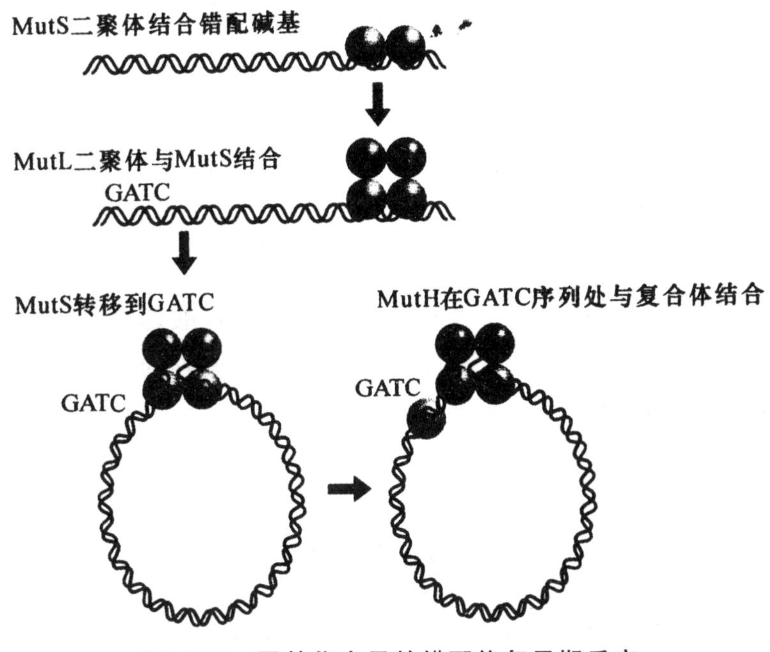

图 6-29　甲基化介导的错配修复早期反应

①碱基切除修复。胞嘧啶、腺嘌呤和鸟嘌呤分别脱氨可形成尿嘧啶、次黄嘌呤和黄嘌呤那样的不正确碱基，造成 DNA 损伤。DNA 糖基化酶能识别并通过切断相应的 N-糖苷键切除 DNA 中这些不正确碱基。这样在 DNA 中制造了脱嘌呤或脱嘧啶的位点，这样的位点被称为 AP 位点（无嘌呤位点或无嘧啶位点，简称 AP 位点）。每种 DNA 糖基化酶通常对一种类型的碱基损伤特异。例如，尿嘧啶糖基化酶就可以除去由于胞嘧啶脱氨形成的尿嘧啶，形成一个 AP 位点。然后 AP 内切核酸酶切去含有 AP 位点的脱氧核糖-5-磷酸，出现一个核苷酸空隙。再在 DNA 聚合酶Ⅰ作用下重新放置一个正确的核苷酸，最后通过 DNA 连接酶将切口封闭，这样的修复方式称为碱基切除修复，具体如图 6-30 所示。

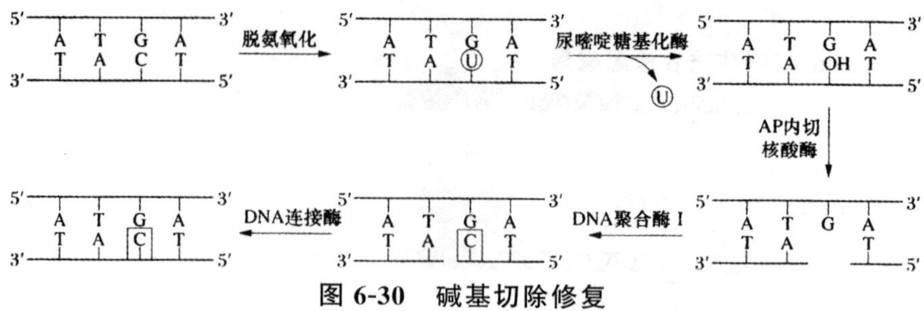

图 6-30　碱基切除修复

②核苷酸切除修复。如图 6-31 所示，核苷酸切除修复系统中的主要酶是由基因 uvrA、uvrB 和 uvrC 分别编码的 3 个亚基组成的，所以该酶又称为 ABC 切除核酸酶。

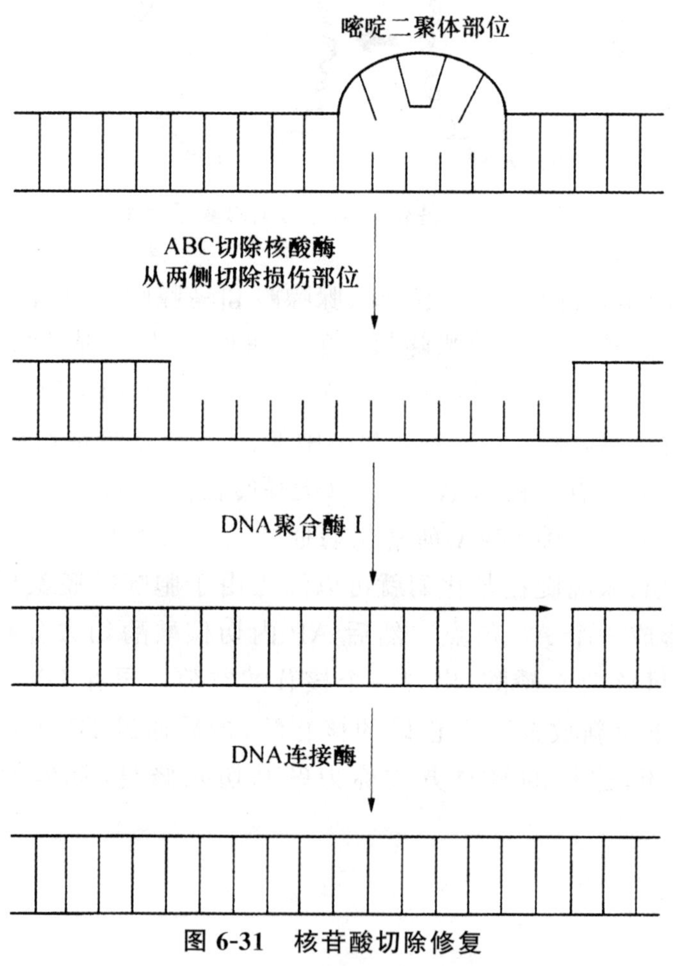

图 6-31　核苷酸切除修复

ABC 切除核酸酶从二聚体 5′侧上游第 7 个和 3′侧下游第 4 个磷酸二酯键处将含有嘧啶二聚体的 DNA 片段切除，结果出现一个缺口。然后在 DNA 聚合酶Ⅰ的催化下按照互补链填充缺口，但填充的最后一个核苷酸的 3′-端和相邻的未切除的核苷酸 5′-端仍有一个切口。最后切口通过 DNA 连接酶连接，完成修复。

(4)重组修复

重组修复又称为复制后修复，其过程是损伤的 DNA 先进行复制，而后进行同源重组。复制时，无损伤的 DNA 单链复制成正常的子代双链 DNA；有损伤的 DNA 单链，由于损伤部位不能被复制，则 DNA 复制到达模板 DNA 损伤部位时，被迫跳过这个部位，然后 DNA 重新开始复制，于是在子链上出现缺口。缺口可以通过 RecA 蛋白介导的序列与健康母链上的同源序列交换而修复。DNA 重组后未受损伤的母链上出现的缺口在大肠杆菌中可被 DNA 聚合酶Ⅰ修补和 DNA 连接酶连接。重组修复实际上并未将损伤去除，但在不断复制后，将亲代 DNA 中的损伤分配到子代 DNA 中，子代 DNA 中的损伤比例越来越低，损伤被稀释了，有利于其他 DNA 修复方式进行修复(见图 6-32)。

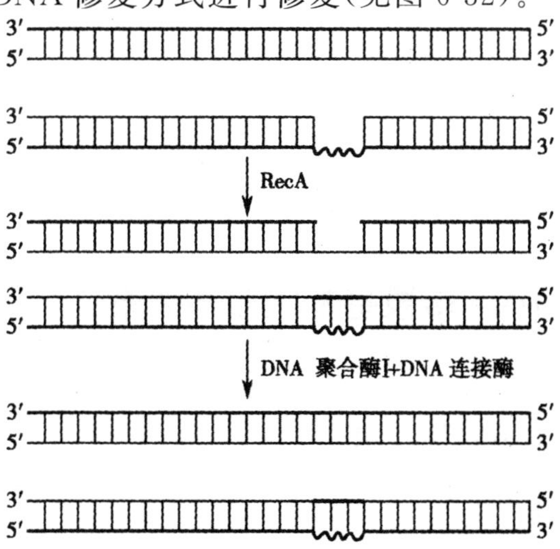

图 6-32　重组修复

(5)SOS 修复

当 DNA 损伤多至难以继续进行正常复制时,细胞会诱发一系列复杂的反应,称为 SOS 应答,SOS 应答除了能诱导合成负责切除修复和重组修复的酶和蛋白质、提高这两种修复能力之外,还能诱导合成缺乏校对功能的 DNA 聚合酶进行 SOS 修复。与切除修复和重组修复相比,负责 SOS 修复的 DNA 聚合酶对碱基的识别能力差,在损伤部位照样进行复制,从而避免死亡,但同时因保留较多的 DNA 损伤而造成突变积累。因此,不少诱发 SOS 修复的化学物质都是致癌物。SOS 修复系统的基因一般情况下都是不活跃的,紧急情况下才被整体动员,属于应急修复系统。

一些遗传病和肿瘤等与 DNA 损伤修复机制缺陷有关。例如,着色性干皮病患者对日光尤其是紫外线特别敏感,易患皮肤癌,主要原因就是其皮肤细胞内特异的内切核酸酶有缺陷,不能切除嘧啶二聚体,因此对紫外线引起的 DNA 损伤不能修复。

6.2 RNA 的生物合成机理

RNA 合成的主要方式是转录。转录是指生物体按碱基互补配对原则把 DNA 碱基序列转化成 RNA 碱基序列,从而将遗传信息传递到 RNA 分子上的过程。

6.2.1 RNA 转录基本规律与体系

6.2.1.1 不对称转录

(1)转录的模板

转录的模板是 DNA 单链。转录与复制相比是有选择性的,在细胞的不同发育时期,按生存条件和需要进行转录。在基因组的 DNA 链上,不是任何区段都可以转录,能转录出 RNA 的 DNA

区段称为结构基因。结构基因与转录起始部位、终止部位的特殊序列共同组成转录单位。在原核生物中,一个转录单位可以含有一个、几个或十几个结构基因。

在结构基因的DNA双链中,只有一条链可以作为模板,通常将这条能指导转录的链称为模板链,与其互补的另一条链则称为编码链。在一个包含多个基因的DNA双链分子中,各个基因的模板链并不总在同一条链上,在某个基因节段以其中某一条链为模板进行转录,而在另一个基因节段上可反过来以其对应单链为模板。转录的这种选择性被称为不对称转录(见图6-33)。

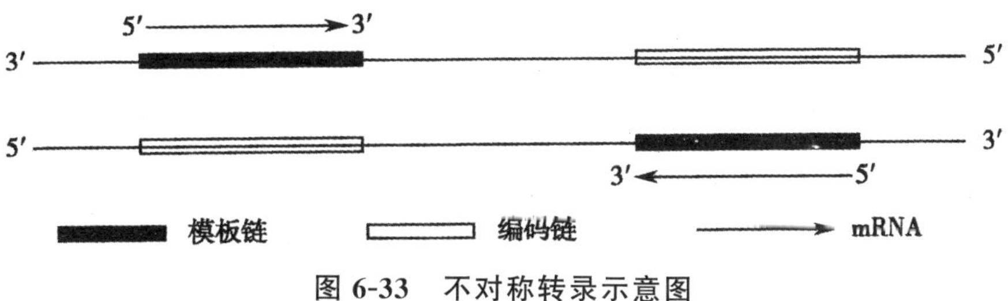

图6-33 不对称转录示意图

(2)转录的特点

①转录的不对称性。对于某一特定基因来说,只能以DNA双链中的一条链为模板进行转录。

②转录方向的单向性。RNA转录合成时,是以DNA分子双链中的一条链为模板进行的,因此只能向一个方向聚合,RNA链的合成方向与解链方向一致为5′→3′,而模板DNA链的方向为3′→5′。

③转录不需要引物形成连续性。RNA聚合酶和DNA的特殊序列——启动子结合,不需要引物就能直接启动RNA的合成,且从起始位点开始转录直到终止位点为止,连续合成RNA链。

④转录过程有特定起始和终止点。无论是原核细胞还是真核细胞,RNA转录时只是基因组中的一个基因进行转录,只利用一段DNA分子单链为模板,故存在特定的起始点和特定的终止点。

6.2.1.2 RNA 转录体系

(1)模板链

在能转录出 RNA 的 DNA 区段,两条 DNA 链中只有一条被转录,称为模板链,另一条不转录,称为编码链,转录的这一特征称为不对称转录。转录的另一特征是选择性转录,即不同细胞在不同的生长阶段,根据生存条件和代谢需要转录不同的基因,每个基因只是基因组的一部分。

为了避免繁琐,相关专著和文献书写基因序列时只写一条链,并且因为编码链的碱基序列与 RNA 一致(只是在 RNA 中以 U 替代 T),为方便解读遗传密码,一般只写编码链。此外,通常将编码链上转录起始位点对应的核苷酸编为+1 号;转录进行的方向为下游,核苷酸依次编为+2 号、+3 号、……,相反方向为上游,核苷酸依次编为−1 号、−2 号……(见图 6-34)。

```
        ← 上游        -10                    +1(转录起始位点)      +10 下游 →
                                               ↓
DNA { 编码链 5'  ……N-N-N-N-N-N-N-N-N-N-N-N-N-A-N-N-N-N-N-N-N-N-N-N……  3'
      模板链 3'  ……N-N-N-N-N-N-N-N-N-N-N-N-N-T-N-N-N-N-N-N-N-N-N-N……  5'

                                    RNA  5'  A-N-N-N-N-N-N-N-N-N……  3'
```

图 6-34 基因序列编码

(2)RNA 聚合酶

RNA 聚合酶是催化转录合成 RNA 的主要酶,目前对原核生物尤其是对大肠杆菌的 RNA 聚合酶研究比较清楚。

大肠杆菌只有一种 RNA 聚合酶,由 α、β 和 β' 亚基组成核心酶,其中的 α 亚基是装配核心酶所必需的,而 β 和 β' 亚基则组成酶的催化中心。核心酶再结合 σ 亚基可形成 RNA 聚合酶全酶,如表 6-3 所示。

表 6-3　RNA 聚合酶全酶亚基组成

名称	编码基因	数目	分子质量/ku	功能
α	*rpo*A	2	40	参与酶聚合;启动子识别;结合一些激活剂
β	*rpo*B	1	155	组成催化中心
β'	*rpo*C	1	160	组成催化中心
σ	*rpo*D	1	32～90	识别启动子

核心酶本身可无选择性地随机结合在 DNA 上,具有催化 DNA 合成 RNA 的活性。σ 亚基具有识别控制基因转录的启动子序列,所以当核心酶结合了 σ 亚基后形成全酶,就可通过启动子与转录起始位点结合了。

(3)蛋白因子

RNA 转录时除需以上物质外,还需要一些蛋白因子参与。如原核生物中有一些 RNA 转录终止阶段需要依赖一种能控制转录终止的蛋白质,即 ρ 因子,使转录过程终止。真核生物 RNA 聚合酶Ⅱ启动转录时,需要一些称为转录因子的蛋白质,才能形成具有活性的转录起始复合物,从而启动转录。

6.2.2　转录过程

6.2.2.1　原核生物的转录过程

启动子是 DNA 分子上控制基因转录的一段特定序列,它能被 RNA 聚合酶识别、结合而启动转录。

原核生物的启动子包括转录起始位点、－10 区、－35 区以及两个区之间的序列,具体如图 6-35 所示。

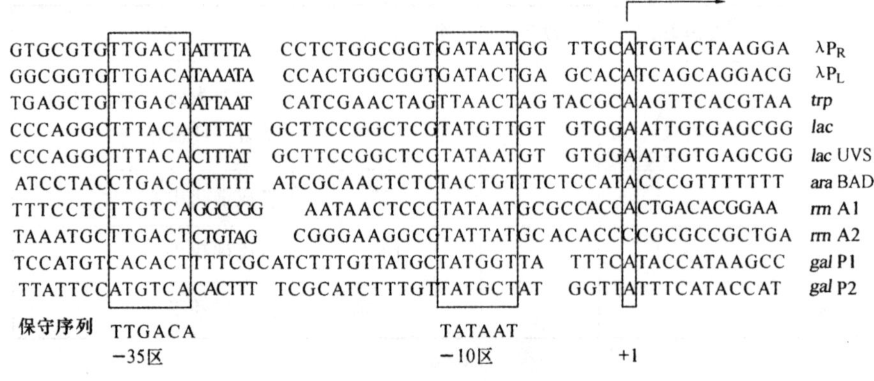

图 6-35　10 种原核生物的启动子序列比较

比较图 6-35 中的 10 个原核生物启动子可知，转录起始位点多为腺苷酸(A)。习惯上将起始位点标注为＋1(不设零)；起始位点之前的序列视为上游，碱基位置标注为负数；起始位点之后的序列视为下游，碱基位置标以正数。原核生物启动子含有两段共有序列：TTGACA 和 TATAAT。TTGACA 位于－35 区；TATAAT 位于－10 区，富含 A/T，又称为 Pribnow 盒。不同基因启动子共有序列变化很小，一般只有 1～2 个核苷酸差异。实际上，不同启动子中的共有序列在具体位置上是有变动的，这种变动也是一种信号。

如图 6-36 所示，基因转录的过程是以 DNA 为模板合成 RNA 的过程。

转录过程分为 3 个阶段：起始、延长和终止。下面以大肠杆菌为例进行介绍。

(1)转录起始

如图 6-37 所示，转录起始是 RNA 聚合酶与启动子相互识别并形成转录起始复合物的过程，可将该过程分为两步。

①RNA 聚合酶全酶与 DNA 分子非特异结合，并沿 DNA 分子滑动搜索启动子序列；当 σ 因子识别出启动子后，引导 RNA 聚合酶与 DNA 分子特异结合成转录起始复合物。刚结合时，DNA

分子尚未解链，所形成的转录起始复合物称为闭合复合物；随着 RNA 聚合酶构象发生变化，启动子在－10 区解链，闭合复合物随即转化为开放复合物。

②接下来，转录起始位点暴露，RNA 聚合酶开始沿模板转录；当转录长度大约为 10nt 时，σ 因子从复合物上脱落下来，核心酶沿模板前行，启动子清空。

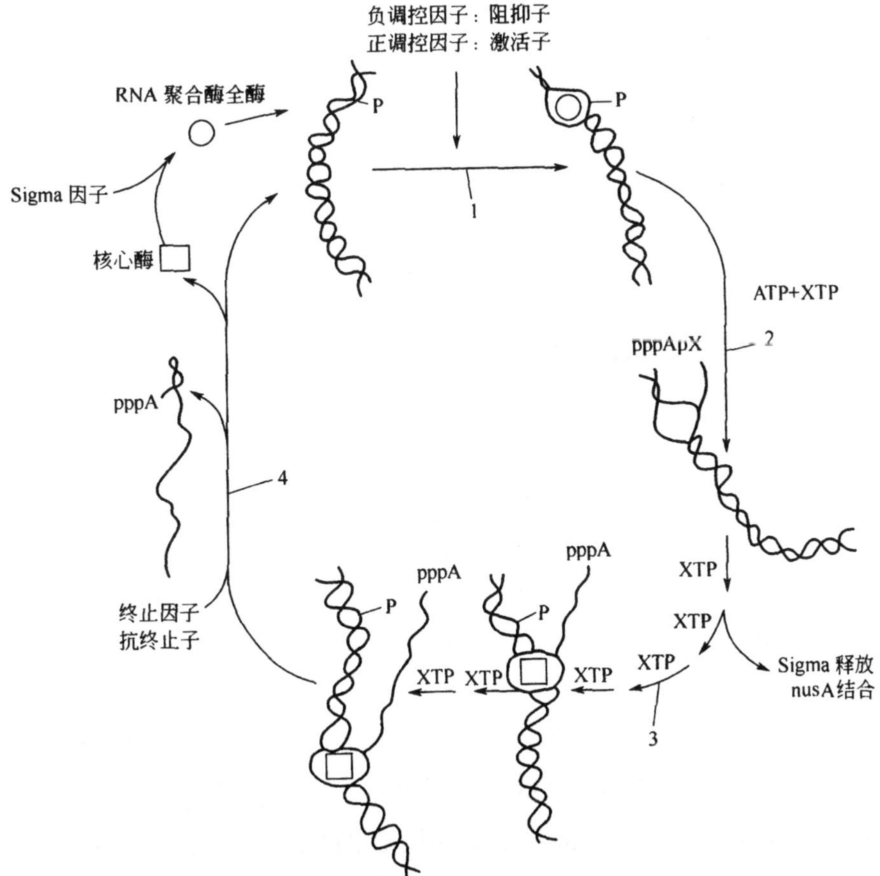

图 6-36　原核生物的基因转录过程

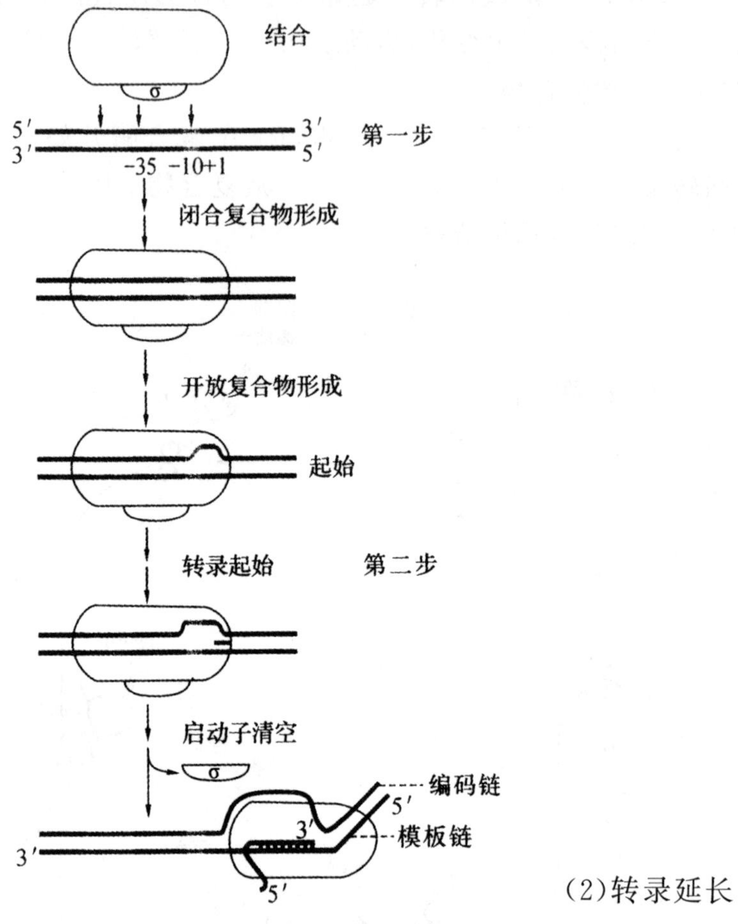

图 6-37　大肠杆菌 RNA 的转录起始过程

(2)转录延长

延长阶段也称为延伸阶段，该阶段核心酶沿着 DNA 模板链 3′→5′方向移动，使双链 DNA 保持约 17bp 解链；同时，NTP 按照碱基配对原则与模板链结合，由核心酶催化，通过 α-磷酸基与 RNA 的 3′→羟基形成磷酸酯键，使 RNA 链以 5′→3′方向延伸(50～90nt/s)。这时的转录复合体称为转录泡。在转录泡上，RNA 的 3′-端始终与模板链结合，形成长约 8bp 的 RNA-DNA 杂交体，而 5′-端则脱离模板链，已经转录完毕的 DNA 模板链与编码链重新结合，具体如图 6-38 所示。

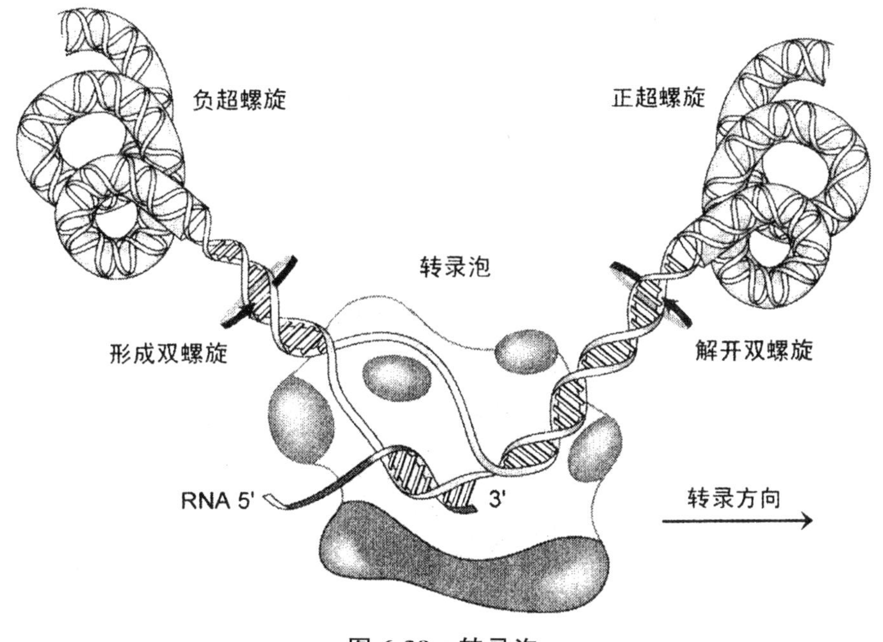

图 6-38 转录泡

(3)转录终止

RNA 聚合酶核心酶在 DNA 模板上遇到终止序列后便停止前进，转录产物从转录复合物上释放下来，即为转录终止。终止序列称为终止子。依据 RNA 聚合酶在终止转录时是否需要其他蛋白质协助，转录终止分为以下两种方式。

①内部转录终止。内部转录终止，即 RNA 聚合酶依据自身结构终止转录，不需要其他蛋白质的参与。如图 6-39 所示，内部转录终止取决于 DNA 模板上终止子的两个特征：具有富含 G—C 的序列；在 GC 序列下游有一段 polyA。由此转录得到的 RNA 产物，因在相应序列也富含 G—C，很容易回折，自身形成发夹结构或茎环结构，这会迫使 RNA 聚合酶停止移动；DNA-RNA 杂交链的末端因富含 AU 配对，很容易解链释放出 RNA，导致转录终止。

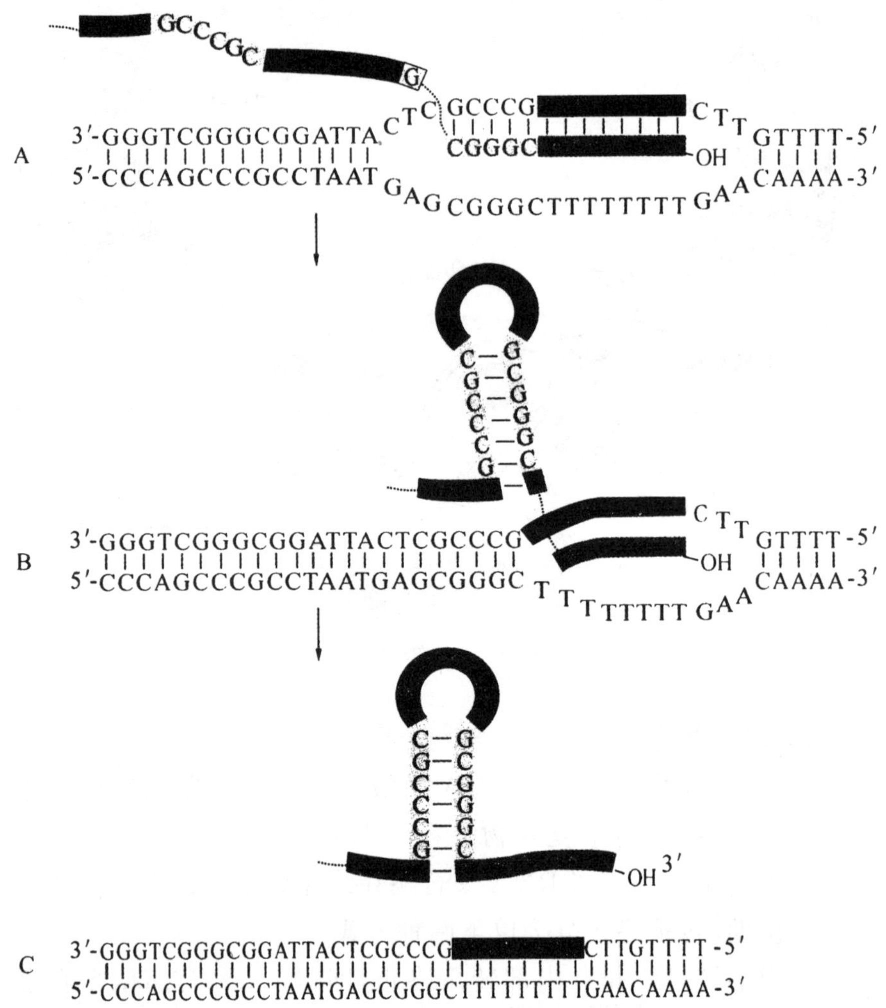

图 6-39 不依赖 rho 因子的转录终止

②依赖 rho 因子的转录终止。rho(ρ)因子是一种由 6 个相同亚基组成的寡聚蛋白质，属于 ATP 依赖的解旋酶，亚基上含有 RNA 结合结构域和 ATP 水解结构域，参与转录终止反应。rho 因子的特异识别序列存在于转录产物 RNA 上，长度为 80～100nt，富含 C 而缺乏 U。

如图 6-40 所示，在 RNA 转录过程中，当 rho 因子的识别序列被转录出现以后，rho 因子便与之结合，利用水解 ATP 的能量沿新生 RNA 链 5′→3′方向移动，到达 DNA-RNA 杂交链区域后，rho 因子发挥解旋酶作用打开杂交链的氢键。当 RNA 聚合酶移动到转录终止位点时暂停。rho 因子在移动过程中，不断打开 DNA-RNA 杂交链，追上 RNA 聚合酶并与之结合，释放出 RNA 链。最后，在 NusA 等其他蛋白的参与下，RNA 聚合酶核心酶构象发生变化，从模板上脱落下来，结束转录。

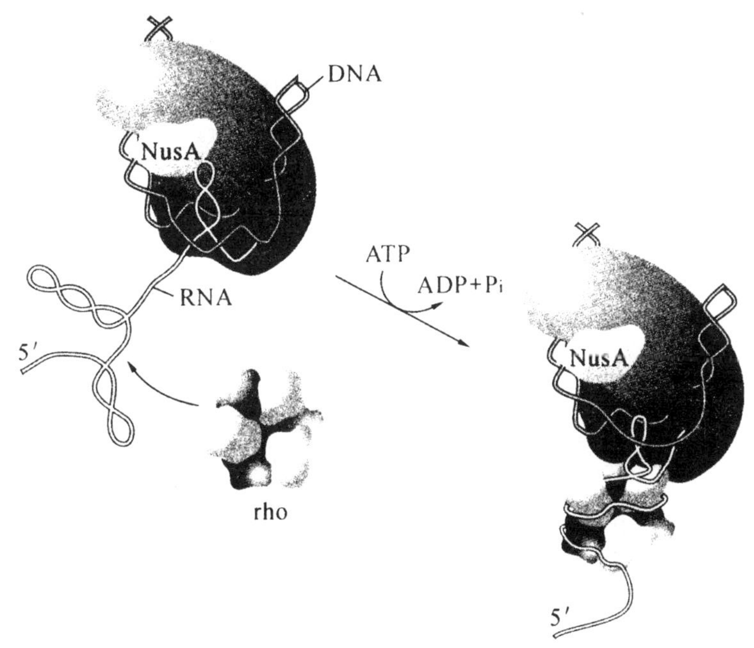

图 6-40　大肠杆菌依赖 rho 因子的转录终止过程

6.2.2.2　真核生物的转录过程

真核生物的转录过程与原核生物的转录过程的主要区别是：①真核生物的 RNA 聚合酶主要有 3 种：Ⅰ、Ⅱ、Ⅲ，分别催化合成 rRNA 前体、mRNA、tRNA 及核内小 RNA。②RNA 聚合酶不直接结合模板，识别转录起始部位的是一类称为转录因子的蛋白质。③转录起始上游区段比原核生物多样化，需要启动子、增强子等顺式作用元件的参与。④转录终止与转录后修饰密切相关。

(1)转录起始

真核生物的转录也需要 RNA 聚合酶辨认和结合特殊的 DNA 序列,但不同物种、不同细胞或不同基因,转录起始点上游可以有不同的 DNA 序列,统称为顺式作用元件。能直接或间接辨认、结合转录上游区段 DNA 的蛋白质,统称为反式作用因子。典型的真核生物启动子序列由核心启动子和上游启动子元件两部分组成。在转录起始点上游的－25～－30bp 区段多数有共同的 TATA 序列,称为 Hogness 盒或 TATA 盒,通常认为这是启动子的核心序列,TATA 盒精确地决定 RNA 合成的起始位点,其序列的完整与准确对维持启动子的功能来说是必需的。上游启动子元件是位于 TATA 盒上游的 DNA 序列,多位于－40～－100bp 之间,比较常见的是 GC 盒和 CAAT 盒。真核生物的上游(部分在下游区)还有增强子序列。这些序列为反式作用因子的结合位点(图 6-41)。

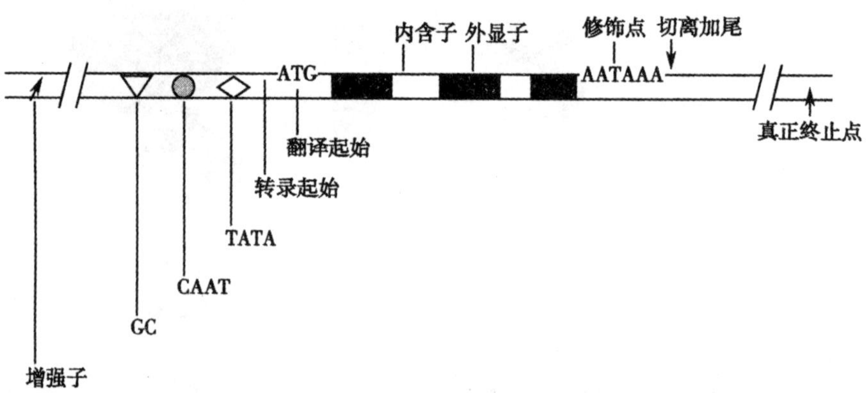

图 6-41 真核生物 RNA 聚合酶Ⅱ转录基因及其转录起始上游序列

反式作用因子中,直接或间接结合 RNA 聚合酶的称为转录因子(TF)。在转录起始时,RNA 聚合酶与 DNA 模板并不直接结合,而是在多种转录因子协同下完成这个过程。转录因子可分为 TFⅠ、TFⅡ、TFⅢ,其中最为重要的是与 RNA 聚合酶Ⅱ相关的 TFⅡ类转录因子。TFⅡ又分为几种亚型,分别是 TFⅡA、TFⅡB、TFⅡD 等。

真核生物转录起始首先是 TFⅡD 的 TATA 结合蛋白(TBP)亚基结合启动子的 TATA 盒，然后 TFⅡA 以及 TFⅡB 识别并结合 TFⅡD，随后，RNA 聚合酶在 TFⅡF 的辅助下与 TFⅡB 结合。RNA 聚合酶就位后，转录因子 TFⅡE 及 TFⅡH 加入，形成转录起始前复合物(PIC)并开始转录(见图 6-42)。

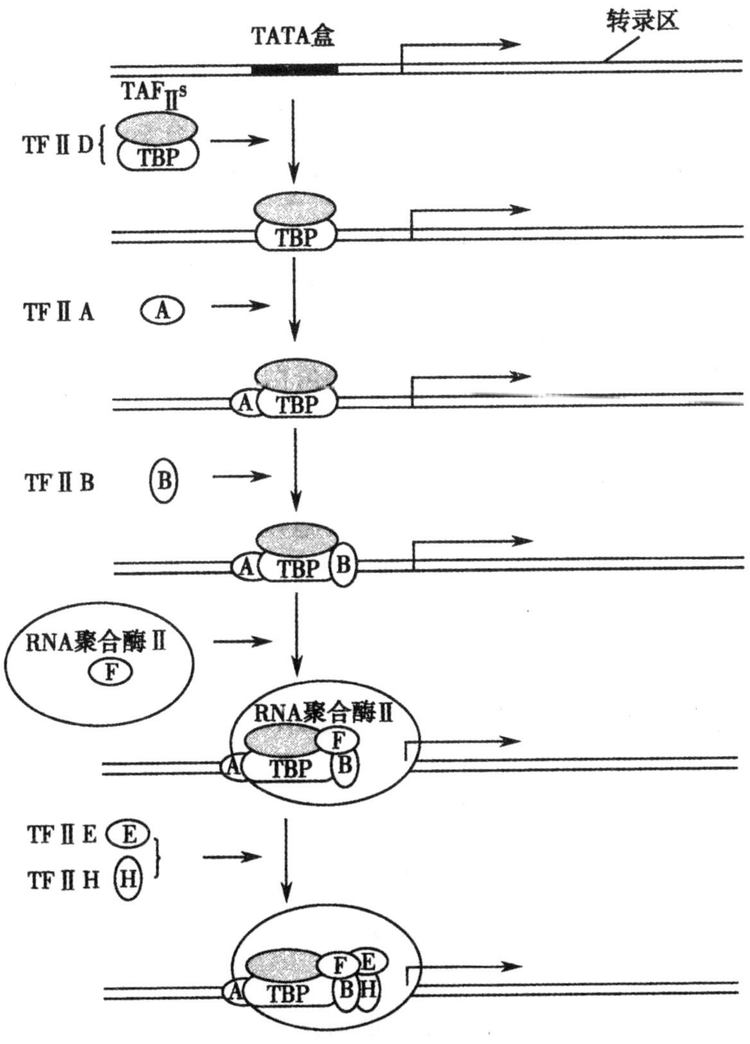

图 6-42 真核生物 RNA 聚合酶Ⅱ的转录起始

(2)转录延长

真核生物转录延长的机制与原核生物基本一致,当转录起始复合物形成后,按碱基序列,从5′→3′方向RNA聚合酶即开始催化核苷酸按碱基互补配对的原则逐个加入。与原核生物不同的是,真核生物有核膜相隔,转录和翻译在不同的细胞内区间进行,没有转录翻译同步的现象。

(3)转录终止

真核生物的转录终止机制目前还不十分清楚。其终止和转录后修饰有着密切的关系,真核生物mRNA 3′-端有多聚腺苷酸(polyA)尾巴,这是转录后才加进去的,因为在模板链上没有相应的polyA序列。在结构基因最后一个外显子的3′-端常有一组共同序列AATAAA,其下游还有相当多的GT序列,这些序列称为转录终止修饰点。转录越过修饰点,mRNA在修饰点处被切断,随即加入3′-端polyA尾巴及5′-端帽子结构。下游的RNA虽然继续转录,但很快被RNA酶降解。

6.2.3 真核生物的转录后加工

真核生物有完整的细胞核,转录和翻译存在时空隔离;真核生物基因多数是断裂基因,在转录之后需要把外显子剪接成连续的编码序列。因此,真核生物RNA的转录后加工尤为复杂和重要。

6.2.3.1 mRNA的转录后加工

在原核生物中,大多数mRNA初级转录物都不需要加工(或称为修饰),直接就作为模板进行翻译了,事实上蛋白质合成在转录还没有结束时就已经开始了。但真核生物与原核生物不同,真核生物mRNA在细胞核中合成,而合成蛋白质(翻译过程)却是在胞质溶胶中进行的。mRNA首先在细胞核内加工成为成熟的mRNA后再被运输到细胞质作为模板进行翻译。mRNA初级转录物称为前信使mRNA(pre-mRNA),因为初级转录物分子相对质量很大，有时高达80S，含有50000个核苷酸，核苷酸序列组成多样，同时又都出现在细胞核内，所以也称为核内不均一RNA。图6-43给出了一个初级mRNA加工成为成熟mRNA的过程示意图。加工过程通常包括在5′-端戴"帽子"、3′-端加"尾巴"和剪接过程。

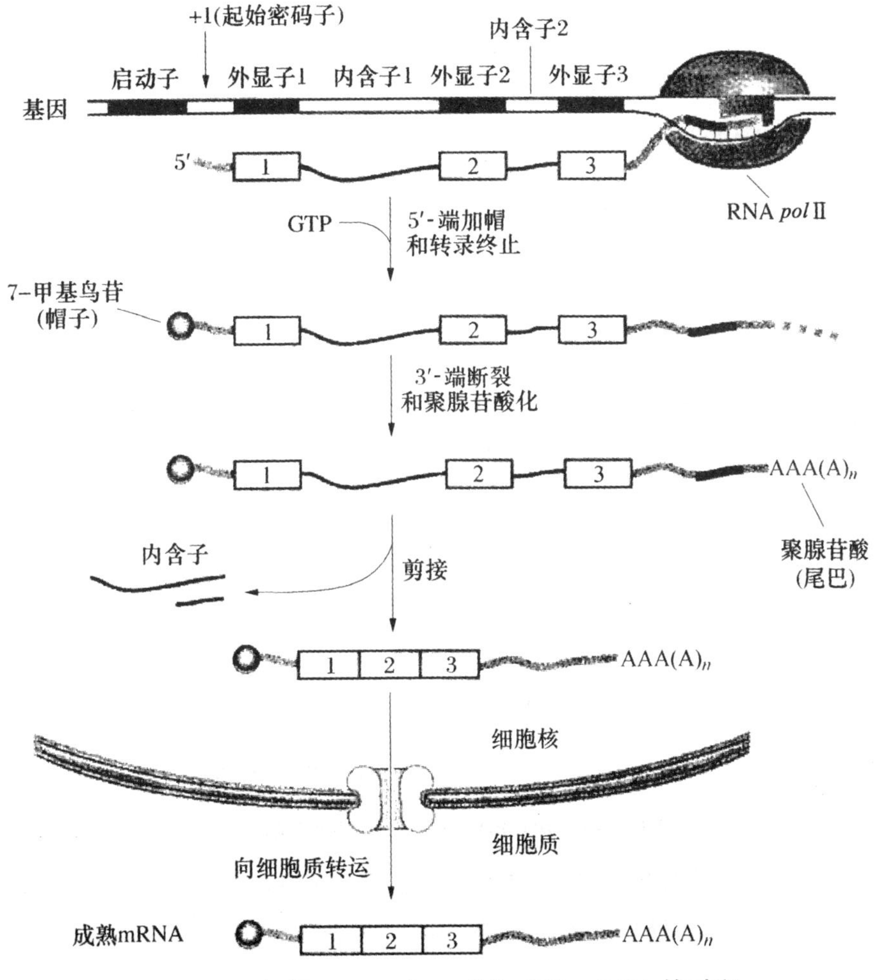

图6-43 初级mRNA加工成为成熟mRNA的过程

(1)5′-端戴"帽子"

在初级mRNA合成起始后不久(大约延伸到20个核苷酸)，以GTP作为底物，在核内鸟苷酰基转移酶和甲基转移酶催化下，将一个称为"帽子"结构的稀有的7-甲基鸟嘌呤加到5′-端核苷酸前，两者之间通过一个少有的5′，5′-三磷酸键连接，如图6-44所示。mRNA上的5′帽子对于蛋白质合成的起始很重要，同时它可保护转录出的mRNA不被5′-核酸外切酶降解。

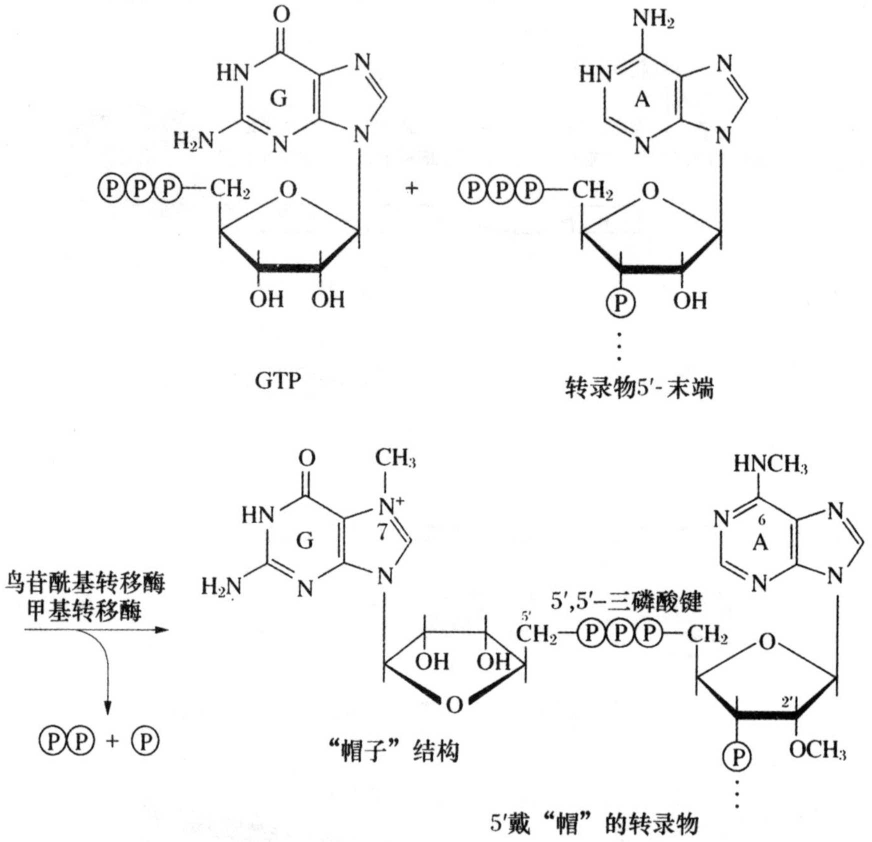

图6-44　pre-mRNA的5′-端戴“帽子”

“帽子”结构为7-甲基鸟苷；与帽子相邻的第一个核苷酸为腺苷酸，其中在2′处甲基化，嘌呤N6甲基化；含有P的圆圈代表磷酸基团。

(2)3′-端加“尾巴”

在成熟的mRNA的3′-末端都附着100～200个腺苷酸残基的聚(A)尾巴，这些残基并不是由DNA编码的，而是转录后被聚腺苷酸聚合酶加上的。pre-mRNA中mRNA的3′-末端带有一个称为聚腺苷酸化信号的AAUAA共有序列，在此序列后还有一个富含 G/U 的序列。

当 RNA 聚合酶Ⅱ转录出 AAUAA 后，一个切割和聚腺苷酸化特异因子（Cleavage Polyadenylation Specificity Factor，CPSF）识别并结合到共有序列，并通过与富含 G/U 序列相互作用，使转录物成环。另一个切割因子（CFs）结合并切割共有序列，在 AAUAA 下游 10～35 核苷酸处产生一个新的 3′-末端。然后受 CPSF 活化的不依赖于模板的 PAP 催化在新的 3′-末端加上由 200～250 个腺苷酸组成的 polyA，如图 6-45 所示。聚腺苷酸化反应是一个重要的调节步骤，因为聚腺苷酸尾巴的长度能调节 mRNA 的稳定性和翻译效率。

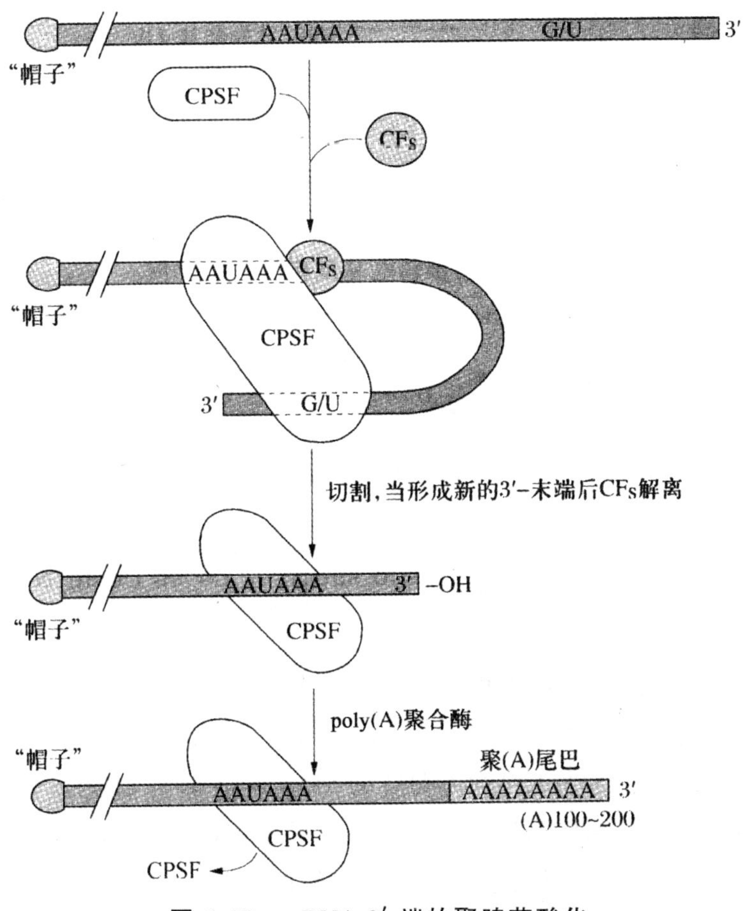

图 6-45 mRNA 3′-端的聚腺苷酸化

(3)剪接

mRNA剪接过程类似于Ⅱ型内含子,也是通过形成套索的方式进行剪接的。研究发现,许多外显子序列与内含子序列连接处都有类似序列,在内含子的5′-端一般都含有GU序列,而在内含子3′-端存在AG序列,剪接正是利用外显子和内含子交界处的特殊序列,通过两次转酯基反应完成的,如图6-46所示。

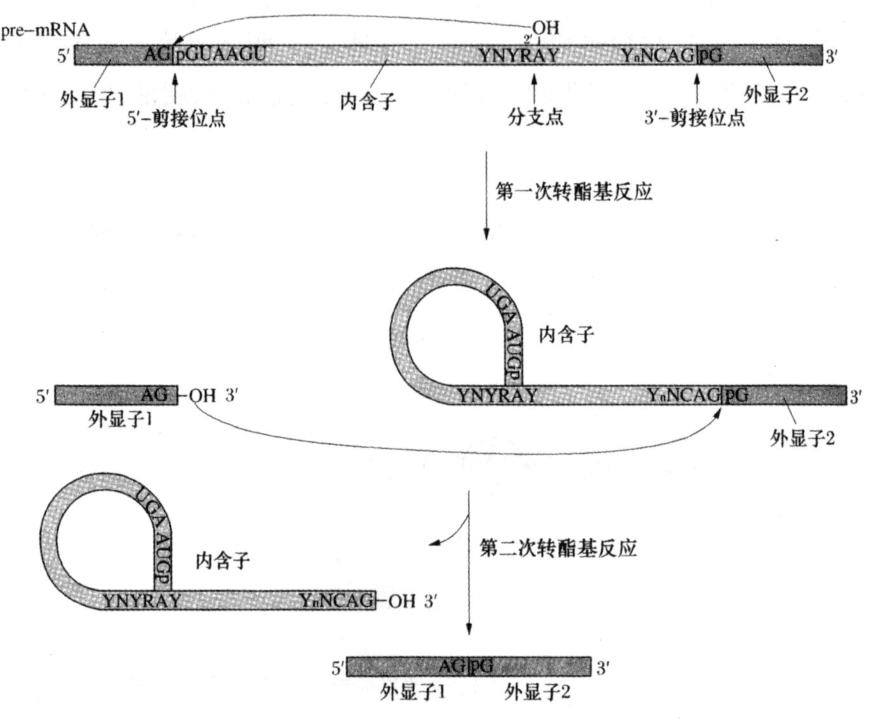

图6-46 两步转酯基反应的剪接过程

R、Y—嘌呤和嘧啶核苷酸残基;N—任意核苷酸残基

虽然剪接过程类似Ⅱ型内含子剪接,但需要一种特殊的称为核内小核糖核蛋白(snRNP)的RNA-蛋白质复合物参与。snRNP是由核内小RNA(snRNA)和相关蛋白质组成的。存在4种snRNP:U1 snRNP、U2 snRNP、U5 snRNP和U4-U6 snRNP(U4和U6 snRNA通过碱基配对结合在一起)。

首先U1 snRNP与5′-剪接部位碱基配对,U2 snRNP与分支部位的碱基配对，结果使分支点腺苷酸残基（A）靠近 5′-剪接部位的 G。然后结合 U5 snRNP 和 U4-U6 snRNP 组装成剪接体，紧接着发生第一次转酯基反应，U4-U6 snRNP 复合物解离，释放出 U4 snRNP，形成套索结构。再经第二次转酯基反应后，内含子被切除，两个外显子拼接在一起，剪接体解体，如图 6-47 所示。

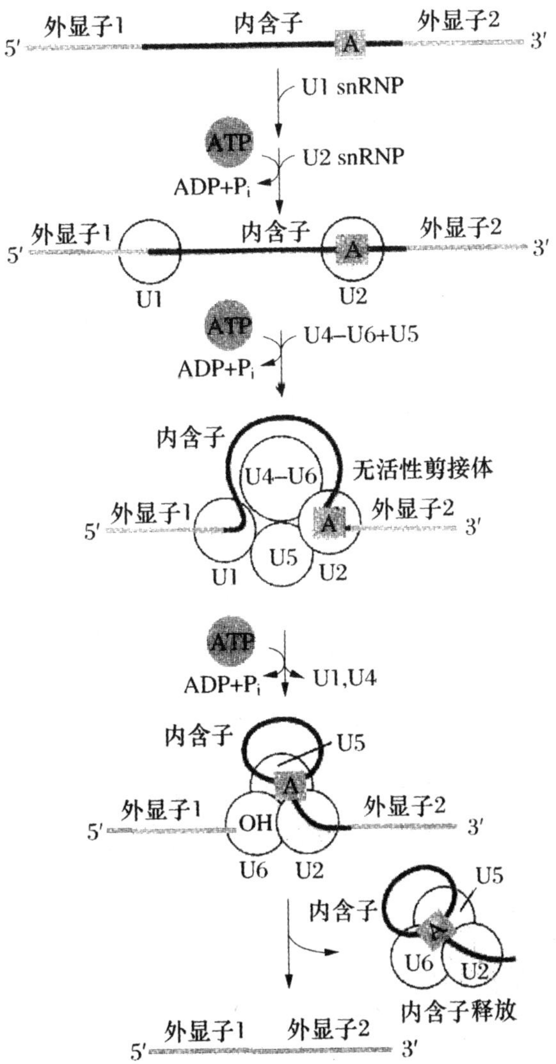

图 6-47　通过形成剪接体除去内含子

6.2.3.2 tRNA 的转录后加工

真核生物 tRNA 基因由 RNA 聚合酶Ⅲ催化转录，得到 tRNA 前体，其后加工包括剪切 5′-端和 3′-端序列，加 3′-端 CCA，修饰碱基和剪接，如图 6-48 所示。

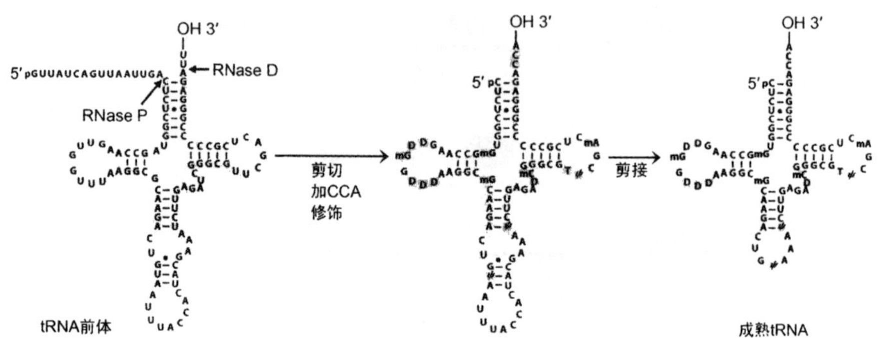

图 6-48 真核生物 tRNA 的转录后加工

(1)剪切

切除 tRNA 前体 5′-端的前导序列和 3′-端的拖尾序列。

(2)加 3′-端 CCA

真核生物 tRNA 前体都没有 3′-端 CCA，要在加工时添加，反应由 tRNA 核苷酸转移酶催化，以 CTP 和 ATP 为底物。

(3)修饰碱基

tRNA 的稀有碱基都是在 tRNA 前体水平上由常规碱基通过酶促修饰形成的，修饰方式包括嘌呤碱基甲基化成甲基嘌呤、腺嘌呤脱氨基成次黄嘌呤、尿嘧啶还原成二氢尿嘧啶和尿嘧啶变位成假尿嘧啶等。

(4)剪接

真核生物某些 tRNA 前体由一个内含子与两个外显子构成，需要剪接。

tRNA 的剪接是酶促反应，切除内含子的核酸内切酶由 tRNA 基因内含子编码。此外，tRNA 的转录后加工还包括各种稀有碱基的生成。成熟的 tRNA 分子中有许多稀有碱基，tRNA 在甲基转移酶催化下，某些嘌呤生成甲基嘌呤如 A→mA、G→mG，有些尿嘧啶还原为二氢尿嘧啶，尿嘧啶核苷转变为假尿嘧啶核苷，某些腺苷酸脱氨基后成为次黄嘌呤核苷酸。在核苷酸转移酶作用下，3′-末端除去个别碱基后，换上 tRNA 分子统一的 CCA-OH 末端，完成 tRNA 分子中的氨基酸臂结构。

6.2.3.3 rRNA 的转录后加工

真核细胞的 rRNA 基因（rDNA）属于丰富基因族的 DNA 序列，即染色体上一些相似或完全一样的串联基因单位的重复。属于丰富基因族的还有 5S rRNA 基因、组蛋白基因、免疫球蛋白基因等。不同物种基因组可有数百至上千个 rDNA，每个基因又被不能转录的基因间隔分段隔开。可转录片段为 7～13kb，间隔区也有若干 kb。注意基因间隔不是内含子（见图 6-49）。rDNA 位于核仁内，每个基因各自为一个转录单位。

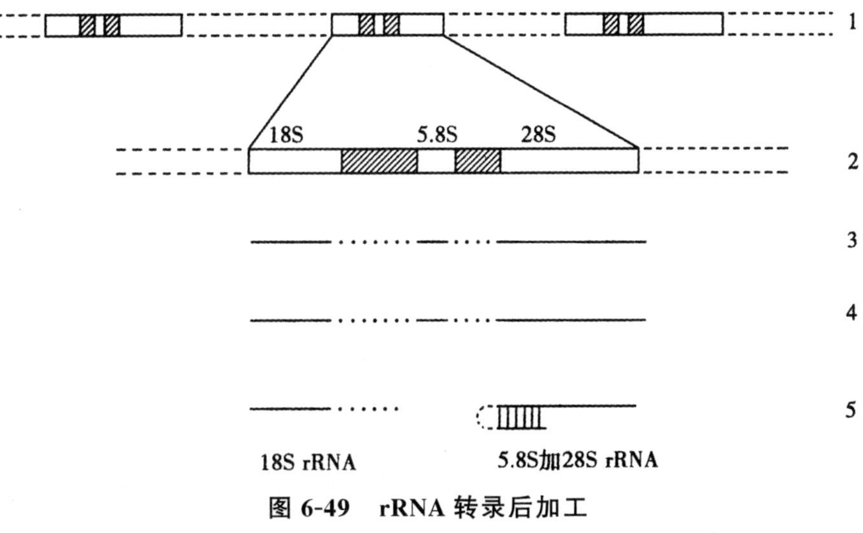

图 6-49 rRNA 转录后加工

1，2—rDNA，斜线为内含子，虚线是基因间隔；
3—45S 转录产物；4—剪接；5—终产物

真核生物 18S、28S 和 5.8S rRNA 基因（rDNA）处于一个转录单位，由 RNA 聚合酶 Ⅰ 催化生成它们的共同前体 45S rRNA

(见图 6-49)。45S rRNA 经剪接后,分出属于核糖体小亚基的 18S rRNA。余下的部分再剪接成 5.8S 及 28S 的 rRNA。rRNA 成熟后,就在核仁上装配,与核糖体蛋白质一起形成核糖体,输出胞浆。生长中的细胞,rRNA 较稳定;静止状态的细胞,rRNA 的寿命较短。

6.2.4 转录抑制剂

许多化合物都能够抑制原核生物和真核生物的转录,这类化合物统称为转录抑制剂。其中有的抑制剂抑制转录起始,有的抑制转录延长。

6.2.4.1 鹅膏蕈碱

来自于一种称为鬼笔鹅膏的毒蕈(蘑菇)含有包括鹅膏毒素在内的多种有毒物质,其中作为鹅膏毒素成员之一的 α-鹅膏蕈碱(见图 6-50)是 RNA 聚合酶Ⅱ和 RNA 聚合酶Ⅲ的抑制剂,特异抑制转录的延伸过程,从而破坏动物细胞中 mRNA 的形成。但 RNA 聚合酶Ⅰ以及线粒体、叶绿体和原核生物 RNA 聚合酶对 α-鹅膏蕈碱不敏感。需要注意的是,虽然鹅膏毒素毒性很强,但作用缓慢,吃毒蘑中毒的人几天后才会死亡。

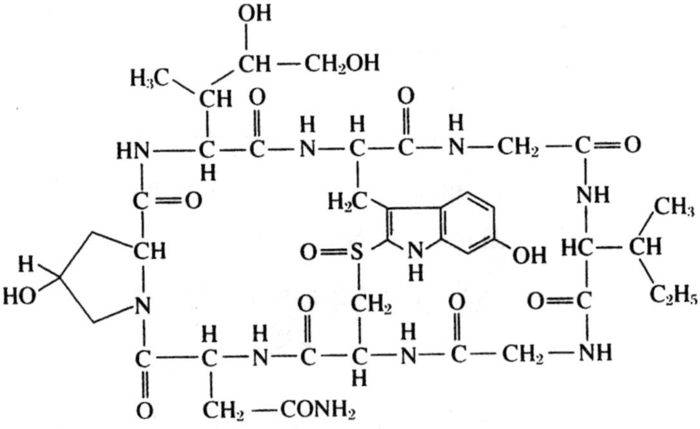

图 6-50 α-鹅膏蕈碱结构

6.2.4.2 利福霉素

利福霉素是从链霉菌内分离出来的，是非常有用的抗生素。利福霉素通过直接与细菌中的 RNA 聚合酶的 β 亚基结合来抑制 RNA 合成，特异地抑制第一个磷酸二酯键的形成，即抑制转录的起始。一旦 RNA 链起始反应开始后，利福霉素就不能影响 RNA 链的延伸了。因为利福霉素不抑制真核生物的 RNA 聚合酶，所以合成的利福霉素衍生物利福平已作为临床的抗结核菌药，如图 6-51 所示。

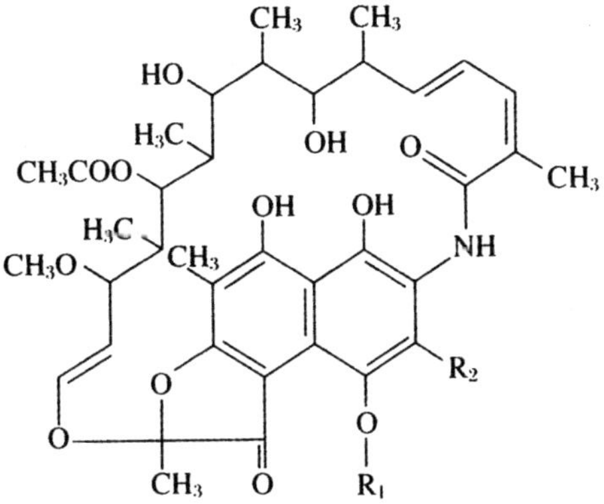

利福霉素B　$R_1=CH_2COO^-$；$R_2=H$

利福平　$R_1=H$；$R_2=CH=\overset{+}{N}$(哌嗪环)$N-CH_3$

图 6-51　利福霉素和利福平

6.2.4.3 放线菌素 D

放线菌素 D 来自链霉菌，带有一个吩恶嗪酮稠环和两个五环肽（L-甲基缬氨酸、肌氨酸、L-Pro、D-Val 和 L-Thr，其中放线菌素 D 分子中的 L-meVal 为 L-甲基缬氨酸，Sa 为肌氨酸），如图 6-52 所示。放线菌素 D 中的吩恶嗪酮稠环平面可以插入到相邻的 G—C 碱基对之间，使双螺旋变形，结构中的两个五环肽占据 DNA 双螺旋空间，阻塞转录的延伸。在很低的浓度下放线菌素 D 都能有效地抑制原核生物和真核生物转录的延伸过程。

因为放线菌素 D 能与 DNA 双螺旋紧密结合有效地抑制转录，所以放线菌素 D 是个非常有用的抗肿瘤剂。

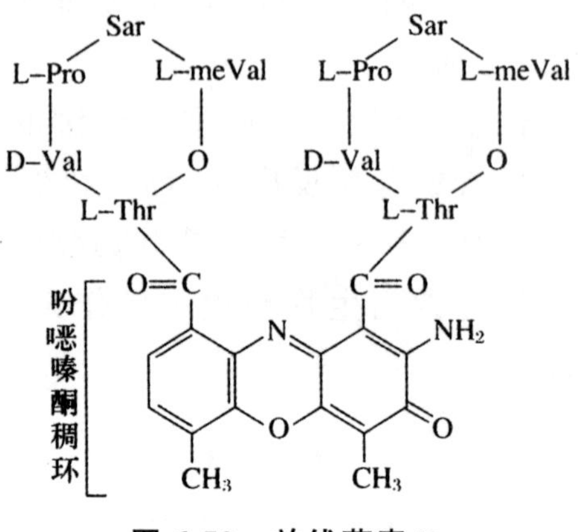

图 6-52　放线菌素 D

第 7 章　生物体内蛋白质生物合成机理

蛋白质生物合成也称为翻译,是指以 mRNA 为直接模板合成蛋白质的过程。它是现代生物化学的重要内容。对蛋白质生物合成的深入研究,将为揭示生命奥秘,解决某些医学难题,提供新的线索。

7.1　蛋白质的生物合成体系

7.1.1　mRNA 与遗传密码

mRNA 是蛋白质生物合成的直接模板。在原核生物中,每种 mRNA 常带有几种与功能相关的蛋白质的编码信息,这些编码信息常构成一个转录单位,能指导多条多肽链合成,称为多顺反子 mRNA,转录后一般不需特别加工。但真核生物中每种 mRNA 一般只带有一种蛋白质的编码信息,指导一条多肽链的合成,称为单顺反子 mRNA,转录后需要加工成熟才能成为翻译模板。

mRNA 分子中每三个相邻的核苷酸组成一组,形成三联体,代表一种氨基酸或其他信息,称为遗传密码或密码子。mRNA 以三联体遗传密码的方式,决定了蛋白质分子中氨基酸的排列顺序。生物体内共有 64 个密码子,其中 61 个分别代表 20 种不同的编码氨基酸(见表 7-1)。AUG 既编码多肽链中的蛋氨酸,又作为多肽链合成的起始信号,称为起始密码子,而 UAA、UAG、

UGA 则代表多肽链合成的终止信号，称为终止密码子。遗传密码具有以下几个特点。

表 7-1　遗传密码字典

第一个核苷酸(5′)	第二个核苷酸				第三个核苷酸(3′)
	U	C	A	G	
U	苯丙氨酸 苯丙氨酸 亮氨酸 亮氨酸	丝氨酸 丝氨酸 丝氨酸 丝氨酸	酪氨酸 酪氨酸 终止信号 终止信号	半胱氨酸 半胱氨酸 终止信号 色氨酸	U C A G
C	亮氨酸 亮氨酸 亮氨酸 亮氨酸	脯氨酸 脯氨酸 脯氨酸 脯氨酸	组氨酸 组氨酸 谷酰胺 谷酰胺	精氨酸 精氨酸 精氨酸 精氨酸	U C A G
A	异亮氨酸 异亮氨酸 异亮氨酸 甲硫氨酸 和甲酰甲 硫氨酸	苏氨酸 苏氨酸 苏氨酸 苏氨酸	天冬氨酸 天冬氨酸 赖氨酸 赖氨酸	丝氨酸 丝氨酸 精氨酸 精氨酸	U C A G
G	缬氨酸 缬氨酸 缬氨酸 缬氨酸	丙氨酸 丙氨酸 丙氨酸 丙氨酸	天冬氨酸 天冬氨酸 谷氨酸 谷氨酸	甘氨酸 甘氨酸 甘氨酸 甘氨酸	U C A G

(1)密码的通用性

不论高等动物或低等生物，从细菌到人类都拥有一套共同的遗传密码，这种现象称为密码的通用性。但是近年来发现，线粒体的编码方式与通常遗传密码有所不同。脊椎动物线粒体的特殊摆动性，使 22 种 tRNA 就能识别全部氨基酸密码子，而正常情况下至少需要 32 种 tRNA。如在线粒体的遗传密码中，AUA、

AUG、AUU为起始密码，AUA也可为甲硫氨酸密码子，UGA为色氨酸密码子，AGA、AGG为终止密码等。

(2)密码的不重叠性

密码的不重叠性即每三个碱基编码一个氨基酸，碱基不重复使用，即

$$\begin{array}{cccc} ABC & DEF & GHI & JKL \\ \downarrow & \downarrow & \downarrow & \downarrow \\ \cdots aa_1 & \cdots aa_2 & \cdots aa_3 & \cdots aa_4 \end{array}$$

目前已经证明，在绝大多数生物中读码规则是不重叠的。但是在少数大肠杆菌噬菌体的RNA基因组中，部分基因的遗传密码却是重叠的。

(3)密码的摆动性

密码的摆动性即密码子的专一性，主要由头两位碱基决定，而第三位碱基有较大的灵活性。Crick对第三位碱基的这一特性给予一个专门的术语，称为“摆动性”(表7-2)。当第三位碱基发生突变时，仍能翻译出正确的氨基酸来，从而使合成的多肽仍具有生物学活性。

表7-2 密码子识别的摆动现象

tRNA反密码子的第一位碱基(3′→5′)	U	C	A	G	I	
mRNA密码子的第三位碱基(3′→5′)	A或G	G	U	C或U	U或C或A	AG(U)

(4)密码的连续性

密码的连续性即两个密码子之间没有任何标点符号加以隔开。因此，要正确阅读密码必须按一定的读码框架，从一个正确的起点开始，一个不漏地挨着读下去，直至碰到终止信号为止。若插入或删去一个碱基，就会使这以后的读码发生错误，这称为移码。由于移码引起的突变称为移码突变。

(5)密码的简并性

由几种密码子编码同一种氨基酸的现象称为密码子的简并性。编码同一种氨基酸的一组密码子互称同义密码子。20 种氨基酸中除甲硫氨酸和色氨酸只有 1 个密码子外,其余都有 2 个或 2 个以上同义密码子。相反,没有哪个密码子能编码一个以上氨基酸。

密码子的简并性往往表现在第三位碱基上。如编码缬氨酸的 4 个密码子(UGU、UGC、UGA 和 UGG)中,前两个碱基完全相同,只有第三位碱基不同,说明密码子的专一性主要取决于前两位碱基,第三位碱基作用有限。密码子的简并性具有重要意义,它增加了密码子中碱基改变仍然编码原来氨基酸的可能性,减少了因碱基变化造成的可能危害,有利于生物遗传与进化的统一。

既然一些氨基酸有多个密码子编码,那么同义密码子的使用频率是否相同呢?研究者发现,不同物种都有自己优先使用的密码子。表 7-3 显示了大肠杆菌和人类 1000 个基因中三组同义密码子的使用频率。可以看出,亮氨酸密码子 CUU 和 UUG 以及丙氨酸密码子 GCA 在两种生物中出现频率基本相同,但是亮氨酸密码子 CUC,脯氨酸密码子 CCA、CCC、CCG、CCU 以及丙氨酸密码子 GCG 在两个物种中的使用频率相差很大,表明不同物种在使用通用密码时存在偏好性。

表 7-3　三组同义密码子在大肠杆菌和人类基因中的使用频率比较

氨基酸	密码子	大肠杆菌基因频率($\times10^3$)	人类基因频率($\times10^3$)
Leu	CUA	3.2	6.1
	CUC	9.9	20.1
	CUG	54.6	42.1
	CUU	10.2	10.8
	UUA	10.9	5.4
	UUG	11.5	11.1

续表

氨基酸	密码子	大肠杆菌基因频率(×10³)	人类基因频率(×10³)
Pro	CCA	8.2	15.4
	CCC	4.3	20.6
	CCG	23.8	6.8
	CCU	6.6	16.1
Ala	GCA	15.6	14.4
	GCC	34.4	29.7
	GCG	32.9	7.2
	GCU	13.4	18.9

7.1.2　rRNA 与核糖体

核糖体由大小两个亚基组成，每种亚基包含一个或几个 rRNA 和许多功能不同的蛋白质分子，rRNA 在核糖体中具有重要的作用。

原核生物核糖体中有 3 种 rRNA：16S rRNA 存在于小亚基中；5S rRNA 和 23S rRNA 存在于大亚基中（图 7-1）。原核细胞 5S rRNA 有两个高度保守的区域，一个是与 tRNA 分子 TψC 环上的 GTψGC 序列相互识别作用；另一个与 23S rRNA 一段序列互补。16S rRNA 的 3′-端有一段保守序列（ACCUCCUUA），与 mRNA 5′-端转译起始区的 SD 序列互补，实现转译起始的定位；邻近 3′-端处还有一段与 23S rRNA 互补的序列，在大小亚基结合中起作用。23S rRNA 存在一段能与起始 tRNA 互补的序列片段，即 23S rRNA 与起始 tRNA 的结合有关。此外，也有与 5S rRNA 结合的互补序列。

真核生物核糖体中有 4 种 rRNA：18S rRNA 存在于小亚基中；5S rRNA 和 28S rRNA 存在于大亚基中；在哺乳类生物的大亚基还有 5.8S rRNA。5.8S rRNA 是真核细胞核糖体大亚基所特有的，含有与原核细胞 5S rRNA 的保守序列（CGAAC）相同的序列，可与 tRNA 相互识别。也就是说，5.8S rRNA 与 5S rRNA 具有相似的功能，如图 7-2 所示。

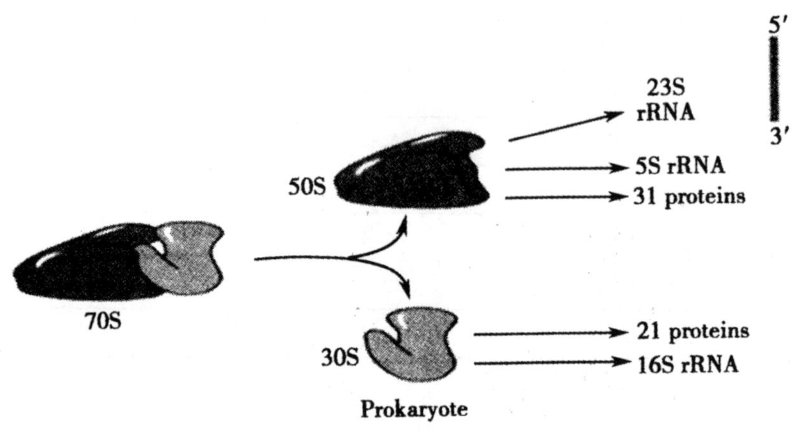

图 7-1 原核生物核糖体

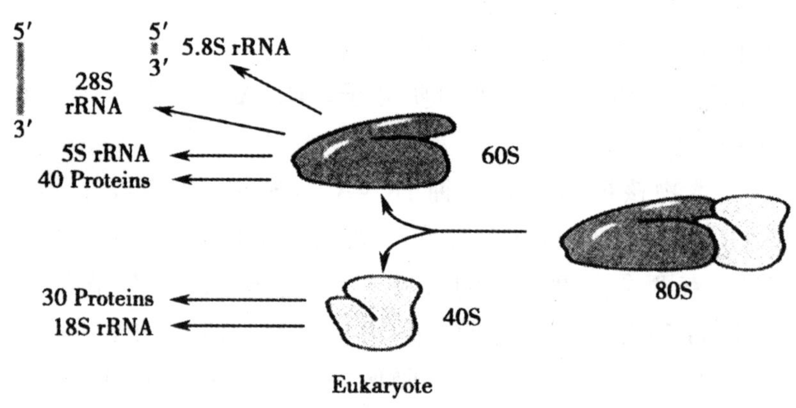

图 7-2 真核生物核糖体

细胞内，核糖体像一个能沿 mRNA 模板移动的机器，执行着肽链合成的功能，一条 mRNA 链上，一般间隔 40 个核苷酸结合一个核糖体，因此，mRNA 链上可以结合多个核糖体，这种状况称为多聚核糖体循环(见图 7-3)。

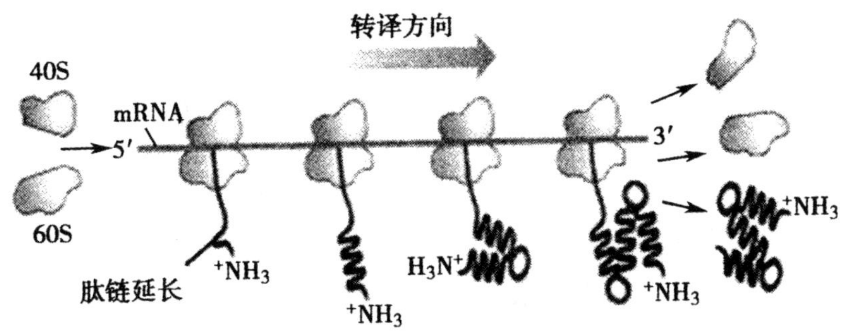

图 7-3 多聚核糖体循环

核糖体是由几十种蛋白质和几种核糖体 RNA 组成的亚细胞颗粒,这些颗粒直接或间接与细胞骨架结构有关联或者与内质网膜结构相连。细菌核糖体大都通过与 mRNA 的相互作用被固定在核基因上。

7.1.3 tRNA 与氨基酸活化

tRNA 分子在蛋白质的合成中充当的是遗传密码的翻译,tRNA 一方面要识别 mRNA 上的密码子,另一方面它所负载的氨基酸正是密码子编码的氨基酸。tRNA 分子中识别并与密码子配对的三联体核苷酸序列称为反密码子。

每一个细胞内至少含有 20 种 tRNA(一种氨基酸对应一种 tRNA),就是说每种 tRNA 应当能够至少识别一个 mRNA 密码子,才能满足它作为适配器的作用。

由于 tRNA 结构中具有两个关键部位:一个是氨基酸结合部位(为 tRNA 氨基酸臂的-CCA 腺苷酸 3′-羟基);另一个是 mRNA 结合部位。所以 tRNA 具有双重功能,一方面是在蛋白质合成过程中以氨基酰-tRNA 的形式携带氨基酸,另一方面又可识别 mRNA 分子上的遗传密码,使它所携带的氨基酸在核糖体上准确地对号入座合成多肽链。在蛋白质的生物合成过程中,tRNA 起适配器的作用,或将其视为氨基酸的搬运工具。

转运起始氨基酸的 tRNA 称为起始 tRNA，由于起始密码子 AUG 代表蛋氨酸，故起始密码子 tRNA 为 $tRNA^{Met}$。在原核生物中，起始 tRNA 携带的蛋氨酸被甲酰化，用"$fMet\text{-}tRNA_f^{Met}$"表示；在真核生物中，起始 tRNA 携带的蛋氨酸未被甲酰化，用"$Met\text{-}tRNA_i^{Met}$"表示。

在肽链延伸过程中起作用的 tRNA 称为延伸 tRNA，为区别起见，将原核生物携带蛋氨酸的延伸 tRNA 表示为 $Met\text{-}tRNA_m^{Met}$，真核生物中则表示为 $Met\text{-}tRNA_e^{Met}$。书写其他氨基酰-tRNA 时，开头三个字母为氨基酸缩写，代表已结合的氨基酸，右上角的缩写则代表对某一个氨基酸特异的 tRNA，如 $Gly\text{-}tRNA^{Gly}$、$Ala\text{-}tRNA^{Ala}$ 等。

氨基酸必须通过活化才能参与蛋白质的生物合成。氨基酸的活化过程，即氨基酸与特异 tRNA 结合形成氨基酰-tRNA 的过程在胞浆中进行。活化反应是在氨基酸的羧基上进行的，由氨基酰-tRNA 合成酶催化，ATP 供能，每活化 1 分子氨基酸需要消耗 2 个高能磷酸键。

$$\text{氨基酸} + tRNA + ATP \xrightarrow[Mg^{2+}]{\text{氨基酰-tRNA 合成酶}} \text{氨基酸-}tRNA + AMP + PPi$$

具体反应步骤如下：首先在氨基酰-tRNA 合成酶(E)的作用下，ATP 分解为 AMP 和 PPi，AMP 与氨基酸、酶结合形成一种活性中间复合体，氨基酸的羧基得以活化；然后，该复合物再与特异的 tRNA 作用，将氨酰基转移到 tRNA 的 3′-末端 CCA-OH 上，形成氨基酰-tRNA，即可参与核糖体循环。

$$\text{氨基酸} + ATP\text{-}E \longrightarrow \text{氨基酰-}AMP\text{-}E + PPi$$

$$\text{氨基酰-}AMP\text{-}E + tRNA \longrightarrow \text{氨基酰-}tRNA + AMP + E$$

7.2 蛋白质的生物合成过程

蛋白质的生物合成过程即翻译过程，是从 mRNA 的起始密码子 AUG 开始，按 5′→3′方向逐一读码，直至终止密码子。合成中的肽链从起始蛋氨酸开始，从 N 端向 C 端延长，直至终止密码子前一位密码子所编码的氨基酸。整个翻译过程可分为起始、延长、终止阶段。

7.2.1 原核生物翻译过程

7.2.1.1 翻译的起始

核糖体与 mRNA、fMet-tRNA$_f^{Met}$ 装配成 70S 起始复合体的过程称为原核生物翻译的起始阶段，其中 fMet-tRNA$_f^{Met}$ 的反密码子将与 mRNA 的起始密码子正确配对。所以，起始密码子启动蛋白质合成，从而确定正确的阅读框为翻译起始的核心内容。

原核生物蛋白质合成的起始阶段包括：

核糖体解离→30S 小亚基与 mRNA 结合→30S 起始复合体形成→70S 起始复合体形成，如图 7 4 所示。

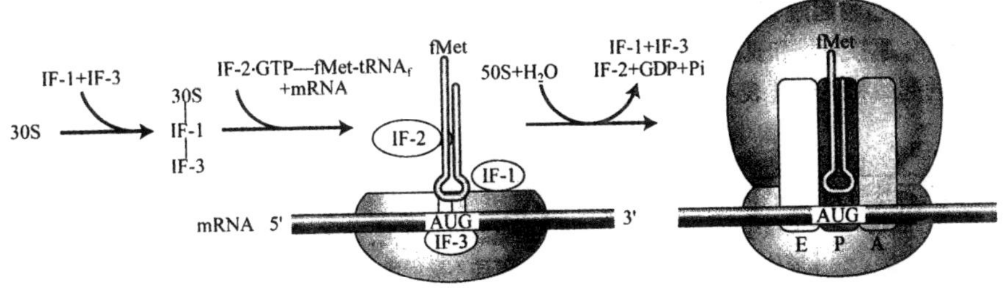

图 7-4 原核生物翻译起始

(1)核糖体

解离核糖体复合体的装配是从游离的 30S 小亚基开始的。所以，70S 核糖体必须解离。IF-1 和 IF-3 为核糖体解离所需要的翻译起始因子。

IF-1 的功能：协助 IF-2 的结合；促进核糖体解离，并与 30S 小亚基 A 位点结合，阻止 fMet-tRNA$_f^{Met}$ 提前结合；阻止 30S 小亚基与 50S 大亚基提前结合形成 70S 核糖体。

IF-3 的功能：阻止 30S 小亚基与 50S 大亚基提前结合形成 70S 核糖体；协助 30S 小亚基与 mRNA 结合；协助起始密码子-反

密码子结合，从而使 fMet-tRNA$_f^{Met}$ 正确结合。

IF-1 和 IF3 在 50S 大亚基结合前必须释放。

(2)30S 小亚基与 mRNA 结合

即 30S 小亚基与 mRNA 的 5′-端结合。

开放阅读框的 5′-端和内部都存在 AUG。核糖体通过寻找核糖体结合位点鉴别编码起始甲酰蛋氨酸的 AUG。

原核生物 mRNA 的核糖体结合位点位于 5′-端非翻译区，包括 SD 序列，即起始密码子上游 8～13nt 处的一段保守序列。该序列含 4～9 个嘌呤核苷酸，共有序列为 AGGAGGU，与 16S rRNA 3′-端的 3′-UCCUCCA-5′序列互补。SD 序列与 16S rRNA 的 3′-端至少要形成 3 个 Watson-Crick 碱基对，才能促进 30S 小亚基与 mRNA 的有效结合，如图 7-5 所示。

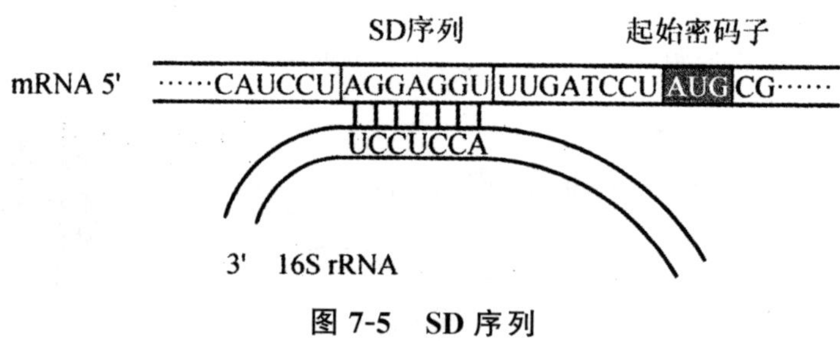

图 7-5　SD 序列

(3)30S 起始复合体形成

IF-2 先与 GTP 形成 IF-2・GTP，然后与 fMet-tRNA$_f^{Met}$ 结合并协助其与 mRNA、30S 小亚基 P 位点结合。30S 小亚基、mRNA、fMet-tRNA$_f^{Met}$、GTP、IF-1、IF-2、IF-3 各一分子构成 30S 起始复合体。fMet-tRNA$_f^{Met}$ 的反密码子与 mRNA 的起始密码子正确配对。

(4)70S 起始复合体形成

70S 起始复合体由 30S 起始复合体与 50S 大亚基结合形成，同时 IF-2 脱离。IF-2 是一种 G 蛋白，具有核糖体依赖性 GTP 酶(GTPase)活性，可以被 70S 起始复合体激活，水解 GTP，脱离 70S 起始复合体。

7.2.1.2　翻译的延长

依托核糖体的 A 位点、P 位点和 E 位点，把氨基酸接到肽链上的过程称为延长阶段。每次连接一个氨基酸，分以下几步进行：

氨酰 tRNA 进位→肽键形成→核糖体沿着 mRNA 移位

每秒钟可以连接 15～20 个氨基酸。核糖体读码的方向即在 mRNA 上移动的方向 5′→3′。肽链合成的方向是 N 端→C 端，因此起始甲酰蛋氨酸位于肽链的 N 端。

(1)进位

在蛋白质合成起始阶段完成时，70S 核糖体复合体三个位点的状态不同：E 位点是空的；P 位点对应 mRNA 的第一个密码子 AUG，结合了 fMet-$tRNA_f^{Met}$；A 位点对应 mRNA 的第二个密码子，是空的。

一个氨酰 tRNA 进入 A 位点即为进位。何种氨酰 tRNA 进位由 A 位点对应的 mRNA 密码子决定，并且需要翻译延长因子 EF-Tu 和 EF-Ts 通过进位循环完成。

进位循环：

①EF-Tu 与 GTP 结合，形成 EF-Tu・GTP 复合物。

②EF-Tu・GTP 复合物与氨酰 tRNA 结合，形成氨酰 tRNA-EF-Tu・GTP 三元复合物。

③三元复合物进入 A 位点。

④EF-Tu・GTP 水解所结合的 GTP，转化成 EF-Tu・GDP，脱离核糖体。

⑤EF-Ts 使 GTP 取代 GDP 与 EF-Tu 结合，形成新的 EF-Tu・GTP 复合物，开始下一进位循环，如图 7-6 中①所示。

(2)成肽

成肽反应是指当 fMet-$tRNA_f^{Met}$ 结合于 P 位点、第二个氨酰 tRNA 结合于 A 位点时，第二个氨酰基的 α-氨基与 fMet-$tRNA_f^{Met}$ 的 fMet 反应，形成肽键。成肽反应由肽基转移酶催化，既不消耗高能化合物，也不需要其他因子，如图 7-6 中②所示。

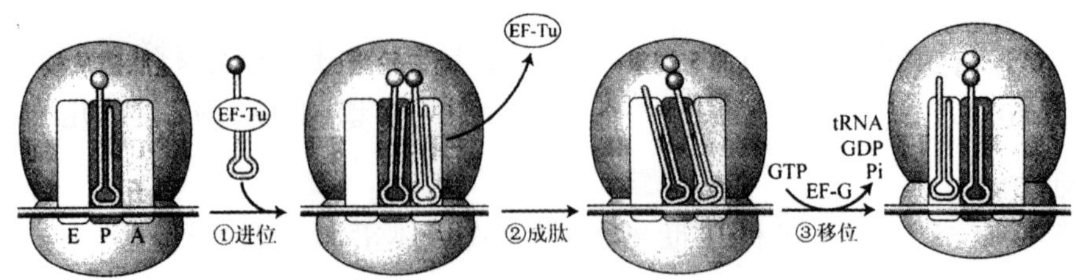

图 7-6　原核生物翻译延长

肽基转移酶实际上是 23S rRNA 的一个活性中心，其所含的一个腺嘌呤直接催化肽键形成。

(3)移位

肽键形成之后，P 位点结合的是脱酰 tRNA，A 位点结合的是肽酰 tRNA。接下来是移位，即核糖体向 mRNA 的 3′-端移动一个密码子，而脱酰 tRNA 及肽酰 tRNA 之间没有相对移动。移位之后：

①脱酰 tRNA 从核糖体 P 位点移到 E 位点再脱离核糖体。

②肽酰 tRNA 从核糖体 A 位点移到 P 位点。

③A 位点成为空位，并对应 mRNA 的下一个密码子。

④核糖体恢复 A 位点为空位时的构象，等待下一个氨酰 tRNA-EF-Tu · GTP 三元复合物进位，开始下一循环，如图 7-6 中③所示。

移位需要 1 分子翻译延长因子 EF-G(也称为移位酶)与 1 分子 GTP 形成的 EF-G · GTP 复合物。EF-G · GTP 水解所结合的 GTP，转化成 EF-G · GDP，同时推动核糖体沿着 mRNA 移位。

综上所述，蛋白质合成的延长阶段是一个包括 3 个步骤的循环过程，每一循环在肽链的 C 端连接两个氨基酸。结果，新生肽链不断延伸，并穿过核糖体大亚基的一个肽链通道甩出核糖体。

7.2.1.3 翻译的终止

核糖体移位遇到终止密码子，蛋白质合成即进入终止阶段，由释放因子协助终止翻译。

(1)终止过程

终止阶段需要释放因子决定 mRNA-核糖体-肽酰 tRNA 的命运。当核糖体移位遇到终止密码子时，一种释放因子与终止密码子及核糖体 A 位点结合，另一种释放因子随之结合，改变核糖体肽基转移酶的特异性，催化 P 位点肽酰 tRNA 水解，使肽链从核糖体上释放，如图 7-7 所示。

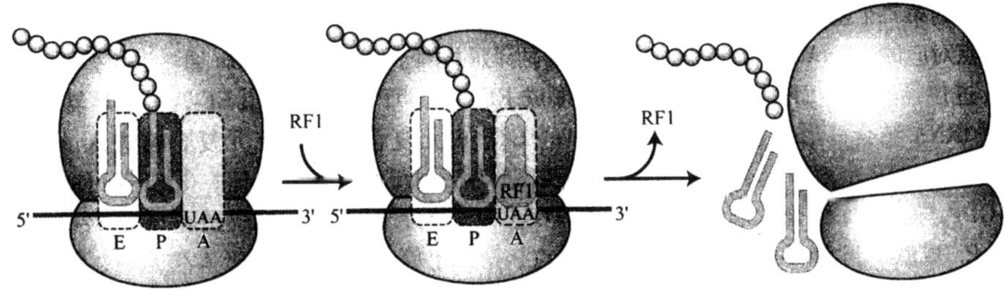

图 7-7 原核生物翻译终止

然后，释放因子进一步促使脱酰 tRNA 脱离核糖体，促使核糖体解离成亚基而脱离 mRNA。核糖体可在 mRNA 的 5′-端重新装配，从而开始新一轮蛋白质合成。新生肽链从核糖体上释放之后，经过加工修饰，形成具有天然构象的蛋白质。

(2)释放因子

RF-1、RF-2 和 RF-3 为大肠杆菌的 3 种释放因子(RF)，其功能如下：RF-1 识别终止密码子 UAA 和 UAG；RF-2 识别终止密码子 UAA 和 UGA；RF-3 不识别终止密码子，但具有核糖体依赖性 GTP 酶活性，与 GTP 结合之后可以协助 RF-1 或 RF-2 使翻译终止。

RF-1、RF-2 的作用机制已阐明。它们有着相似的空间结构，由 7 个结构域构成，其中 D 结构域含一个三肽决定子。Pro-Ala-Thr 为 RF-1 的决定子，Ser-Pro-Phe 为 RF-2 的决定子。决定子可以直接识别并结合终止密码子。决定子的第一氨基酸与终止密码子的第二碱基结合,第三氨基酸与终止密码子的第三碱基结合。结合具有特异性,即 Thr/Ser 可以与 A/G 结合,Pro/Phe 只与 A 结合,所以 RF-1 识别 UAA、UAG,RF-2 识别 UAA、UGA,如图 7-8 所示。

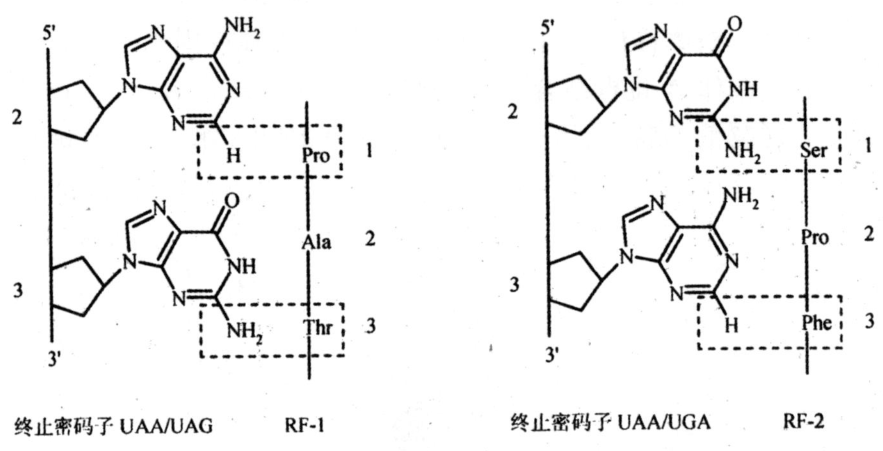

图 7-8 终止密码子识别机制

(3)多核糖体循环

细胞可以通过以下两种方式提高翻译效率:核糖体在一轮翻译完成之后,解离成亚基,回到 mRNA 的 5′-端,重新装配,开始新一轮翻译合成,形成核糖体循环;多个核糖体同时翻译一个 mRNA 分子:在绝大多数情况下,当原核生物合成蛋白质时,会有多个核糖体结合在同一个 mRNA 分子上,形成多核糖体结构,同时进行翻译。

(4)转录与翻译偶联

原核生物的 DNA 就在细胞浆内。此外,原核生物 mRNA 的编码区是连续的。所以,原核生物 mRNA 的转录合成与蛋白质的翻译合成可以同时进行。真核生物有完整的细胞核,其 DNA 在细胞核内,转录合成的 mRNA 前体经过加工之后才能成为成熟 mRNA,用于指导合成蛋白质,如图 7-9 所示。

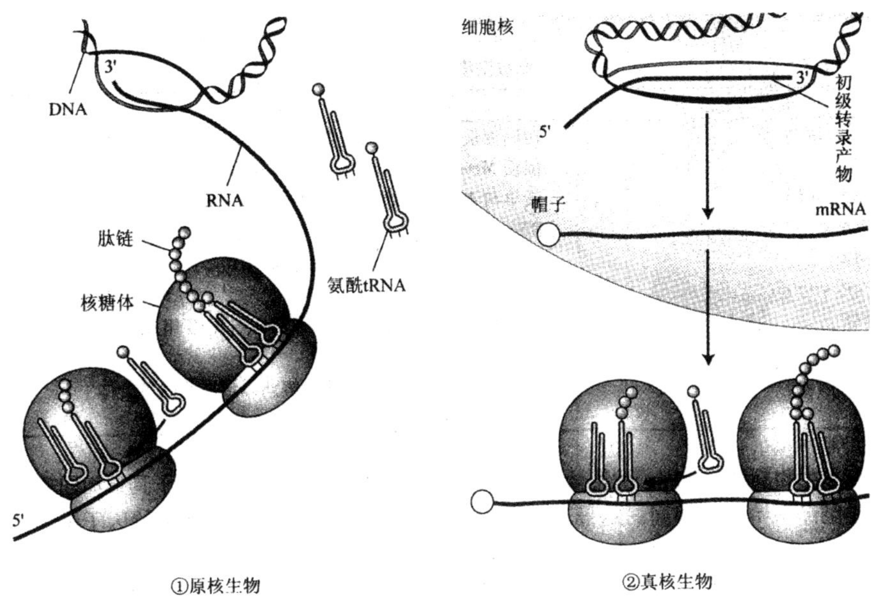

图 7-9　转录和翻译

7.2.2　真核生物翻译过程

真核生物的肽链合成过程与原核生物的肽链合成过程基本相似，只是反应更复杂、涉及的蛋白质因子更多。

7.2.2.1　翻译的起始

真核生物与原核生物在肽链合成的起始阶段差异较大。真核生物有不同的翻译起始成分，如核糖体为 80S(40S 小亚基和 60S 大亚基)；起始因子种类更多更复杂；起始蛋氨酸不需要被甲酰化等。成熟的真核 mRNA 有 5′-端和 3′-polyA 尾结构，可使 mRNA 在核糖体上定位结合；mRNA 的 5′-端可能有多个 AUG 密码子，但起始 AUG 位于 Kozak 共有序列中。Kozak 共有序列是起始密码子 AUG 周围的一段短的通用序列即 ACCAUGG，该序列突变可降低核糖体的翻译活性。真核生物肽链合成的起始过程如下所示。

(1)核糖体大、小亚基的分离

起始因子 eIF-2B、eIF-3 与核糖体小亚基结合，在 eIF-6 参与下，促进 80S 核糖体解离成大、小亚基。

(2)起始氨基酰-tRNA 结合

起始 $Met\text{-}tRNA_i^{Met}$ 和结合 GTP 的 eIF-2 共同结合于小亚基 P 位的起始位点。

(3)mRNA 在核糖体小亚基的准确就位

起始密码子 AUG 上游无 S-D 序列，mRNA 在小亚基上的定位依赖于帽子结合蛋白复合物(包括 eIF-4E、eIF-4G、eIF-4A)。该复合物通过 eIF-4E 结合 mRNA 5′-帽子，polyA 结合蛋白(PAB)结合 3′-polyA 尾，使 mRNA 在小亚基准确就位。

(4)与核糖体大亚基结合

已结合 mRNA、$Met\text{-}tRNA_i^{Met}$ 的小亚基迅速与 60S 大亚基结合，形成翻译起始复合物。同时，通过 eIF-5 作用和水解 GTP 供能，促进各种 eIF 从核糖体上释放。

7.2.2.2 翻译的延长

真核生物肽链合成的延长过程与原核生物基本相似，但有不同的反应体系和延长因子。此外，真核细胞核糖体无 E 位，转位时卸载的 tRNA 直接从 P 位脱落。

7.2.2.3 翻译的终止

真核生物翻译终止过程与原核生物相似，但只有一种释放因子 eRF，可识别所有终止密码子，完成原核生物各类 RF 的功能。

无论在原核细胞还是真核细胞内，通常有 10～100 个核糖体附着在同一条 mRNA 模板上，进行蛋白质的合成。这种 mRNA 与多个核糖体结合形成的串珠状聚合物称为多聚核糖体。每条 mRNA 结合的核糖体数目与生物的种类和 mRNA 的长度有关，一般每间隔 80 个核苷酸即附着有一个核糖体。利用同一条

mRNA为模板，各自合成多肽链，从而提高了mRNA的利用率和蛋白质生物合成的速度。

7.3　翻译后加工及蛋白质输送

7.3.1　蛋白质合成后的加工修饰

真核mRNA翻译出的蛋白质(或多肽)大多数是没有功能的前体，必须经过加工成熟才能成为有功能的蛋白质。对于不同的蛋白质来说，加工过程有所不同，没有统一的模式，概括地说，可以有下列几种方式。

7.3.1.1　二硫键的形成

肽链内或两条肽链间的二硫键是在肽链形成后—SH被氧化而形成的。二硫键在形成蛋白质的空间结构中起着重要作用。

7.3.1.2　氨基酸的修饰

氨基酸的修饰包括羟基化、糖基化、磷酸化、酰基化、羧化作用、甲基化、脂肪酰化。

(1)羟基化

肽链中某些氨基酸的侧链被修饰，这都是在翻译后的加工过程中被专一的酶催化而形成的。例如，胶原蛋白在合成后，其中的某些脯氨酸和赖氨酸残基发生羟基化。在X-Pro-Gly(X代表除Gly外的任何氨基酸)序列中的脯氨酸羟基化为4-羟脯氨酸，也可生成3-羟脯氨酸，但较少。脯氨酸的羟基化有助于胶原蛋白螺旋的稳定。有一些赖氨酸先羟基化，以后再糖基化。其他蛋白质如核心专一凝集素也含有羟脯氨酸和羟赖氨酸。

(2)糖基化

在多肽链合成过程中或在合成之后常以共价键与单糖或寡糖侧链连接，生成糖蛋白。这些糖可连接在天冬酰胺的酰胺上（N-连接寡糖）或连接在丝氨酸、苏氨酸或羟赖氨酸的羟基上（O-连接寡糖），糖基化是多种多样的，可以在同一条肽链上的同一位点连接上不同的寡糖，也可以在不同位点上连接上相同的寡糖。糖基化是在酶催化下进行的。糖蛋白是一类重要的蛋白，许多膜蛋白和分泌蛋白均是糖蛋白。

(3)磷酸化

酶、受体、介体、调节因子等蛋白质的可逆磷酸化是普遍存在的，在细胞生长和代谢调节中有重要功能。磷酸化发生在翻译后，由各种蛋白质激酶催化，将磷酸基团连接于丝氨酸、苏氨酸和酪氨酸的羟基上，发生脱磷酸作用。

(4)酰基化

蛋白质的乙酰化普遍存在于原核细胞和真核细胞中，如烟草花叶病病毒外壳在细菌、真菌、动植物中均存在。乙酰化有两种类型：一类是由结合于核糖体的乙酰基转移酶将乙酰 CoA 的乙酰基转移至正在合成的多肽链上，当将 N 端的甲硫氨酸除去后便乙酰化，如卵清蛋白的乙酰化便是如此；另一类是在翻译后由细胞质的酶催化发生乙酰化，如肌动蛋白和猫的珠蛋白。此外，细胞核内的组蛋白的内部赖氨酸也可以乙酰化。

(5)羧化作用

一些蛋白质的谷氨酸和天冬氨酸可发生羧化作用。例如，血液凝固蛋白酶原的谷氨酸在翻译后羧化成 γ-羧基谷氨酸，后者可以与 Ca^{2+} 螯合。这依赖于维生素 K 的羧化酶的催化作用。

(6)甲基化

在一些蛋白质中赖氨酸可以被甲基化。如肌蛋白和细胞色素 C 中含有 1,2-二甲基赖氨酸。大多数生物的钙调蛋白中含有三甲基赖氨酸。有些蛋白质中的一些谷氨酸链羧基也可发生甲基化。

(7)脂肪酰化

某些蛋白质可发生脂肪酰化作用。

在蛋白质合成中多种氨基酸均可发生修饰,表7-4列出各种氨基酸的修饰。

表7-4 蛋白质生物合成中各种氨基酸残基的修饰

氨基酸残基	修饰
丙氨酸	氨基酸末端甲基化
精氨酸	ADP-核糖基化,氨基末端甲基化
天冬氨酸	ADP-核糖基化,糖基化,氨基末端甲基化,β-羟化作用
天冬氨酸	在GPI-锚定蛋白中以酰胺连接于乙醇胺,β-羟化作用
半胱氨酸	二硫键形成,脂肪酰化作用
谷氨酸	γ-羟基化作用,甲基化作用
谷氨酰胺	交联赖氨酸的氨基,氨基末端甲基化,内部环化成氨基末端焦谷氨酸
甘氨酸	转变成羧基末端酰胺,氨基末端的肉豆蔻酰化
组氨酸	形成白喉酰胺,以后ADP-核糖基化,氨基末端甲基化
赖氨酸	羟化作用后5-羟赖氨酸糖基化,交联形成,乙酰化作用
甲硫氨酸	氨基末端甲酰基团脱甲酰化作用,氨基末端甲基化
苯丙氨酸	氨基末端甲基化
脯氨酸	羟化作用形成3-羟脯氨酸或4-羟脯氨酸,氨基末端甲基化
丝氨酸	磷酸化作用,糖基化作用,脂肪酰化作用,在tRNA水平上硒代半胱氨酸的形成
苏氨酸	磷酸化作用,糖基化作用,脂肪酰化作用
酪氨酸	磷酸化作用,哺乳动物α-微管蛋白中羧基末端残基的交换

7.3.1.3 切去一段肽链

有些新合成的多肽链要在专一性的蛋白酶的作用下切除部分肽段才能具有活性。例如,酶原要切除部分肽段才能形成有活性的酶。还有些肽链的N末端存在着15~30个氨基酸的一段顺序,其功能与将此蛋白质多肽链输送到细胞的特定部位(细胞器)

有关，所以称为信号肽。在肽链被输送到某特定部位后，此信号肽即被切除。

7.3.1.4 N端的甲酰甲硫氨酸的切除

蛋白质合成是从甲酰甲硫氨酸开始的，在加工过程中甲酰甲硫氨酸被除去，反应分种情况。

在真核细胞中，常常在多肽链合成到一定长度时(15～30个氨基酸)，其N端的甲硫氨酸就被氨基肽酶切除。在原核细胞内有少数肽链N末端的fMet切除甲酰基，而甲硫氨酸被保留下来，这样的蛋白质多肽链的N末端氨基酸就是甲硫氨酸。

7.3.1.5 亚基之间、亚基与辅基之间的聚合

具有四级结构的蛋白质由几个亚基组成，因此必须经过亚基之间的聚合反应才能形成具有特定构象和生物功能的蛋白质。对于结合蛋白来说，含有辅基成分，所以要与辅基部分结合后才能具有生物功能。

7.3.2 蛋白质的靶向输送

蛋白质合成后，定向输送到其发挥作用的场所称为蛋白质的靶向输送。蛋白质在核糖体上合成后有3个去向：①保留在胞质内；②进入细胞器；③分泌至细胞外，输送到其发挥作用的靶器官和靶细胞内。第3个去向的蛋白质，称为分泌性蛋白质。分泌性蛋白质的N端具有以疏水性氨基酸为主的特异氨基酸序列，可以引导分泌性蛋白进入内质网，此序列称为信号肽。信号肽是决定分泌性蛋白质靶向输送的重要信息。

分泌性蛋白质合成过程中，首先合成的是N端的信号肽，胞液中的信号肽识别颗粒(SRP)是由7S-RNA和6个多肽亚基组成的复合物，能识别信号肽并与之结合，导致翻译暂停。在内质网膜上有SRP受体，能与已结合信号肽和核糖体的SRP结合，从

而介导核糖体与内质网膜上的核糖体受体结合。

核糖体与内质网膜的核糖体受体结合之后，SRP 与信号肽及 SRP 受体分离，翻译又能继续进行。在内质网膜上肽转位复合物的介导下，信号肽引导新生的多肽链穿过内质网膜进入内质网腔，在此之后信号肽被内质网中的信号肽酶切除，分泌性蛋白质的肽链一边合成一边通过内质网，在内质网腔中折叠成天然构象后再分泌到胞外，因此成熟的蛋白质 N 端并无信号肽(图 7-10)。

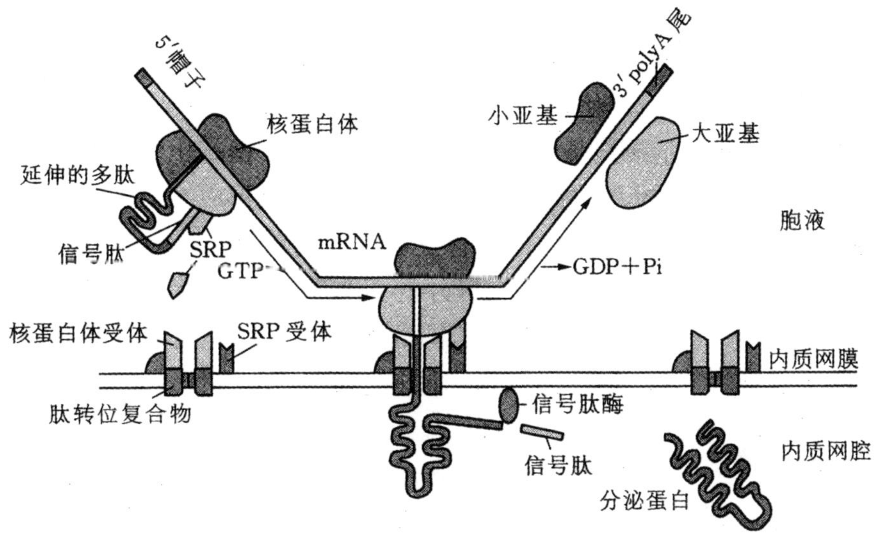

图 7-10　真核生物的信号肽引导分泌性蛋白质进入内质网

7.4　蛋白质生物合成的抑制剂

蛋白质生物合成的抑制剂有很多，其作用部位和机制各不相同。它们有些是直接作用于翻译过程，有些是通过作用于复制或转录过程间接对蛋白质的生物合成产生抑制作用。这些蛋白质合成抑制剂既有自然界中存在的天然的抗生素和毒素，也有一些是人工合成的化合物。下面是常见的蛋白质合成抑制剂及其作用机制。

7.4.1 抗生素

抗生素的杀菌作用主要表现在两个方面，(1)主要破坏细菌细胞壁，引起溶菌；(2)干扰核酸和蛋白质的生物合成。表 7-5 列出了一些蛋白质合成抑制剂。图 7-11 给出了几种常见抗生素的结构。

表 7-5 一些蛋白质合成抑制剂

抑制剂	抑制的细胞	作用方式
抑制起始		
金精三羧酸	原核细胞	阻止 IF 与 30S 亚基结合
春日霉素	原核细胞	抑制 fMet-tRNA$_f^{Met}$ 结合
链霉素	原核细胞	阻止
抑制延长中的氨酰-tRNA 结合		
四环素	原核细胞	抑制氨酰-tRNA 结合在 A 位
链霉素	原核细胞	导致密码子错读，插入不匹配的氨基酸
摩雪霉素	原核细胞	与 EF-Tu 结合，阻止由 EF-Tu-GTP 转换为 EF-Tu-GDP
抑制延长中的肽键形成		
稀疏霉素	原核细胞	抑制肽酰转移酶
氯霉素	原核细胞	与 50S 亚基结合，封住 A 位，抑制肽酰转移酶活性
氯洁霉素	原核细胞	与 50S 亚基结合，使 A 和 P 位重叠，抑制肽酰转移酶活性
红霉素	原核细胞	封闭 50S 亚基通道，引起早熟的肽酰-tRNA 解离
抑制延长中的移位		
羧链孢酸	原核细胞、真核细胞	抑制 EF-Tu-GDP 从核糖体上解离
硫链丝菌肽	原核细胞	抑制核糖体依赖的 EF-Tu 和 EF-G GTPase 活性

续表

抑制剂	抑制的细胞	作用方式
抑制延长中的移位		
白喉毒素	真核细胞	通过 ADP 核糖基化作用使 eEF-2 失活
放线菌酮	真核细胞	抑制肽酰-tRNA 移位
提前终止		
嘌呤霉素	原核细胞、真核细胞	氨酰-tRNA 类似物，结合在 A 位，起着肽酰基受体的作用，中断肽链延长
使核糖体失活		
蓖麻毒蛋白	真核细胞	使 28S rRNA 的一个腺苷去嘌呤，导致真核生物核糖体 60S 亚基失活

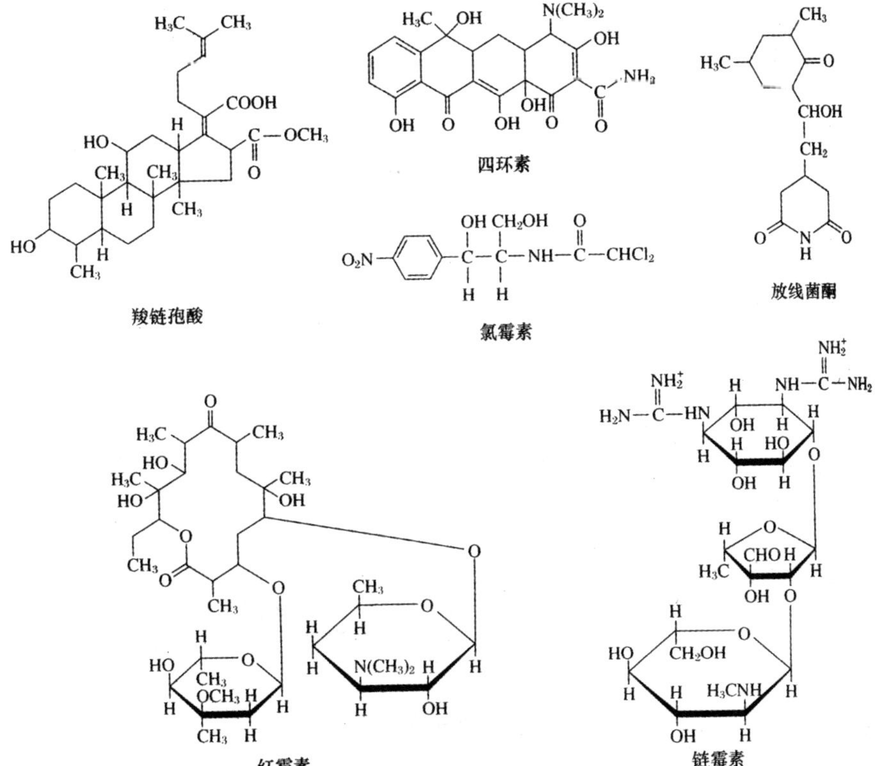

图 7-11　几种常见抗生素的结构

7.4.2 毒素

抑制人体蛋白质合成的毒素，常见者为细菌毒素与植物毒素。细菌毒素有多种，如白喉毒素、绿脓毒素、志贺毒素等，它们多在肽链延长阶段抑制蛋白质的合成，其中白喉毒素的毒性最大。

7.4.2.1 细菌毒素——白喉毒素

白喉毒素是白喉杆菌产生的毒蛋白，其主要作用是抑制蛋白质的生物合成。

白喉毒素作为一种修饰酶，可使真核生物延长因子 eEF-2 发生 ADP 糖基化共价修饰，生成 eEF-2 腺苷二磷酸衍生物，使 eEF-2 失活(图 7-12)。它的催化效率很高，只需微量就能有效抑制蛋白质的生物合成，对真核生物的毒性极强。除白喉毒素外，现知绿脓杆菌产生的外毒素 A 与白喉毒素一样，以相似机理起作用。

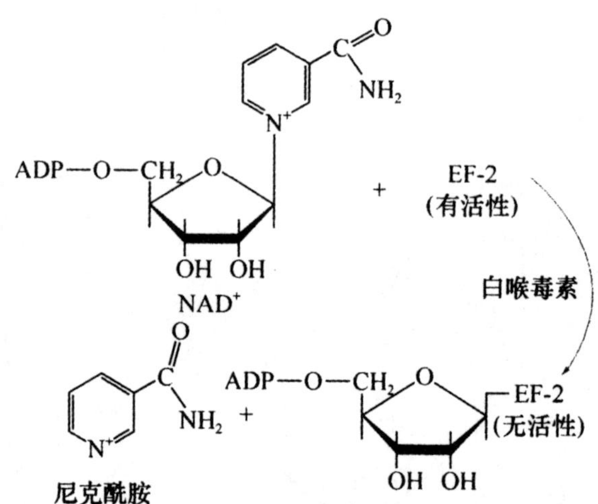

图 7-12 白喉毒素的作用机制

7.4.2.2　植物毒素

某些植物毒蛋白也是肽链合成的阻断剂。例如，南方红豆所含的红豆碱与蓖麻籽所含的蓖麻蛋白都可与真核生物核糖体 60S 大亚基结合，抑制肽链延长，抑制真核生物的蛋白质合成，因其对癌细胞的毒性比正常细胞更大些而被用于癌症治疗。

蓖麻蛋白毒力很强，对某些动物来说，每千克体重仅 0.1μg，即足以致死。蓖麻蛋白的毒力为同等重量氰化钾毒力的 6000 倍，曾被用作生化武器。该蛋白质亦由 A、B 两链组成，两链借 1 个二硫键相连。B 链是凝集素，通过与细胞膜上含半乳糖苷的糖蛋白（或糖脂）结合附着于动物细胞的表面。附着后，二硫键还原，A 链即释出并进入细胞与 60S 大亚基结合，切除 28S rRNA 的 4324 位腺苷酸，间接抑制 eEF-2 的作用，使肽链延长受阻。另外，A 链在蛋白质合成的无细胞体系中可直接作用，但对完整细胞必须有 B 链帮助才能进入细胞，抑制蛋白质的合成。

7.4.3　干扰素

干扰素是病毒感染宿主细胞后，由宿主细胞产生的一种多功能蛋白质。人体被病毒感染后可产生 3 类干扰素，即 α-干扰素（白细胞产生）、β-干扰素（成纤维细胞产生）、γ-干扰素（T 淋巴细胞产生），每一类中又有若干亚类。干扰素不仅干扰病毒蛋白质的合成，还对病毒的复制、转录、病毒颗粒的装配等起抑制作用。

干扰素抗病毒的作用机制有如下两点。

（1）激活一种蛋白激酶

干扰素在某些病毒的双链 RNA 存在时，能诱导 eIF-2 蛋白激酶活化。该活化的激酶使真核生物 eIF-2 磷酸化失活，从而抑制病毒蛋白质合成。

（2）间接活化核酸内切酶使 mRNA 降解

干扰素先与双链 RNA 共同作用活化 2′-5′寡聚腺苷酸合成酶，

使 ATP 以 2′-5′磷酸二酯键连接，聚合为 2′-5′寡聚腺苷酸(2′-5′A)。2′-5′A 再活化一种核酸内切酶 RNase L，后者使病毒 mRNA 发生降解，阻断病毒蛋白质合成。干扰素作用机制如图 7-13 所示。

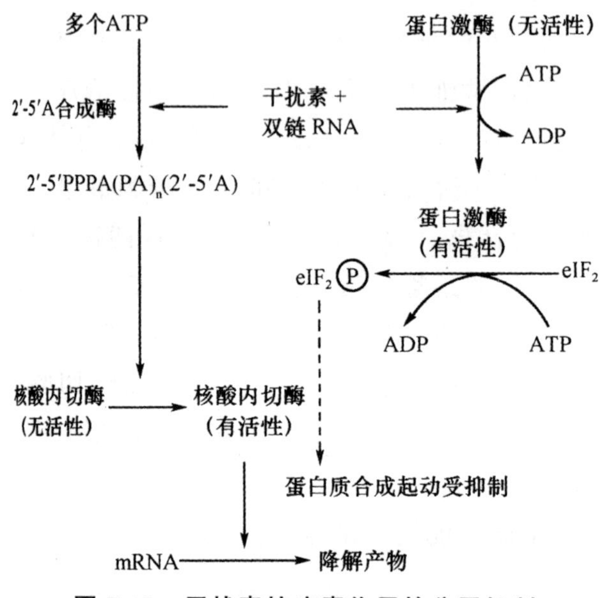

图 7-13　干扰素抗病毒作用的分子机制

干扰素除了抑制病毒蛋白质的合成外，几乎对病毒感染的所有过程均有抑制作用，如吸附、穿入、脱壳、复制、表达、颗粒包装和释放等。此外，干扰素还有调节细胞生长分化、激活免疫系统等作用，因此有十分广泛的临床应用。

7.4.4　抗代谢物

抗代谢物是指与参加反应的天然代谢物结构上相似的物质。它能竞争性地抑制代谢中的某一种酶的活性或反应。如嘌呤霉素是白色链霉菌产生的一种抗菌素，其结构与 $Tyr\text{-}tRNA^{Tyr}$ 十分相似，可替代 $Tyr\text{-}tRNA^{Tyr}$ 进入核糖体的 A 位，它结合到肽链后，其他氨基酸不能再进入，肽链合成提前终止。

参考文献

[1]王易振，仲其军，贾祥捷.生物化学[M].2 版.武汉：华中科技大学出版社，2016.

[2]黄纯.生物化学[M].3 版.北京：科学出版社，2016.

[3]郭成栓.生物化学[M].重庆：重庆大学出版社，2016.

[4]李秀敏.生物化学[M].2 版.北京：科学出版社，2016.

[5]田余祥.生物化学[M].3 版.北京：高等教育出版社，2016.

[6]杨红，郑晓珂.生物化学[M].北京：中国医药科技出版社，2016.

[7]殷嫦嫦，舒景丽，梁金香.生物化学[M].2 版.武汉：华中科技大学出版社，2016.

[8]黄泽智，江兴林，王玉明.生物化学[M].2 版.北京：北京大学医学出版社，2015.

[9]田余祥.生物化学[M].北京：科学出版社，2015.

[10]杨志敏.生物化学[M].3 版.北京：高等教育出版社，2015.

[11]黄卓列，朱利泉.生物化学[M].3 版.北京：中国农业出版社，2015.

[12]余蓉.生物化学[M].2 版.北京：中国医药科技出版社，2015.

[13]吴梧桐.生物化学[M].3 版.北京：中国医药科技出版社，2015.

[14]李晓华.生物化学[M].3 版.北京：化学工业出版社，2015.

[15]黄炜，陈新美.生物化学精要与技术原理[M].2 版.北京：科学出版社，2014.

[16]张洪渊，万海青.生物化学[M].北京：化学工业出版

社,2014.

[17]王金胜,吕淑霞.基础生物化学[M].北京:中国农业出版社,2014.

[18]陈惠.基础生物化学[M].北京:中国农业出版社,2014.

[19]赵国芬,张少斌.基础生物化学[M].北京:中国农业大学出版社,2014.

[20]刘松梅,赵丹丹,李盛贤.生物化学[M].哈尔滨:哈尔滨工业大学出版社,2013.

[21]赵金海.生物化学[M].北京:中国轻工业出版社,2013.

[22]杨荣武.生物化学[M].北京:科学出版社,2013.

[23]张宁,张惟杰.生物化学[M].北京:科学出版社,2013.

[24]王艳萍.生物化学[M].北京:中国轻工业出版社,2013.

[25]周正义,张群.生物化学[M].北京:科学出版社,2013.

[26]于英君.生物化学[M].北京:人民卫生出版社,2012.

[27]唐炳华.生物化学[M].3版.北京:中国中医药出版社,2012.

[28]史仁玖.生物化学[M].2版.北京:中国医药科技出版社,2012.

[29]高国全.生物化学[M].3版.北京:人民卫生出版社,2012.

[30]马文丽.生物化学[M].北京:科学出版社,2012.

[31]常雁红,陈月芳.生物化学[M].北京:冶金工业出版社,2012.

[32]王镜岩,朱圣庚,徐长法.生物化学(上下册)[M].3版.北京:高等教育出版社,2002.